U0162290

梅文鼎全集

第二册

（清）梅文鼎 著　韓琦 整理

黄山書社

御題

宣城梅氏曆算叢書輯要

承學堂藏板

歷算叢書輯要序

乙丑孟秋算學生缺員會同國學考取得丁生維烈卷條對精詳知非淺學謁余於承學堂曰維烈性嗜數學讀兼濟堂所刻徵君公書私淑久矣其書所闕甚大惜不流行戚戚於心無因上達今幸托門下請得而言之竊謂歷算之學爲欽若授時之要道帝王所首務也乃近代以來古書散逸殘缺其學不絕如綫西海之士乘幾居奇藉其必售之技以行其學其技既售其學遂昌學其學者又從而張之往往鄙薄古人以矜其創獲而一二株守舊聞之士因其學之異也併其技而斥之以爲戾古而不足用又安足以服其心而息其喙哉夫禮可求諸野官可問諸郯技取其長而理惟其是又何中西之足云今讀徵君公

之書於算術之用筆用籌用尺以及幾何三角八綫七政交食諸術皆一一發明其所以然於以見西法之不盡戾於古實足以補吾法之不逮而於古法之少廣方程通軌招差各術尤詳爲著論疏抉其根源以明古人之精意而謂句股之精微廣大實爲西法之所莫能外（西法之三角八綫總不外乎句股）更足以啓人稱先則古之思使此書大行則此學昌明絕者復續缺者復全異學無所售其技將不拒而自息矣然則是書也不惟絕學賴以不墜而實有廻瀾閑聖之功吾儒家置一函宜也而竟不甚流行者有故坊市所有惟兼濟堂本而校仇草率編次參差眉目不清裝潢易舛閱者無從稽其完缺初學難於理會此其所以難行也夫經史大部之書其卷次類皆通長編列今宜倣之其中縫

則列書之總名而分注各種書名於卷數之下則展卷瞭然庶乎其可行矣余聞之爲之狂喜益知生爲宿學不謬蓋非好學深思必不能言之如此親切而有味也夫兼濟堂本之訛繆盈紙余曾爲刊繆一書梓而行之俾讀是書者得以更正至於編次之不如法者不一以爲無甚關重輕而姑置之孰知其流弊竟至此哉於是公務之餘取兼濟堂本另爲編次其分合不如法者正之假借附刻者汰之共爲六十卷名曰歷算叢書輯要而以末學管窺所得數卷附焉嗟乎立言之不易也不惟著撰之難而傳之也更難先徵君撰述盈笥不能剞劂問世幸少參魏公荔彤性好闡揚爲登梨棗所謂兼濟堂本是也雖所著未得盡刻其既刻者意謂可以傳矣而竟以編次之故而不行則

已刻者亦如未刻矣微丁生言余焉知兼濟堂之刻如未刻而別圖以傳之不幾負先人表彰絶學嘉惠後世之盛心也哉客聞之笑曰既刻之書因編次不善而不傳子之編次善矣而藏諸篋笥又安見其能傳哉余曰唯唯否否夫書之傳視作者之精神先徵君之爲此其精力至矣彼太元解嘲猶不致覆醬瓿況有關於世道人心之書哉雖然莫爲之後雖盛弗傳斯世之大豈無好義慷慨如魏公其人者庶幾旦暮遇之乎因書所聞丁生之言弁於卷端以志編次緣起并存對客語以爲左券云

大清乾隆十年歲次旃蒙赤奮若良月之吉孫瑴成敬識

兼濟堂刻歷算全書序

勿菴先生當代鴻儒學醇品粹年彌高而德彌卲道益隆而量益虛實得理學正傳更精研於歷算老逢

聖祖知遇以書生而隆坐論

天子前席公卿侍教蓋異數奇榮也先生冲雅高潔迄以儒素終身大業藏山不輕問世而人爭傳之余獲接見憾晚適嬰塵務不能執經請益歲在戊戌偶攝法司因與諸同人設館白下延致先生訂正所著欲共輸資刊行先生旣以寧澹爲志不樂與俗吏入處而世會遷變雲散蓬飛竟未卒事閱二載僻居海中官齋闃寂復馳函敬求存稾得十餘種雖屢爲雅慕高賢者錄刻然雜遝參錯未成善本笥中尚夥又在耄年靜攝不能遽

自校定因嘉許懇懇期爲檢發不意哲人遂萎矣嗚呼歲月不待時會難逢歎凋絕乎典型慨朋儔之聚散即一事而百感紛投矣但劬已許君并容自棄於是復向翰編玉汝昆季搆得未刻者將二十種俱已付梓工未得完余亦斥廢更於憂患中竭蹶歲餘方竣所延攻誤之客則久已彈鋏他門矣竊思歷所著者天之象也算所明者物之數也象數之學天地造化之精微人物理氣之終始也烏容宣洩哉故仙言丹成而魔來史紀字作而鬼泣彼幻異之術文字之迹且然况上通帝載而下括萬類之書乎宜其傳之不易易也今雖粗竟心志而點畫之間縱橫之際動關精要不容訛舛余之固陋茫如望洋容更訪專家以就正焉先敘輯刊之鄙意蓋亦竊有不得已之思也夫治歷

明時書肇唐虞龍圖龜書出於羲禹皆中華古聖帝之垂教於天下萬世者也術雖有詳略疎密而理無可淆亂紛滋況測天者原貴於隨時而稽數者雖多方亦合一安見法出於古人者必拙物得於遠至者始貴乎故當今日明歷算續絶學自有勿菴先生此書具在道不外於歷聖所傳理自存於四海之內法亦備此三十種中也凡好新厭故重遐輕邇者亦可以由中以該西尚目不尚耳弗立異而誌怪將求奇於恆焉庶不負先生九十餘年立言垂訓之意也夫時

雍正癸卯歲嘉平月栢鄉魏荔彤念庭氏謹識

徵刻歷算全書啟

粤稽帝王御世道在承天賢聖修身學通知命五行媾運定甲子之斡旋二氣冥孚驗黃鐘之根本奠鼇立極想始行推步之年規矩準繩在旣竭心思之後幼教方名書數廼遊藝復次于依仁日觀弦朔晦明信易理莫昭于懸象故經緯天人之學道重儒先元會運世之文理賫河洛然而道以人存書缺有閒五百年當差一日至開元始破其疑廿四日多下一籌匪隸首疇徵其信况葭灰卦筴例遜紛而驗罕符奇耦生成理自明而言則嫺悠悠千古代有通人落落吾徒寧無達者乃刳心捷獲旣視以迂遠而弗爲或有志參稽又阻于畏難而中輟律且嚴夫私習算遂之于專門郭邢臺術抄割圓遺編飽蠹鄭端清心單

古法讒口羣咻西域官生莫或自言根數靈臺漏刻徒知各斬私傳占測分科不相通曉矧伊新術能無齟齬利氏來賓西書羣託在天道幽遠固屢析而逾精論師授源流亦本同而末異不有高識誰辯根宗若夫蒐討網羅綜羣言而求至當制器尚象因成法而得精思大有人焉生斯世矣吾宣梅勿菴先生江東世胄宛水名家幼是鄭玄卻紛華而弗事長同于寶搜經史以爲糧璇璣玉衡讀尚書而遂通其製方程句股攷周官而輒洞其微北海楊穿參盡天官之祕中山穎禿鈔幾宛委之書求友探奇燕越無難遠涉舊儀新器異同不厭詳徵集其大成裒諸獨見謂馬沙亦黑七政經緯之度分於窮西已爲藍本而授時歷草圓容方直之巧算較三角豈有懸殊度里求差亦守敬

一行之遺法歸邪舉正實唐虞三代之成模術皆踵事而增難忘創始道在順天求合何别中西釋從前聚訟之紛去諸家畛域之見闡解還期共曉立言總出虚公歷術七十有餘家由疎漸密各具短長一一能言其攺憲之故圓周三百有六十以平御渾互相準測了了能知其弧度之眞開萬古之心胸羅星辰于几案匪惟交食陵犯不勞出戸以前知乃至山海高深悉可運籌而坐致準今酌古前賢如在一堂俯察仰觀天上從今不夜假令見諸施用懸知天驗爲多無俟大衍之候淸臺即其副在名山共信千秋可俟奚啻劉焯之傳皇極者矣然而編摩既就流布無期草本益增殺青有待白雲怡悅空懷持贈之心寶劒深藏誰辯斗牛之氣且行年七十蹶輪深懼無傳而著論詳

明發箧原堪衆賞惟昔璣先蔡子首錄籌算于白門亦有冰叔徵君亟冠弁言于通考疑問三卷見燕山節度之新刊方程一編得泉郡孝廉而廣布然而分來片玉定想昆岡折得一枝益思鄧圃歷法書五十八種算數法二十二書字計萬言帙惟八十欲成全璧必取資于衆擎所望高賢竭表揚之雅好或任鋟小卷欣賞可以孤行或分任大編輻輳斯呈衆抄償書給值光溢牙籤展卷披圖心通渾象數十載精勤所獲庶人人皆可與能千百年史志存疑亦一旦泮然冰釋苟循途而序進由淺能深更即事以徵文無微不顯知九數不離日用司徒之教非迂信大圓無攺東西馮相之占可據暨二道之盈朒圭景知天悟萬國之環居九球測地名刊遠布見吾道之不孤奧義宣昭明

儒術之有用稱名小而取類大用力少而見功多減賓餼之一臠奇文駐世損倉庾之餘粒絕學流通公祕笈于艮朋竊深引領成藝林之嘉話敬告同聲

康熙己卯嘉平上浣同里雙溪施彥恪拜首譔

徵刻歷算書啟

蓋聞儒者之道惟識貫乎三才聖人之門必身通乎六藝是以虞典傳政首崇欽若之文而魯史尊王先正首春之月禮詳月令詩儆日徵大衍著于羲爻履端明于左氏行夏時之正尼父所以爲邦窮日至之期子輿因而知性概舉經傳燦若日星惟昔聖賢咸通象數若留侯武鄉之經濟以時務爲先濂洛關閩之儒脩以身心爲本亦復窮數測理驗人合天未有仰戴而星躔罔識改歲而分至茫如推步諉之疇人曰非大儒所急儀象迷於歷局謂非吾道宜先如斯人者豈不惑哉宜乎先哲之精意淹沒于襍流異說之紛紜矜奇于聖教我無以精乎其事彼有以乘乎其衰乃至禨祥小數混列天官太史之占下同巫覡

擢罕玉瓚究非禨火之需除道成梁不稽夏令之故爾乃大都刻漏顯背歷經高表簡儀僅存虛器加以律嚴私習之禁官無明算之科求許文正之復生如張平子之特出卓乎逸矣於是循禮失求野之遺轉問途于乾方之冊因不詳古疎今密之論徒驚異于斐錄之傳聖學無人于斯爲極宣城梅勿菴先生世尊儒業性好讀書幼受庭聞即識璇璣玉衡之義長資友教漸窮方程句股之微歷之困苦而得旁通廣以咨諏而歸一是匯中西爲一貫集歷算之大成以歐邏巴每月中定氣不齊之法實始北齊而利瑪竇北極下歲一晝夜之談已見周髀里差即暘谷幽都之舊制置閏終義仲和叔之良規凡所發明不可移易著書滿室大半皆測驗之言奇器盈箱手製悉渾儀之用四

十年苦思堅志想造化已生于其心數千載疑義奇文即鬼神若潛爲之告顧茫茫六宇誰是同心邈邈九原不可復作聰明俊杰或消磨于制舉之途高爽名流每忽遺夫算數之學窮年矻矻常憂此道無傳識者寥寥能得其門或寡而家無甔石書成有待于殺青抑年漸衰頽稾本恆虞其散佚近者金臺憲府疑問初刊泉郡孝廉方程載布籌算先鐫于建業雜著畧刻于鼓亭然鋼鏤未及其一斑而表章尚需夫歲月嗟乎翰音時夜蟋蟀吟秋是小蟲猶能知候況人爲萬物之靈且權明輕重度分長短是微物猶可相資況天爲道原所出乃方名算數童而習之或白首而多昧日月星辰目所共覩竟終身而莫諳惟此書之大行斯古道之可復凡今學者豈乏通人與其探秘笈于

卿嬛多屬浮夸之論集遺文于金石止爲筆墨之娛何若使五緯不失其躔在璣衡于片楮七政咸歸其度通渾蓋以單辭而羣言退聽毋以僞亂眞絶學昭明不以今掩古或任全書之廣布如勒貞珉或抽一卷以流傳合光棃棗庶名山石室長書呵護以長留而月窟天根至教昭垂于不敝予言豈同河漢自有知心此道未至荆榛可勝翹首

康熙四十八年仲秋宿松朱書譔

歴算叢書輯要凡例

一徵君公殫精此學五十餘年或搜古法之根而闡明之或發西書之覆而訂補之或即中西兩家而考其異同辨其得失書非一種亦非一時之筆安溪李文貞公暨方伯金公鉠山等校刻十餘種而常鎮道魏公所刻爲多名曰兼濟堂纂刻梅先生歴算全書惜其校仇編次不善而名爲全書亦非實錄故另爲編次更名歴算叢書輯要云

一歲周地度合考係兼濟堂杜撰之名因將歲周考及里差考二書輯爲一卷遂撰爲合考之名甚爲舛繆今入褉著

一火星本法七政前均簡法上三星軌跡成繞日圓象原係三書不可統攝乃兼濟堂本彙爲一卷而總名爲火星本法殊

欠理會

一五星紀要一卷原名五星管見兼濟堂改爲紀要今仍用原名又解割圜之根一卷係楊學山節略大測而爲之者也原非先人之書並去之又句股闡微四卷闡微之名係楊學山所撰其第一卷楊書也亦去之其第二卷至第四卷今編爲句股舉隅及幾何通解各一卷大測書名係新法歷書中言割圓之書

一籌算原有七卷原書單行自應詳備今同筆算彙爲一書則凡算學公理大法無庸兩書並存故只纂存二卷其已詳筆算者並省之以免重複

一各書自具首尾原可單行似不必拘序次但既輯爲一書前後須有條理如歷算並稱歷常居前者其事重也然不明算

數則歷書不可得而讀故稱名仍以歷居算前而序書則以歷居算後也（自一卷至四十卷皆算書四十一卷至末皆歷書）至於算學必自乘除開方始故首筆算而以籌算度算次之少廣拾遺又次之籌算度算者算法之別派而少廣拾遺則開方之通法也旣知乘除開方則方程句股可得而言矣故又次之幾何通解者句股之神妙也三角舉要者句股之變通也故次於句股焉是皆測面之術也而方圓冪積及幾何補編則皆測體之學故又次於三角算學之用於人事者畢矣若夫弧三角及環中黍尺塹堵測量三者皆爲測天之用算也而通於歷矣故殿算書而爲歷書之先道焉至於歷書歷學駢枝爲授時歷法先人從學之權輿也故居首而以論說致用之書次之疑

問及疑問補背論說之書也交食七政揆日候星皆致用之書也若夫答問襍著則古今中西歷算之說互見錯陳不可類附故另爲卷而終焉

校閲助刻姓氏

金陵文學蔡君璣先璿於康熙二十年首刻籌算於金陵

安溪相國李文貞公厚菴督學畿輔校刊曆學疑問進呈御覽有恭紀刻於本卷又巡撫直隷校刊三角法舉要環中黍尺塹堵測量等書九種於上谷

安溪公介弟孝廉戶部主事安卿鼎徵校刊方程論於安溪

安溪公長子孝廉受業世德鍾倫

三韓貴州巡撫金公鐵山世揚校刊曆學駢枝筆算於保定

安溪詹事府詹事受業陳公對初萬策

景州大司空受業魏文　公君璧廷珍

交河少宗伯受業王公振聲蘭生

河間國子監助敎受業王公仲退之銳

宿遷翰林院侍讀受業徐公壇長用錫
廣寧廣東巡撫年公允公希堯校刊方程度算於江寧藩署
栢鄉常鎮道魏公念庭荔彤校刊曆算全書於兼濟堂有序
吳縣算學生丁生維烈
上元　御召丙辰詞科辛未經學徵士程君綿莊廷祚
歙縣翰林院編修吳君涵齋以鎮以下皆助刻敬書輯要
歙縣候補監司吳君峴山鈵
天長原任宣化府知府王君惺齋者輔
同邑漁門同知張君芸墅汝霖
上元候選鹽塲大使楊君惕若鐸
歙縣候補中書蔣生念劬勳

歷算叢書輯要目錄

終

歷算叢書輯要卷一

筆算自序

或問筆算西人之法耳子何規規焉曰非也自圖書啟而文字興參兩倚數畢天下之能事六書九數皆原於易非二事也古人算具以籌策縱橫布列略如筮法之掛扐其字象形爲祘是故其縱立者一而一其上橫者一而五珠盤之位實此權輿夫用蓍在立卦之後則籌策之算必不在文字先矣是故籌策之未立形聲點畫自足以用而籌策之所得又將紀之簡策以詔方來書與數之相須較然明也近數百年間再變而爲珠盤踵事生新以趨簡易然觀九章中盈朒方程必列副位厥用仍資筆札其源流不可想見與故謂筆算爲西人獨智者非也曰今

所傳同文算指西鏡錄等書亦唐九執歷元明間回回土盤之遺耳與中算固各有本末矣曰是則然矣然安知九執以前不更有始之始者乎西人之言歷也自多祿某以來二千年屢變而密溯而上之亦不能言其始於何人其爲算也亦若是已矣夫古者聖人聲教洋溢無所不通南車記里之規隨重譯而四達我則失之彼則存之烏乎識其然烏乎識其不然耶且夫治理者以理爲歸治數者以數爲斷數與理協中西匪殊是故禮可以求諸野官可以問諸郯必以其西也而擯之取善之道不如是隘也況求之於古抑實有相通之故乎曰然則子何以易衡而直曰旁行者西國之書也天方國字自右而左歐邏巴字自左而右皆衡列爲行彼中文字盡然也彼之文字既衡故筆

算亦衡取其便於彼用耳非求異於我也吾之文字既直故筆算宜直亦取其便於用耳非矜勝於彼也又何惑焉問者以爲然遂書其語爲序康熙癸酉二月初吉宣城梅文鼎撰

筆算發凡

筆算之便與籌算同然籌仍資筆而筆則無假於籌於文人之用尤便。筆算無歌括最便學習又無妨酬應久可覆核皆與籌算同詳籌算書。

筆算易横爲直以便中土蓋直下而書者中土聖人之舊而吾人所習也與籌算易直爲横其理正同。

筆乘原法以法實相疊今所更定者一縱一横法實各居其所而縱横相遇處得數生焉不惟便用而已其所以然之理亦按圖可知。

筆除原法得數與原實相離今所更定者法實與得數兩兩相對算理井然定位尤簡

所謂原法者並據同文算指乃西士之舊式利西泰所授而李水部之藻所刻也厥後有西鏡錄等書稍稍講明定位之用蓋亦酌取中法而爲之然於古人實如法而一之旨似猶有隔茲以法上得零之訣定之庶令學者一望而知所冀

高賢有以

教之幸甚

筆算目錄

筆算五　　卷之五

歷算叢書輯要卷一

宣城梅文鼎定九甫著

弟文鼏爾素學　孫瑴成重較輯

受業安溪李鍾倫世得

陳萬策對初

景州魏廷珍君璧

交河王蘭生振聲

後學長洲丁維烈　同較字

筆算一

列位法

數始於一。究於九。畢於十。十則又復爲一矣。等而上之。爲百爲千爲萬。乃至兆億。皆得名之爲一。即皆得名之爲二三四五六七八九故必先稽其位而列之併減乘除以此爲基非是則算無可施矣法具於後以一位言之有自一至九之名此如同輩萬之等此如已身而上有高曾祖父已身而下之位言之有單十百千又有子孫雲仍故畢以下復有畸零之位也之有長幼合上下

列位式

萬　千　百　十　單

此姑以五位爲式位有多寡皆以單數爲根

假如有數二萬四千七百五十九依法列之

二　四　七　五　九

凡列數以最下小數爲單單上有一位共二位卽是十數有三位是百有四位是千有五位是萬不必更書十百千萬等字但稽其有若干位卽得之矣

又如有數四千〇九十六依法列之

四　○　九　六

凡數大小相乘，中有空者，必作○以存其位。如此式有千有十有單而無百，故於百作○以存其位。

又如有數一萬○八百，依法列之

一　○　八　○　○

凡數以單位爲根。今此數無千無十而併無單，故必補作三○以成五位，則知首位是一萬矣。

畸零列位式

凡整數自單而陞，若畸零數則自單而析，故單位者數之根也。然整數之陞以十爲等，自單而十而百而千而萬，皆一法也。以萬上有以十萬爲億，十億爲兆，十兆爲京，自此而垓而秭壤溝澗正載，皆以十而變，謂之小數。有以萬萬爲億，億億爲兆，兆兆爲京，以上盡然，皆以自乘而變，謂之大數。今所用者以萬萬爲億，萬億爲兆，萬兆爲京，以上盡然，皆以萬而變，謂之中數。三者不同，然其列位皆以十爲等，故曰一法也。若畸零之式，其故多端，約而言之，亦只二

法其一以十爲等其一不以十爲等而各以其所立之率爲等。是二法者又各分二類列之各有其法。詳後

其一以十爲等分二類設例如左。

假如錢糧科則每田一畝該五分九釐八毫六絲七忽九微三纖四沙八塵九埃二渺一漠依法列之。

○○五九八六七九三四八九二一

兩錢分釐毫絲忽微纖沙塵埃渺漠

右式今所通用自兩而下以十之一爲錢錢十之一爲分分十之一爲釐如是遞析爲毫爲絲忽以至渺漠皆以十爲等原科則自分起以至渺漠計十二位今加兩○爲十四位者乃列位之法也何也分之上有錢錢之上有兩兩爲單位凡列畸零之數必以單數爲根始便合總故兩數雖空必存其位也。

凡度法以丈爲單數則其十之一爲尺。又十析之爲寸爲分爲

釐毫絲忽之屬。亦有以尺爲單。以寸爲單者。皆如所設。

凡量法。以石爲單數。則其十之一爲斗。又十析之爲升爲合爲勺之屬。亦有以斗爲單數者。皆如所設命之。法並同上。

右法以十爲等。即以一位爲一名。如上位是兩。下一位即是錢。此爲一類。

假如授時歷法每一平朔二十九日五十三刻零五分九十三秒。依法列之。

二九、五三、〇五、九三、

十日十刻十分十秒

右式日爲單數。而以日百析之爲刻。又百析之爲分。又百析之爲秒。故列位時必作點以誌之。使知日下二位始爲單刻。由是而分而秒。皆隔兩位而變其名。然仍是以十爲等。凡作點必單位。如日爲單位。下又有單刻單分單秒之屬。

凡開平方尺有百寸寸有百分其法同上

凡開立方尺有千寸寸有千分則三位而變即隔三位作點以誌之法亦同上

右法雖亦皆以十爲等而不以一位爲一名或隔兩位或隔三位

前法只尋單位即知其餘此法單位之下仍須各尋單位蓋前法之分秒只有單而此法分秒各有十有百故必以作點之處知其爲單分單秒是與前法微别爲又一類也

其一不以十爲等而各以其所設之率爲等亦分二類

假如回回歷法以六十分爲一度六十秒爲一分太陽三十日平行二十九度三十四分一十秒作何排列

二九、三四、一〇、

十度十分十秒

右以度爲單數。下兩位爲分。又下兩位爲秒。故作點誌之。略同授時。然皆以六十而進。非以百也。其自秒以下。爲微纖等數。凡在授時以百爲數者。回回之法皆以六十爲之。是雖不以十爲等。而所設六十之率。鉅細同法。西洋法亦然。

又如古量有以四升爲豆。四豆爲區。四區爲釜。皆以四爲率。

又如楊子雲太玄以三方統九州二十七部八十一家。其遞析也皆以三。

又如測量家以矩度分十二度。每一度又分十二分。是又以十二爲率也。

右諸率皆不用十。而所用之率屢析不易。是爲一類。

假如物重十六兩爲一斤二十四銖爲一兩今有物二斤四兩半作何排列

二、〇四、一二、此以斤爲單數斤下二位爲兩又下二位爲銖銖與兩皆斤之分秒也故作點誌之亦同

斤十兩十銖前法但銖以二十四爲率兩以十六爲率二率不同

又如歷家以甲子六十爲旬周每日十二時又分初正西曆謂之二十四小時每各四刻每刻有十五分今依新法算得辛未年冬至爲旬周之第五十日二十二時二刻七分依法列之

五〇、二二、二二、〇七、此以日爲單位下二位析日爲時又下一位析時爲刻又下兩位析刻爲分皆

十日十時刻十分日下之畸零也然時之率二十四刻之率四分之率十五各率不同所當細翫

右法既不以十爲等而所用之率又不齊同是又一類也此二類不以十分爲率而各有其率即通分子母之法也但通分以子母並列又是一法別卷詳之

併法

凡數合總法當用併有諸數於此併而合之爲一總數又名垛積即珠盤之上法也數相併則相益而多故亦名加法在錢穀之用則所以稽總撒

法曰置所有散數幾宗各依列位法自上而下對位列之萬千百十單各以類從單下有畸零亦以類附

列訖乃併之自下而上如畫卦之法

數滿十者進位作號而本位紀其零

紀號式

〡〢〣〤〥〦〧〨〩此古算位也用以別原數便稽核也

假如有絲八百九十二斤又一千〇八十八斤又三百五十斤

合之若干　答曰二千三百三十斤

散數
八九二
一○八八
三五○
如上式散數三宗。依法列位併之。得總數二千三百三十斤。

總數二三三○

假如有絹四丈五尺六寸。又五丈○三寸。又八丈五尺。合之若干。答曰一十八丈零九寸。

散數
四五六
五○三
八五○
此數有丈又有尺有寸。是帶有畸零也。

總數一八○九
依法併之。得總數一十八丈零九寸。

九減試法

第一圖

八九二
一〇八八
三五〇
二三三〇

八|八

第二圖

四五六
五〇三
八五〇
一八〇九

〇|〇

凡九減之法不論單十百千之位亦不計位只據現有之數而合計之先減散數首行八九二合得十九減去二九餘一以合次行一八八共得十八減去二九恰盡只餘三行三五合成八數紀於右次減總數二三三合得八數紀於左左右相同知其不誤

第二圖先減散數首行四五成九減去餘六合次行三成九減去餘五合三行八五共十八成二九減盡紀〇於右次以總數一八九成二九減盡紀〇於左左右相同知其不誤

或問九減不計上下之位何也曰此捷法也凡九減者數不變假如以九減一十則仍餘一減二十則仍餘二推之百千萬亦然故不論位

七減試法

凡七減與九減不同須論位減實數第一圖先減散數自上而下頭一排只

第一圖

八九二
一〇八八
三五〇
二三三〇

六｜六

第二圖

四五六
五〇三
八五〇
一八〇九

三｜三

有一作一十算。合第二排八三得十一。共二十一。以七減之盡。第三排九八五合得二十二。以七減之餘一。作一十。合第四排八二得十。共得二十。以七減之餘六。紀於右。次減總數。亦自上起首位。無七。有二。合第二位作二十三。以七減之餘二。又合第三位作二十三。以七減之餘二。合末位〇作二十。減二七餘六。紀於左。左右相同不誤。

第二圖先減散數。頭一排四五八合十七。以七減之餘三。作三十。合第二排兩個五成十。共四十。以七減之餘五。作五十。合下六三成九。共五十九。以七減之餘三。紀右。次減總數。首兩位十八。以七減之餘四。合第三位〇作四十。以七減之餘五。作五十。合下位九共五十九。以七減之餘三。紀左。左右相同不誤。

畸零併法

假如有物十斤四兩十二銖。又九斤十一兩十二銖。共若干。

答曰二十斤。

一、○|○四|一二、　銖數併得二十四成一兩。進位。併原數共十六兩成斤。進位。併原數十九斤。共廿斤。

九、一一、一二、　銖率二十四。兩率十六。不同。故以點隔之。凡率不同。難用九減七減。只以減法還原。

二○、○○、○○、　共法於總數內。減原散數一宗。其餘一宗必合減餘。是爲無誤。減法見後詳通分。

十斤十兩十銖

假如品官計俸原歷任過三年○九個月。今又歷任一年十一個月。共若干。

答曰共歷任五年○八個月

三、○九、　先併月得二十。再以十二個月成一年。進位紀號。餘八個月。次併一年三年。加所進一年。共五

一、一一、　年。併得五年○八個月。此因月法十二。非以滿十而進。故以點隔之。此亦非滿十而進。不用

五、○八、　九減七減。只以減法還原。

遞加法

假如授時歷歲實三百六十五日二十四刻二十五分。兩次加氣策一十五日二十一刻八十四分三十七秒五廿微。共若干　答曰三百九十五日六十七刻九十三分七十五秒。

三六五、二四、二五、〇〇、〇〇、　百刻成日。百分成刻。百秒成分。百微成秒。故隔位作點。

加一五、二一、八四、三七、五〇、　雖隔位皆滿十進。可用試法。

三八〇、四六、〇九、三七、五〇、　九試〇丨〇　七試〇丨〇

又加一五、二一、八四、三七、五〇、　右九試七試。散數及總數俱無餘。知不誤。

三九五六七九三七五〇〇　九試〇丨〇　七試〇丨〇

百十日十刻十分十秒十微　右九試七試。散數總數亦俱無餘。知不誤。

此遞併法。借前總數當散數用之。如此則可以層累而加。

前條三百八十〇日四十六刻奇。是從歲前冬至算至本年小寒。此條三百九十五日六十八刻弱。是又算至本年大寒。

截小總法

凡併法頭項太多者。截分小總則易清。乃堞積之捷法。

假如河工一十二宗　一宗五千○十四工。又三千三百工。又八百九十一工。又二千○九十工。又九百○九工。又一千○八十工。又二千○二十工。又九十一工。又六百六十七工。又四千七百工。又七百三十工。又八十二工。問共數。　答曰二萬一千五百七十四工。

法曰。先以河工十二宗任分爲三段。依法併之。各成小總。再合各小總依法併之。爲一大總。合問。

五〇一四	三三〇〇	八九一	二〇九〇	一一二九五
九〇九	一〇八〇	二〇二〇	九一	四一〇〇
六六七	四七〇〇	七三〇	八二	六一七九
一一二九五	四一〇〇	六一七九	二一五七四	萬千百十工

或有極多至百十宗者。宜多分小總。小總又併爲小總。末乃

併爲一大總。變繁爲簡。最便覆核。

減法

凡數相較。法當用減。有兩數於此。以相減則得其大小之較也。有全數於此。減其所去。則得其留餘之數也。在錢穀之用。則減爲開除。減餘爲實在。若收受。則所減爲已完。減餘爲未完。其法與併法正相對。其用亦相需也。

法曰。置原數於右。置減數於左。依列位法。自上而下。對位列之。若兩數相較。則以大數列右。以當原數。小數列左。爲減數。乃以兩數相較。以少減多。原數必多。減數必少。若原數反少。則有轉減。

減訖。列減餘之數於左行。

凡減自下小數起。本位無可減。借上位一數。化十而減之。則於上位作點以爲誌。還原時。即用此點爲進位之誌。或不用點。用算直亦同。

假如有庫銀十萬兩。支放過五萬九千五百○三兩。問存庫若千。

答曰四萬〇四百九十七兩。

原銀一〇〇〇〇〇

支放　五九五〇三

存留　四〇四九七

此因原數萬以下俱空。故皆用借十作點之法。自最下兩位起。兩位空。作點於上位借十兩。減三餘七。　支數原無十兩。因借減之點宜減十兩。而十兩亦空。復作點於上位。借一百。內減一十。存九十。　支數五百。加借點共六百。亦作點借一千。減六百存四百。　支數九千。湊借點成一萬。作點於萬位。湊原支五萬。共六萬。又作點於首位。借十萬。減六萬。存四萬。

九　試十　七　試　五|五

以原銀減餘列右。合支存兩減餘列左。左右相同不誤。

還原用併法。即借用本圖。從兩位起。以支放三兩。併存留七兩。得十兩。作點於十兩位。湊存留九十兩。成一百兩。又作點於百兩位。湊支放五百。存留四百。併得一千。作點於千位。湊支放九千。成一萬。作點於萬位。湊支放五萬。存留四萬。共成十萬。作點於首位。至此存留支放俱無可轃。淨十萬兩。作一十萬字於原銀位合總無差。

遞減法

假如有應進貢貂皮一千五百張。收過九百〇五張。次年補收四百九十五張。仍欠若干。答曰一百張。

原額　一五〇〇　以頭一次九百〇五張。減原額一千五百張。得減餘五百九十五張爲欠數。次以補收四百九十五張。減欠數五百九十五張。得減餘一百張爲仍欠數。

收　　九〇五　因兩次遞減。亦兩次試之。

欠　　五九五　九試六六七試卄

續收　四九五　九試十七試〇

仍欠　一〇〇以原額減餘列右合收欠減餘列左相同不誤。以欠數減餘列右合續收仍欠列左相同不誤。

還原。倒用前圖。以仍欠一百。併續收四百九十五。得五百九十五。合前欠數。又以欠五百九十五。併先收九百〇五。得一千五百合原額。凡遞減者亦以遞併還原。

透支轉減法

假如有錢一萬五千〇三十文。陸續支用過一萬六千〇五十文。該有透支若干。答曰淨多支一千〇二十文。

支用一六〇五〇

原錢一五〇三〇

多支〇一〇二〇

此因支數多於原數。故以原數轉減支數。而得透支之數。凡兩數相較多寡皆倣此。

還原以多支一千〇二十。併原錢一萬五千〇三十得一萬六千〇五十合支用數。

畸零減法

假如有地丁銀三千五百零三兩。徵完三千二百一十兩零三錢五分。仍未完若干。答曰二百九十二兩六錢五分。

額編三五〇三〇〇

已完三二一〇三五

未完〇二九二六五

還原以已完未完相併。得數合額編之數。此原數至兩而止。而減數有錢與分。蓋以兩爲單位。其錢爲兩十之一。分又爲錢十之一。皆畸零也。

假如授時歷每月二節氣共三十〇日四十三刻六十八分七十五秒。經朔二十九日五十三刻〇五分九十三秒。兩數不同。是生月閏。該若干。答曰月閏九十〇刻六十二分八十二秒

太陽節氣　三。四三六八七五、　此經朔減節氣也。

太陰經朔　二九五三。五九三、　經朔小，節氣大，相減之。

月閏　。。九。六二八二、　較是為月閏。

還原以月閏併經朔得總，即仍合節氣之數。

假如品官計俸以三年為滿，今歷任過一年零七個月，該補若干。

答曰該補一年零五個月。

定例三、。。、　此以十二個月為一年，故減法不同。

已歷一、。七、　先減七個月，月位無可減，作點於年位，借一年為十二月，減七存五。

該補一、。五、　次減一年，併所借一點共二年，以減三年，餘一年。

還原以已歷一年。七個月補俸一年。五個月相併得三年合總。

假如有海濱田一百三十一頃四十畝被潮坍損二頃八十五畝一百五十九步仍餘若干　答曰仍存田一百二十八頃五十四畝八十一步

解曰此以百畝成頃二百四十步爲畝故列位時須作點別之而減法亦不同

原田一三一、四○、○○○、

坍損○○二八五、一五九、

仍存一二八、五四、○八一、

先減一百五十九步。原數無步。作點於畝位。借一畝爲二百四十步。紀號於原位。乃如法減之。

還原以坍損田及仍存田相併得原田數合總。

右二式畸零之率不同難用九減七減只以併法還原餘詳通分。

錢糧四柱法

四柱者舊管、新收、開除、實在也。各衙門造冊必歸四柱，則收放可稽。在筆算爲減併合用，蓋舊管新收用併法，開除用減法，其實在則減餘也。亦有減盡無餘者，則無實在，即於實在項下直注曰無。其事件創立前無所承者，則無舊管，亦有存留不動之項則有舊管而無新收，其法並同。（如無舊管則注曰舊管無，或無新收則亦曰新收無。）若所出浮於所入，則爲透支，當用轉減之法也。（開除本用以減，今反將併舊管新收以減開除，故曰轉減。）凡轉減者，亦當於實在項下注明。（如云實在無外多支若干是也。）式如後。

假如藩庫原存地丁銀一十二萬〇三百〇三兩，今於康熙三十年徵收一百四十一萬〇五十五兩六錢，節次支放過一百

二十二萬二千〇五兩六錢問該存留若干　答曰三十萬〇八千三百五十三兩

舊管　一二〇三〇三〇

新收　一四一〇〇五五六

共　一五三〇三五八六

開除　一二二二〇〇五六

實在　〇三〇八三五三〇

先用併法得舊管新收共一百五十三萬〇三百五十八兩六錢再用減法於共數內減去開除一百二十二萬二千〇五兩六錢得實在存留三十萬〇八千三百五十三兩

假如倉內原存米四千四百石新收某處解到米五百〇三石麥三千六百石節次奉文支放過兵米五千石問實在米麥若干　答曰米支放訖仍鈌額九十七石

麥實在三千六百石存倉

米

舊管　四四〇〇

新收　五〇三

開除　五〇〇〇

實在　無

外缺項　〇〇九七

法以舊管新收共米四千九百〇三石轉減開除五千石得缺項九十七石

麥

舊管　無

新收　三六〇〇

開除　無

實在　三六〇〇

假如某鎮軍餉原存二千一百〇三兩支放過正月分口糧折銀一千八百〇九兩續於二月有某處解到協濟銀三千五百兩於四月內發過草料銀八百九十二兩又製造盔甲銀用過九百九十九兩五錢續准某軍門公文發到餉銀一千〇九十兩問今庫內現存若干　答曰仍存二千九百九十二兩五錢

原存　二一〇三
千百十兩
口糧　一八〇九

協濟　三五〇〇
草料　八九二

院發　一〇九〇
盔甲　九九九五

共數　六六九三
千百十兩
共支數　三七〇〇五
千百十兩錢

以上先用併法。變六宗爲兩宗。然後相減

共　六六九三

支　三七〇〇五

存　二九九二五
千百十兩錢

若依四柱法。則當以協濟三千五百兩。院發一千〇九十兩。另併爲新收四千五百九十兩。

計開

舊管　二一○三

新收　四五九○

開除　三七○○五

實在　二九九二五

千百十兩錢

九試六六　七試非

右試法，並以舊管新收併爲一宗，而九減之紀餘於右。以開除實在併爲一宗，而九減之紀餘於左，七減亦然。所不同者，開除實在減至錢數，則舊管新收亦必減至○錢位止。然後左右相較，可以無誤。此七減之要訣，所當熟翫。

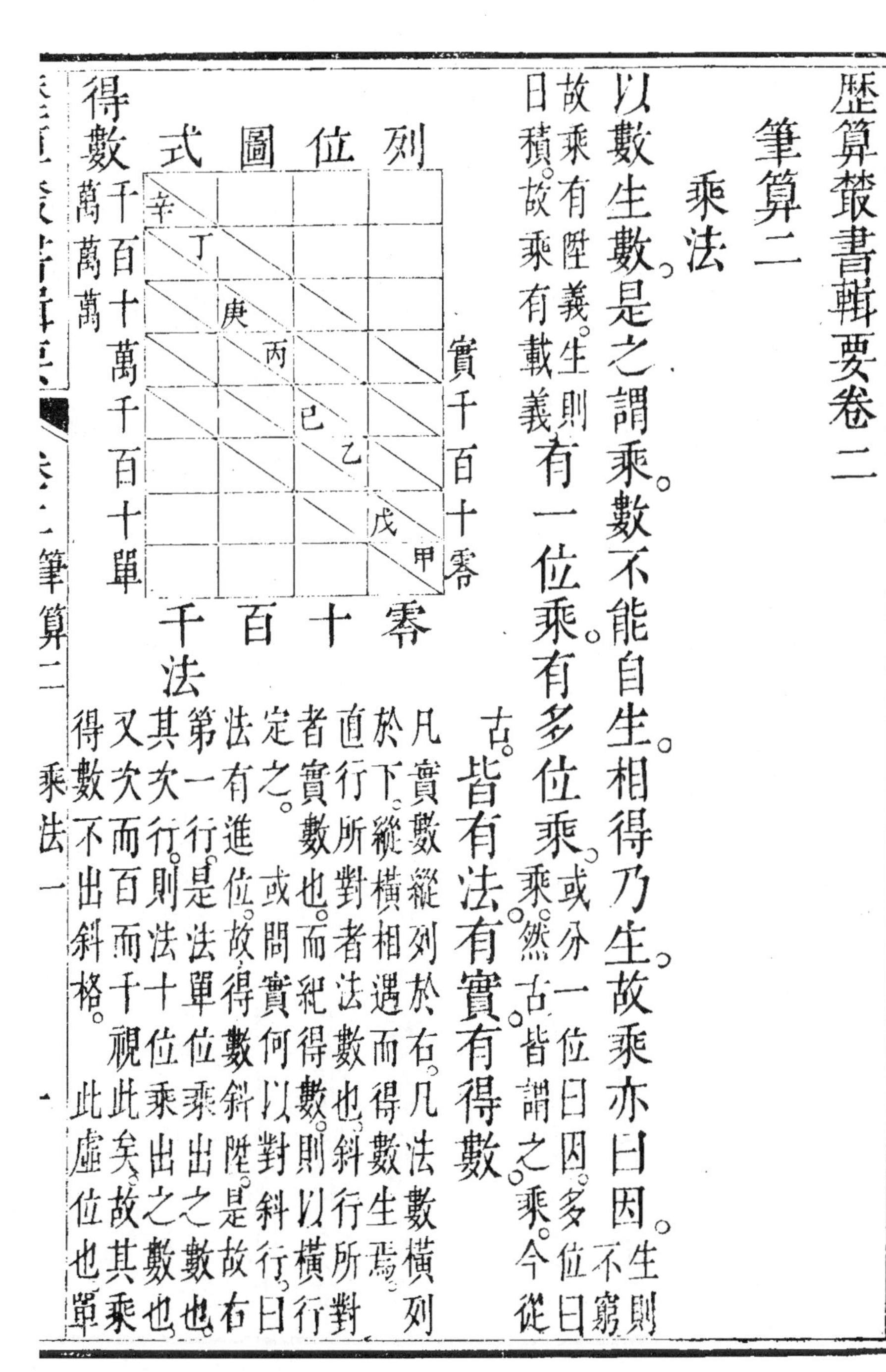

歷算叢書輯要卷二

筆算二

乘法

以數生數是之謂乘。數不能自生。相得乃生。故乘亦曰因。生則不窮故乘有壓義。生則日積。故乘有載義有一位乘。有多位乘。或分一位曰因。多位曰乘。然古皆謂之乘。今從古。

皆有法有實有得數

列位圖式

凡實數縱列於右。凡法數橫列於下。縱橫相遇而得數生焉。直行所對者法數也。斜行所對者實數也。而紀得數。則以橫行定之。或問實何以對斜行曰法有進位。故得數斜陞。是故右第一行是法單位乘出之數也。其次行則法十位乘出之數也。又次而百而千。視此矣。故其乘得數不出斜格。此虛位也單十百千周流迭居。皆於臨時定之。

凡乘出數皆有本位。有進位。如有十數又有零數。三四一十二。四四一十六之類。則紀零於本位。本格之右方。紀十于進位。上一格之左方。有十數無零數則紀十于進位而本位作○。五四成二十。五六成三十之類。有零數無十數則紀零于本位而進位作○。一一如一。二二如四之類。凡法實有空位則本位進位俱紀○。

凡乘皆從法尾位起。即右第一行。對定實數相乘。自下而上。如畫卦之法。右行乘畢。挨乘左行。每移一行。必進上一位。其各行中斜對實數自下而上。皆如右行法。

凡法與實有空位則無可乘。然必于本位進位各作○。以存其位。若實尾有空位。則于合總時補之。

凡各行乘訖必覆核之乃以併法合總而紀于左方以爲得數實尾有幾。皆補作于總數之下

凡乘訖定位皆于原實内尋原問每數爲根以横行對定得數命爲法尾數則上下之位皆定

凡數單乘單成單甲爲本位戊爲進位十乘十成百乙爲本位己爲進位百乘百成萬丙爲本位庚爲進位千乘千成百萬丁爲本位辛爲進位前圖可明

定位又法曰先審看原問原實之尾位有本數有大數有小數如原問是每畝之價而原實恰止于畝數是本數也凡本數卽用得數尾位命爲法尾數若原問是每畝之價而原實只有十畝或只有百畝是大數也凡大數當于得數尾位下增。然後于所增。位命爲法尾數若大幾位亦增幾。皆增至每位止

即命末。爲法尾數也。若原問是每畝之價。而原實不止于畝。畝下帶有分釐是小數也。凡小數當于得數之尾截去之。原帶畸零幾位。亦截去幾位。然後命之。即所截之上一位爲法尾數是也。

凡乘畢恐其有誤。宜用除法還原。置得數爲實。以法數爲法除之。即得原實。或置得數爲實。以實數爲法除之。亦得法數。不則以九減七減試之尤捷。

試法

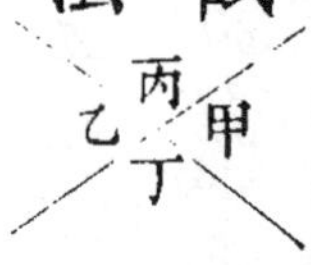

甲 乙 丙 丁

先以法數九減之。紀其餘于右。如甲。次以實數亦九減之。紀其餘于左。如乙。再以甲乙相乘。得數仍九減之。紀其餘于上。如丙。末以得數亦九減之。紀其餘于下。如丁。丁丙相同。即知無誤。七減亦然。

又試式

甲 乙 丙 丁

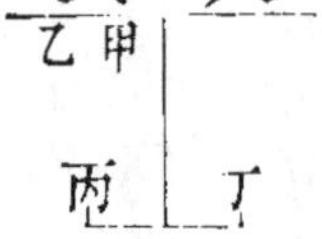

先以法數實數各如法九減之。而並紀其餘。如甲與乙。次以兩減餘相乘。得數仍九減之。而紀其餘。如丙。以上並居左方。末以得數亦九減之。而紀其餘于右方。如丁。視丙丁相同。即知無誤。如甲乙二者內有一。即丙亦一。又或甲數爲一。即丙數同乙數。不用乘。七減亦然。

一位乘式

假如有熟田三千五百一十九畝。每畝編銀六分。問該若干。

答曰二百一十一兩一錢四分。

[根]

實三五一九

法　六分

一八〇六四
一三〇五

乘得數二一一一四
百十兩錢[分]尾法

法從下起。先以法數六乘實數九。呼六九五十四。紀四于本位。紀五于進位。進乘實數一。呼一六如六。紀六于本位。紀○于進位。進乘實數五。呼五六成三十。紀○于本位。紀三于進位。進乘實數三。呼三六一十八。紀八于本位。紀一于進位。乘畢。以併法合總。

九試　○○○六

七試　三六五二

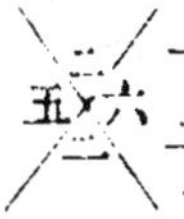

定位法　因原問是每畝科則。就于右行原實內尋每畝數為定位之根。横對左行得數。命法尾分。則其餘皆定。根是九畝。横對是四分。則上位是錢。又上是兩。又上是十兩。又上是百兩。定所得為二百一十一兩一錢四分。

定位又法。此本數也。實止畝。故得數尾即法尾分位。

兩位以上乘式

假如有金九錢八分五釐。每兩價銀八兩八錢。問該若干。

答曰八兩六錢六分八釐。

根

實○九八五　法　八錢　八兩

丨丨二四○
七六四
二四○進一
七六四位乘

先以法八錢乘實數五。呼五八成四十。紀○于本位。紀四于進位。進乘實數八。呼八八六十四。紀四于本位。紀六于進位。進乘實數九。呼八九七十二。紀二于進位。紀七于進位。次進一位。以法八兩乘實五。呼五八成四十。紀○于本位。紀四于進位。進乘實八。呼八八六十四。紀四于本位。紀六于進位。進乘實九。呼八九七十二。紀二于本位。紀七于進位。乘畢。以併法合總。

得數八六六八○

兩錢分釐毫

定位法原問每兩之價。而實無兩。當于實九錢上補作○兩位為根。以橫對得數。定為法尾錢。即上下之位俱定。

定位又法此小數也。原問以每兩價為法。而實有錢分釐。其小三位。即于得數截去尾三位。定第四位為六錢。

九試　四七　一　一

七試　五四　六　六

法實減餘。平列左上。相乘而減之。列左下。得數減餘列右下。以相同為定。

假如有錢三十萬零五百八十文每千賣銀九錢零五釐該若干。　答曰二百七十二兩零二分四釐九毫。

實三〇〇五八　[根]

法　五釐　〇　九錢

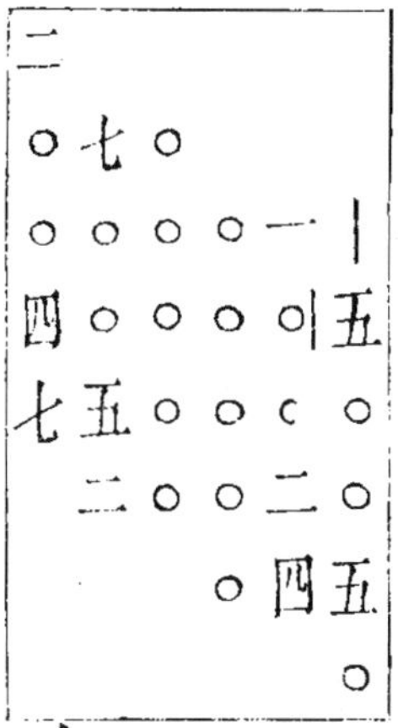

丨五〇〇五〇
一〇〇二四
〇〇〇〇〇
〇〇〇〇
七〇〇五二
二〇四七

先以法數五乘實數八。紀四〇。次乘實數五。紀二五。次乘實數〇。〇。本位進位俱紀〇。次乘實數三。紀一五。進一位。以法數〇。乘實〇。無可乘。于本位進位各紀〇。以存其位。　又進一位以法數九乘實數八。紀七二。進乘實數五。紀四五。進乘兩〇。紀〇。〇。進乘實數三。紀二七。　乘畢。以併法合總。

得二七二〇二四九〇

四十兩錢分釐毫

九試　七試

定位　原問是每千之價。當于原實內尋千位為根。以對得數。命為法尾釐。則其餘皆定。

定位又法　此亦小數也。實有十文。于原問每千為小兩位。當于得數截去末兩位。定為法尾釐。

省空位式

實三○○五八
丨五○○○
一○○二四五
七○五二進二
二○○四七位
九○
得二七二○二四九○

此即前問也。因法有空位，省不乘。但于法首九錢超進二位。乘之，得數與前同。本宜進一位乘九錢。今進兩位，以合空位之數。若法有兩空，即進三位。有三空以上，倣此推之。

假如星命家以年月日時配成八字。以七百二十乘七百二十七。問共該若干。

答曰：五十一萬八千四百。

根

實七二○

法二十 七百

丨一四
四一九四
四○
四

得數五一八四
十萬 一萬 千 百 十

如法乘訖，併之，得五一八四。

定位：原問七百二十年月下，每一數中各配七百二十日時。宜于原實下補作○。單位爲根，以對得數。定法尾十。

或用又法：實數止于十，大于每數一位，乃大數也。宜徑于得數增一○位。

定法尾十。

解曰六十年各十二月則前四字七百二十六十日各十二時後四字亦七百二十故以相乘即能盡八字之變。

假如有珠三分五釐每兩値銀二十四兩該若干　答曰八錢四分。

根

實〇〇三五

四兩

〇一	六〇	一二	二〇

二十

〇八四〇　法

依法乘而併之得八四〇。

定位原問珠每兩價。今實數只有分。乃進位作〇于錢位。又上作〇于兩位。兩爲根。横對得數爲法尾數兩。而兩位空。補作〇。定所得爲八錢四分。

法尾兩錢分釐

定位又法此小數法也。實有分釐。在原問每兩下三位。宜截去得數末三位。定法尾數兩。而得數止三位。無可截。乃補作〇于得數之上。然後截之。定爲〇兩。

此與前條金價並畸零乘法也（餘詳通分）

省乘法（古謂之加法）

假如有漕糧三百六十石。每石帶耗米四斗。問正耗共若干。

答曰共五百零四石。

原數　三六〇

加四　一二四

共得　五〇四（百　十　石）

九　試〇

七　試〇

此就身加法也。（原數即當得數不動。只挨身加四。）

先于六十石加四六二十四石。又于三百石加三四一百二十石。末用併法。連原數合總

定位　凡加法定位。法實同名者。依原數。不須更求法實。異名者須尋原數每位爲根

詳下省乘又法。

加法九試七試。略同併法。並合原數加數減餘列右。共數減餘列左。此及下條。並九減七減俱無餘。

假如銀五十四兩。每兩月息二分五釐。今兩個月。共本息若干。

原數五四　　答曰共五十六兩七錢

隔位　二二。　此因所加是分。在兩下二位。故隔位加。

加五　　五　又因每月二分半。今兩個月該五分。故以五分爲法。先于四兩加二。又于五十加二五。末以併法。連原數合總。

共得五六七。

省乘又法古謂之求一乘法

凡法數之首爲一數者。即原數不動而挨身加之。與前兩條同也。若法首非一數者。以法變爲一數。則亦可挨加。此爲本非一數求而得之。故名求一乘法也。　其法遇法首爲二爲三。則折半用之而倍其實。　法首遇五六七八九。則加倍用之而半其實。　法首遇四則取四之一用之而四其實。如此則法首成一數。可用省乘。

定位　凡求一乘法定位。亦于原實內尋每數爲根。以橫行對得數定之。但此所對得數。恒爲法首位數。若乘法則爲法尾位數。與此不同。乃理勢之自然。不可不知。

假如前條珠三分五釐價每兩值銀二十四兩用乘法得價銀八錢四分今以法數折半作一十二兩實數加倍作七分挨身加之所得正同而用加捷矣

根

原數　○○七

挨身加二　一四

總數　○○八四

法首　十　兩　錢　分

原數不動卽用為法首一數所乘也挨身以法次位二與原數相乘呼二七加一十四本位紀一下位紀四加訖以併法合總亦連原數作數併之

定位　亦從原數七分上加兩尋每兩位為定位之根橫對左行總數得法首位是十兩下一位是兩俱空位補作兩再下一位卽錢定所得為八錢四分

又如前條錢三十萬○○五百八十文每千價九錢○五釐以錢折半作十五萬○二百九十為實價加倍作一兩八錢一分為法

原數一五〇二九 根
挨身　四〇一七二九
加八二　八一五六二
得數二七二〇二四九
　百十兩錢分釐毫

原數借爲得數不動。以法去首位一。只用八一挨身加之。自下起于九。加七二九。于二加一六二。其〇位無加。于五加四〇五。于實首一加八一。加訖。合原數併總。

定位　尋原數千位爲根。橫對左行得數得法首位兩。

併乘法　凡有數次乘者。併爲一次乘。亦算家簡法。舊謂之異乘同乘。

假如原本銀三千二百兩每兩一年獲息一錢五分六釐二毫五絲。已經四年。該息若干。　答曰二千兩。

法先以三千二百兩乘四年得一萬二千八百兩再以息銀乘之。是併兩次乘爲一次乘也。

截乘法　凡乘法位多者。截作數次乘之。以便初學。其法與併乘相反。而其理相通。

假如有三十二人各給布六丈四尺。共若干。

答曰二百零四丈八尺。

先置六丈四尺。以十六人爲法。就身加六。得一百〇二丈四尺。又二乘合總。

解曰十六乘又二乘。卽三十二乘也。

原實	六	四	
就身加六	三	二	四
		六	
共	一	〇	二四
加倍	二	〇	四八
	百	十	丈尺

定位。尋原實每丈之位爲根。橫對總數是〇。定法首十。則上一位爲百。卽定爲二百〇四丈八尺。

或置三十二人以八丈乘兩次亦同。

解曰。八乘二次。卽六十四乘也。

或置六丈四尺。以四乘之得數。又以八乘之。所得亦同。

解曰四乘一次。又八乘一次。卽三十二乘也。

除法

以數剖數是之謂除。除其原數以歸各數、故除亦曰歸。除與乘對。理精用博。近或謂之分。義則淺矣。有一位除有多位除。或分一位曰歸。多位曰除。或曰歸除。曰混歸。然古皆曰除。皆有法。有實。有得數。得數亦名商數。實其物也法其則也。法實在乘法可以互用而除法必須審定。乘法以法與實相遇而生一數。如陰陽相交而生物也。故雖互用而其交之理不易其生之用亦不易也。除法以實滿法而成一數。如鎔金以就型也。故曰實如法而一。若倒用之。則非矣。實如法而一。或變文曰如某數而一。如用三除者。省文曰以三而一。言以三數成一數也。而字皆連上為文。或者不察。遂竟以而一當除之字義。失其旨矣。

定法實訣

凡審法實有二訣。一曰先有定則。卽以定則爲法。其所除者必同名之物也。如有定則之銀爲法而除總銀。以定則之米爲法而除總米是也。

一曰先無定則而求定則。須詳問意。以所用求之者爲法。其所除者必異名之物也。如以總米除總銀。以總銀除總米是也。

何以爲先有定則也。如銀糴米而先知每米一石之銀若干。是先有定則之銀也。卽以此定則之銀爲法。而以總銀爲實。以法除實。則得總銀所糴之總米矣。此爲有總銀銀數。又有米每石之銀數。故以銀除銀而得總米。

若先知每銀一兩之米若干。是先有定則之米也。卽以此定則之米爲法。而以總米爲實。以法除實。則得總米所糶之總銀矣。此爲有總米數。又有銀每兩之米數。故以米除米而得總銀。

是皆所除者同名而所得者異名也又謂之以每數求總數凡以每數求總數者以每數爲法每數即定則也以比例求之更明圖具左方

比例圖

每銀若干　爲法　　每米若干　法

糴米一石　相乘爲實　　糴銀若干　實

今有銀若干　　今有米若干

糴米該若干　法除實得此數　　該銀若干　得數

此即異乘同除三率之比例也因第二率是一數故省乘耳

何以謂先無定則而求定則也如有總米又有總銀而無每數則當于問意詳之問者若欲知每米一石之銀是以米分銀也則以總米爲法總銀爲實問者若欲知每銀一兩之米是以銀分米也則以總銀爲法總米爲實是所除者異名而所得者亦異名也又謂之以總數求每數凡以總數求每數先無定則故必于問者之所求酌之亦有比

例之理。

比例圖

總米若干　為法　　　總銀若干　法

總銀若干　相乘　　　總米若干

今米一石　為實　　　今銀一兩　實

該銀若干　法除實得數　　　該米若干　得數

此亦異乘同除三率比例也。因第三率是一數故亦省乘。

又捷法

凡不動者為法。動者為實。何以明之。如有總米總銀。而欲知每米一石之銀。則將變總銀為每米之銀。是銀動而米不動也。故以米為法。若欲知每銀一兩之米。則將變總米為每銀之米。是米動而銀不動也。故以銀為法。其以每數求總數者。先有定則不動。即用為法。尤為易見。

凡布算乘易而除難。除法之難尤在法實。法實無誤則思過半矣。故首辨之如右。若筆算除法更有宜知者數端。具如後方。

一列位法實既辨。即當列位。

其法先作兩直綫自上而下。平行相望。約其間可容字兩行爲率。其長短則視位數多寡定之。先以實數列于右直線之右。自上而下依列位法書之。次以法數列于右直線之左。亦自上而下。其千百十單皆與實相對。或法數有千而實只有百者。即對書于上一位。餘皆倣此。亦有實數無分秒而法數有之者。亦對書于實尾之下。

次約實以求得數。一名商數。併求應減數以減原實而定初商。

以法約實而得商數。即以商得數與法數相呼乘之。而紀于左線之左。與原實相對書之。以便對減。用減法。足減者抹去原實而紀其餘。則商得之數不誤。不足減者改商之。其乘出數亦抹去便續商也。

次書商數

商數既定。則紀于左線之右。對應減數之上一位書之。如減數是言十之數。如二六一十二之類。則對減數之十位。或是言如之數。如三三如九之類。則減數之上位是○。即對○書之。其次商三商以上皆倣此。若書之而不相接轄。是商數有空位也。補作○。此定位之根。愼不可錯。

次定得數之位

先于法數之上一位作△爲識以對得數命爲單位等而上之則十百千萬等而下之則分秒忽微皆從此定

次命分

除有不盡者以法命之用法數爲母不盡之數爲子命爲幾分之幾

次還原

凡除法恐其有誤當以乘法還原用法數與得數相乘除有不盡者併入之即得原實

又法仍以除法還原用得數爲法轉除原實即復得法數除有不盡者以減原實爲實然後除之

又法以九減七減試之以法數九減七減皆用其所減之餘紀

右再以得數如法減之。紀其餘于左。左右兩餘數相乘。仍如法減之。紀其餘于上方。末以原實亦如法減之。紀其餘于下方。上下相同。則無誤矣。

又簡法。作直綫于左方。以應減之數。依併法併之。必合原實。有不盡數。亦併入之。此法更簡。更確。

一位除式

假如有額編地丁銀二百一十一兩一錢四分。其科則每畝六分。問原地若干。

答曰。三千五百一十九畝。

審法實訣。此爲以每數求總數也。其每數六分爲先有之定則不動。故以爲法。

列位法。如法作左右兩直綫。先以實數二一一一四列于右直線之右。自上而下順布之。次以法數六列于右直線之左。因法係六分。故與實分位相對。

		○		○		
	○	三	○	五	○	
實數	二	一	一	一	四	右
				△六法 單位		
得數	三	五	一	九		
應減之數	一	八	○	六	四	左
		三	○	五		
還原		|	|			
簡法	二	一	一	一	四	

商除法以法數約實。法是六。實是二。以六除二。當合下位作二一除之。商作三以法六乘三。呼三六一十八爲應減之數。即書一八于左線之左。對實二一書之。將商得三對減數一十。書于左直線之右。遂以減數一八對減原實二一。餘○三。乃作○于實二之右。書三于實一之右。即作線將實二一抹去。亦于左作線抹去減數一八。

次商以六除三。當合下作三一除之。商五。以法六乘五。呼五六成三十。爲應減數。乃書三○。于左線之左。對實三一書之。將次商五對減數三十書左線之右。遂以減數三○對減實三一。餘○一。于實三右作○。乃作線抹去實三。亦抹去減數三○。

三商以六除一。合下位作十一。商一。呼一六如六。爲應減數乃書○六于左線之左。對實一一書之。將三商一對減數○

書左線之右。遂以減數〇六對減實一一。餘〇五。改書〇五于實一一之右。抹去一一。亦抹去減數〇六。末商以六除五。亦合下位作五十四。商九。呼六九五十四。爲應減數。乃書五四于左線左。對實五四書之。將末商九。對減數五。書左線右。遂以減數五四對減實五四恰盡。改書〇〇于實五四右。而抹去五四。左減數亦抹去。共商得三五一九。于右線法數六字上一位作△。爲單位之識。以橫對**定位訣**左得數九。定爲單九畝。進位是十畝。又進百畝。又進千畝。命所得爲三千五百一十九畝。

乘法還原　以法六分。乘得數三千五百一十九畝。仍得原實。見乘法。

除法還原　以得數爲法。除原實。仍得法數六分。見後條。

簡法還原　作直線于左線之左。將原列應減之數。依併法併之。必與原實相合。

又法以九減七減試之。

九乘試

法　六　原實
得　〇　〇　〇

九減得數無餘。紀〇。于左。法數餘六紀于右。左右相乘。仍紀〇。于上。九減原實無餘紀〇于下。凡〇位與他數相乘。所得皆〇。

七減

法六　二　五得　三　原實

七減得數餘五紀左。法數餘六紀右。左右相乘。仍以七減餘二紀于上。七減原實餘二紀于下。兩試皆上下相同。知其不誤。

論曰。同文算指用九減七減試法。可免還原。頗稱巧捷。今以併法代之。則試法亦省。故稱簡法焉。茲各具一則。用相參互以明算理。握算者擇而用之可也。

多位除式

假如有熟地三千五百一十九畝。共徵銀二百一十一兩一錢四分。問每畝科則若干。

答曰每畝六分。

審法實　此以總數求每數也。問者欲知每畝科則。是將以總銀變為每銀。銀數動。地畝不動。故以地為法。銀為實。

列位法　先以實數自上而下。順布于右線之右。次以法數對書於右線之左。實首位是二百。法首是三千。法大于實一位。故進一位列之。

凡進位列者皆不滿法。

商除法　以法數約實。法首是三。實是二。合兩位二一除之。宜商七。因法有次位。須留餘地。改商六。呼三六一十八為法首位應減數。即將一八對實二一書于左線之左。將商數六對減數一書于左線之右。遂以商數六徧乘法次位五。呼五六成三十。將三〇挨書于一八之下一位。又以商數徧乘法第三位一。呼一六如六。將〇六挨書下一位。又以商數六徧乘法末位九。呼六九五十四。將五四又挨書下一位。如此徧乘法四位訖。乃以乘出數為共減數。對減原實恰盡。

〇〇〇〇〇
實二一一一四
厶三五一九法
兩錢分
得數〇〇六
應減之數 一八〇六四
三〇五
還原 二一一一四

定位 尋法首上一位為單位。横對左線得數上一位。定為兩。順下一位是錢。此二位俱空。補作〇〇。再下是分。定所得為六分。

此一次除盡例也。又為法大實小。故所得不能成整數。兩為整數。今所得是分。在兩下二位。

此所定單位在得數之外。乃借虛位以定實數。下條同。

其故何也曰法是三千有零能滿此數始能成一兩故曰實如法而一。今法大實小是實不滿法不能成一數所得者乃剖一整數而得其若干如此條所得乃百分兩之六也。詳命分

假如有銀八兩六錢六分八釐換金每金一兩該銀八兩八錢問換金若干。　答曰九錢八分五釐。

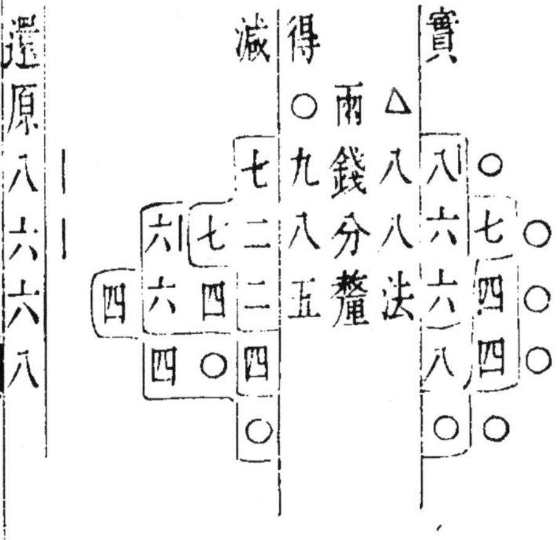

○○○
○七四四○
實　八六六八○
△八八法
兩錢分釐
得　○九八五
減　七二二四○
七四○
六六四
四
還原　八六六八

定法實訣　此金價八兩八錢是先有法。

如前法對列法實于右線之左右。

初商法八實八宜商一。因有次商宜留餘地。退商九。以乘法八。得七二。又乘法次位八。亦得七二。依法挨書遂以對減實。三位八六六。餘○七四。次商八。以乘法八。得六四。乘法次位八。亦得六四。依法書之。遂以對減餘實七四八。餘○四四。　三商五。以乘法八八。得四四○。依法書之。遂以對減餘實恰盡。

定位法數上一位爲單位。橫對得數上一位是兩。定爲空兩九錢八分五釐。

假如有銀二百七十二兩零二分四釐九毫。每錢一千。銀九錢零五釐。問錢若干。　答曰三十萬零五百八十文。

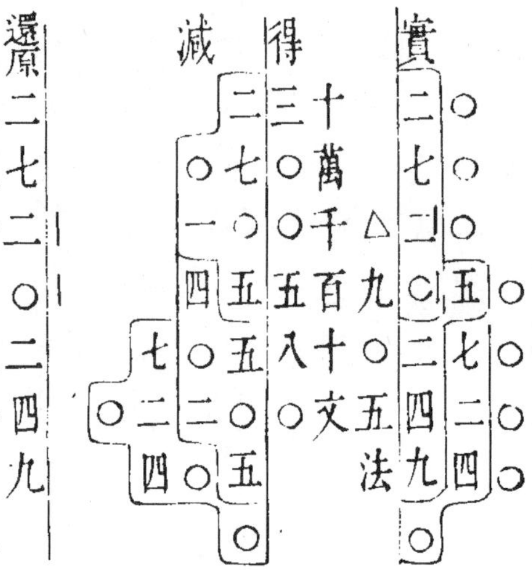

○○○○○
○○○五七二四
實　二七二○二四九○
△　九○五　法
十萬千百十文
得　三○○五八○
二七○五五○五○
減　○一四○二○
七二四
○

還原二七二○二四九

定法實此先有定則九錢零五釐。故以爲法。

初商三。以乘法九。得二七爲首位應減數。對實二七書左線左。將初商三對減數二書左線右。次以初商三乘法○五。得○一五。挨首位減數下一位書之。共二七一五爲初商應減數。以減實二七二○。餘○○○五。次商合實五二。以法九除之。得五。以乘法九。得四五爲首位應減數。對實五二書之。即將次商五。對減數四書左線右。次以次商五乘法○五。得○二五。共四五二五爲次商應減數。以減實五二四九。餘七二四爲末商實。末商八。如法乘之。得共減數七二四○。對實七二四○書之。減實恰盡。末商八亦對減數首位七書之。然次商與初商不相接。中空兩位。即作○○

以補其位。

定位此因所問是每千之價。故千即單數也。從法上一位橫對爲千文之位。上位萬。又上十萬也。

此法有空位例也。亦是得數有空之例。

若以得數三十萬〇〇五百八十文爲法。除原實二百七十二兩零二分四釐九毫。亦復得九錢〇五釐爲每千之價。如後圖。

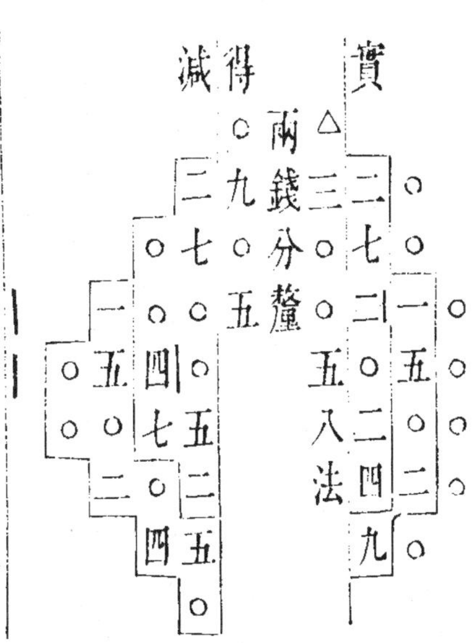

〇〇〇〇
〇一五〇二〇
實二七二〇二四九
△三〇〇五八法
兩錢分釐
得〇九〇五
減二七〇五二五〇
〇〇四七〇四
一五〇二
〇〇

還原二七二〇二四九

審法實此問錢價。是以錢分銀。以總錢爲法。總銀爲實。

列位之理所欲知者每千之價。故以千爲單。以萬爲十。以十萬當百。與原銀對列。其書商數如式不錯。則得數之空位自明。定位亦自無舛。說見前。

此兩條互相還原。若以乘法還原。並用乘法第三條。

命分法

凡除法至單而止故曰實如法而一所謂一者卽單一數也其有除至單數而仍有不盡之餘實或法之數本大于實皆不能成一整數則以法命之其法有二

其一除之至盡如計輕重者不滿一兩則除之爲若干錢若干分及釐毫絲忽前條法大實小及得數單下仍有數位者是也若授時曆萬分爲度百秒爲分及錢鈔論貫貫之下有百有十有零文尤爲易見

其一以法數爲分母不盡之數爲分子命爲幾分之幾如以三除五內除三數滿法成一整數餘實二不能成整則以此二數各剖爲三分共成六分而以三除之各得二分是爲三分之二也

假如十九人分銀二百五十四兩問各若干

答曰各十三兩零十九分兩之七

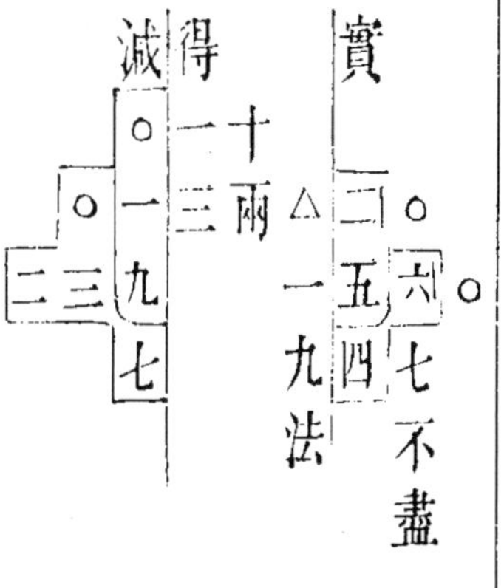

實　○六七不盡
　　二五四
　　△一九法
　　十兩
得　一三
減　○一九七
　　○三
　　二

以十九人爲法除二百五十四兩各得一十三兩不盡七兩以法命之共法以法十九命爲分母不盡七數爲分子命爲十九分兩之七解曰一整兩各剖爲十九分則不盡之七兩共剖爲一百三十三分以十九人分之各得七分并整數分數爲每人分得一十三兩零十九分兩之七

還　共減數二四七
　　加不盡　一七
原　合原實二五四

若用乘法還原法以十九人乘得數十三兩共得二百四十七兩加入不盡七兩共二百五十四兩合原實

若用除法還原法置原實內減不盡之數七兩餘二百四十七兩爲實每人十三兩爲法法除實得十九人

論曰古人只用命分後世乃有除之至盡之法然終不能盡如以十九人除七兩各得三錢六分八釐四毫二絲一忽終餘一忽故不如命分之簡妙如錢糧尾數一忽之下仍有微纖等十位不等徒滋繁文無裨實用然亦終不能盡若命分之法只一語喝盡更無滲漏然後知古法爲無弊

省除法 古謂定身除。亦名減法。凡法首位是一數者用之。其列法實得數及定位皆與除法同。

假如漕糧正耗共五百零四石每正米一石除耗四斗問正米若干。答曰三百六十石。

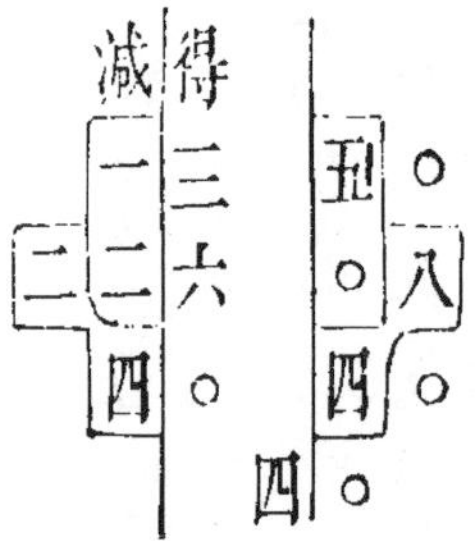

○八○
丑○四○
四

得三六○
減一二四
二

先以共數五定正數爲三。書左直線右。以應減耗數四。乘所定正三。得耗一十二。併正三共得四二。以減共數五○餘○八。次以餘數八。定正數爲六。書正數三之下。以減耗四乘六。得二十四。併正六共八四。減餘數恰盡。本應併正耗得一四。以除漕糧其數五○四。今因法首是一。省不用。止以四斗除之。所得亦同。

省除又法 古謂之求一除法。

凡定身除惟法首是一數者可用。今以倍半之法。則法首皆變爲一數。其法首位是二是三。法實皆折半。遇四則折半兩次。遇五六七八九。法實皆加倍。如此。則法首位皆成一數。

假如六十四人分銀四萬八千兩用除法應各得七百五十兩。

今以法實各折半兩次用定身除所得亦同。

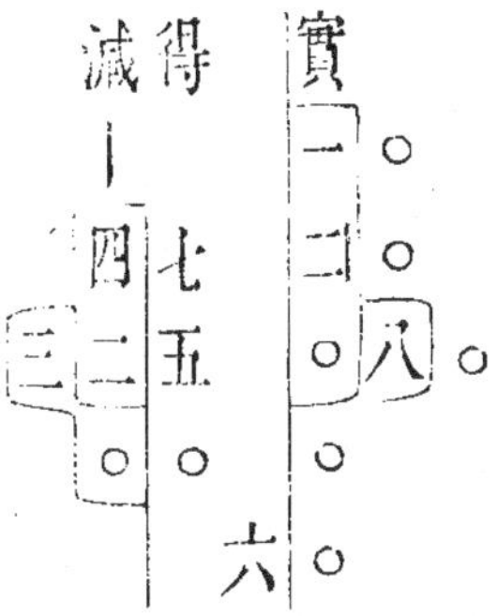

○
○○八
實一二〇〇〇
六
得七五〇
減一四二〇
三

先以法六十四折半作三十二。又折半一十六爲法。實四萬八千。折半作二萬四千。又折半一萬二千爲實。用定身除。以實首兩位一二定七爲得數。法去首位一不用。只用六以乘得數七。得四十二。書左。併得數七。共一一二。以減原實一二。餘〇八。次以餘實八定五爲得數。亦以法六乘得三〇。併得數五。共八。以減餘實恰盡。

定位又法　得數七。對原實千。因法是有十之數。退一等作七百。定所得爲七百五十兩。　假如十八人七千。即每人七百。故法有十者退一位也。準此推之。法有百退二位。有千退三位。萬以上做此論之。凡省除依原實定位。當知此訣。

併除法　舊名異除同除。

假如經商獲利二千兩。原本三千二百兩。已經四年。問每年每兩之息。　答曰每兩息一錢五分六釐二毫半。

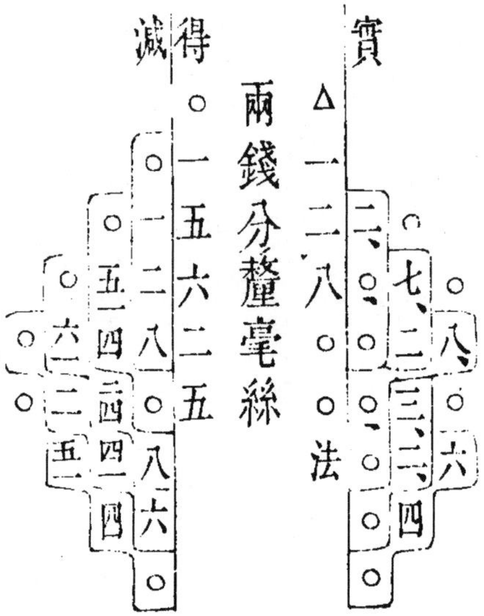

實　△一二八〇〇法

兩錢分釐毫絲

得　〇一五六二五

減

法曰。先以四年乘原本三千三百。得一萬二千八百爲總法。本法宜以三千二百除二千。得每兩之息。再以四年除之。得每年每兩之息。今併兩次除爲一次除。是簡法也。

凡有當除數次者。則以法相乘爲法。作一次除之。亦簡法也。如以四除之。又以五除之。又以七除之。則以四乘五得二十。又以七乘得一百四十。共爲法以除之。是併數次除爲一次除也。

截除法與併除相反。所以便初學。

凡除有法數位繁者。或可以截爲兩次除。以從簡易。

假如五十六八分銀一千五百一十二兩。各若干。

答曰各二十七兩。

原實 一、五一二　〇　七、七　〇　〇　〇　Δ八法

得數 一八九

減 〇八四二　六七

又用爲實 一八九　〇四〇　Δ七法

得 二七

減 一四九　四

此因法五十六是七八相乘之數。故先以八除。得一百八十九兩。仍用爲實。再以七除之。得二十七兩。合問。

或先用七除得數二百一十六兩。復以八除之亦得二十七兩。

假如銅一百二十八斤價二十兩問每斤若干。答曰每斤一錢五分六釐二毫半。原法三位。今用截除三次。俱一位爲法。可用省除。

置實 二〇

四除得五

先以四爲法。除實二〇。得五兩。爲三十二斤共價。

復爲實 一、二　五〇

四除得一二五

復以四爲法。除五兩。得一兩二錢五分。爲八斤共價

復以八爲法。除一兩二錢五分。得一錢五分六釐二毫半。合問。

四
一、二五〇〇
二四
仍爲實
八　除得一五六二五

右省除式也。祇作一直線。書原實于右。紀得數于左。而以九九數呼而減之。不必另書減數。凡法止一位者用此爲便。

假如銀一千零八十兩。置田二百一十六畝。問田價每畝若干。

答曰五兩。

原法三位。今用六除三次亦同。

四
實一、〇八〇
除得一八〇

復用爲實　一八〇
又六除得　三〇

仍用爲實　三〇
又六除得　五

約分法

凡命分有可約者。以法約之。古法曰。可半者半之。不可半者以少減多。更相減損。求其有等。以等約之。以等數除母子數。則皆除盡。西人謂之紐數。

假如八十一人分銀廿七兩。問各數。答曰各得三分兩之一。

法曰以八十一除二十七不能各得一兩依命分法八十一爲分母二十七爲分子命爲八十一分兩之二十七又以法約之爲三之一

解曰八十一是三個二十七若剖每兩爲八十一分即各得其二十七分是三之一也

分母八一　約分法曰置分母八十一用遞減法以分子二十七減之餘五十四復以二十七減之仍餘二

分子二七　十七如是則兩數齊同是有等也即用此等數二十七爲法轉除分母八十一得三除分子得

減餘五四　一如此則不用細分但以每兩均剖爲三而各得其一分即三人共一兩也

又減分子二七　若分子是五十四則用轉減法以子五四減母八一餘二七又以母餘二七轉減子五四亦餘

仍餘二七　二七是相等也就以此等數二七爲法除母八一得三除子五四得二是爲約得三之二

假如米八十五石分給一百零二人問各若干　答曰各得六分石之五

法曰人多米少不能各得一石依命分法以一〇二爲分母八五爲分子命爲一百〇二之八十五以法約之爲六

分之五。

分母一〇二

分子八五

減餘一七

轉減餘六八

又減餘五一

又減餘三四

又減餘一七

約分法曰。置分母一百〇二。以分子八十五減之。得餘十七。用轉減法。以餘十七減分子八十五。餘六十八。又遞減之。餘五十一。又減之。餘三十四。又減之。餘亦十七。是相等也。就以此等數十七為法。轉除母數一百〇二。得六。除子數八十五。得五。約為六分之五。

解曰。一百〇二。是六個十七。八十五。是五個十七。故曰六之五。即六人共米五石也。若以米每石均分六分。八十五石共得五百一十分為實。以一百〇二人為法除之。得五。是每人所得為一石米中六分之五也。

終

歷算叢書輯要卷三

筆算三

異乘同除

以先有之數。知今有之數。兩兩相得。是生比例。莫善於異乘同除。乃古九章之樞要也。先有者二。今有者一。是已知者三而未知者一。用三求一。故西法謂之三率。今先明同異名之說以著古法。次詳三率之用。以顯通理。

異者何也。言異名也。同者何也。言同名也。假如以粟易布。則粟與粟爲同名。布與粟爲異名矣。

何以爲異乘同除也。主乎今有之物以爲言也。假如先有粟若干易布若干。今復有粟若干。將以易布。則當以先所易之數例之。是先易之布與今有之粟異名也。則用以乘。是謂異乘。若先有之粟與今有之粟同名也。則用以除。是謂同除。皆用以乘除今粟。故曰主乎今有以爲言也。置今有粟。以異名之布乘之爲實。再以同名之粟爲法除之。是皆以今粟爲主。而以先有之二件乘除之也。

古圖

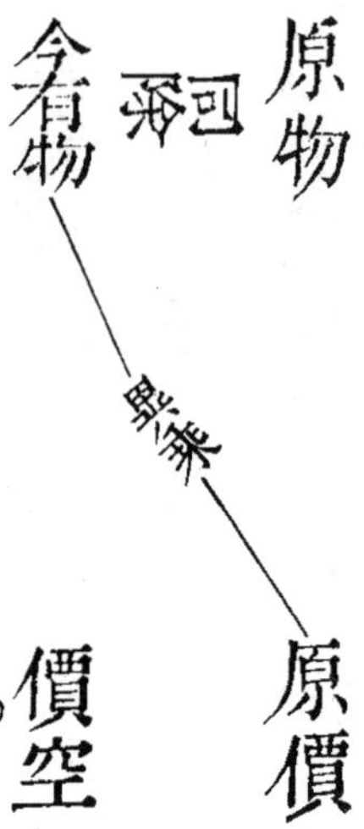

原物	原價
今有物	價空

同除　異乘

原物與今物同名以除

原價與今物異名以乘

歌曰

此法有四隅。內有一隅空。空當作虛

異名斜乘了。同名兌位除。

問何以不先除後乘。曰以原總物除原物總價。則得每物之價。以乘今有總物。亦可得今有之總價。然除有不盡。則不可以乘。

故變爲先乘後除。其理一也。

假如原有豆一百〇八石。價銀三十六兩。今有豆一百三十五石。問價若干。

答曰四十五兩。

原有豆一百〇八石爲法。
今有豆一百卅五石相乘原價卅六兩乘得四千八百六十兩爲實。
法除實得今價四十五兩。是爲得數

法曰。置今豆一百三十五石。以原豆價三十六兩乘之。得四千八百六十兩爲實。以原豆一百〇八石爲法除之。得四十五兩。爲今豆應有之價。此以物求價也。若還原。則以價求物。

假如原有銀四十五兩。買豆一百三十五石。今有銀三十六兩。問豆若干。

答曰一百○八石

法以豆一百三十五石。乘價三十六兩。得四千八百六十石

爲實。以價四十五兩爲法除之。得一百○八石合問。

西人三率法

其法以先有之二件爲一率。二率。今有之二件爲三率。四率則

前兩率之比例。與後兩率之比例等。故其數可以互求。今有之二率先只有其一。合前有之二率共爲三率以求之。而得今有之餘一率。是以三求一。故曰三率法。實四率也。

假如一率是三。二率是四。三率是九。則四率必爲十二。何也。三

與四之比例。若九與十二也。故以四二率九三率相乘卅六爲實。以三

一率爲法除之。必得十二。四率

若互用之。以四率爲一率。則十二與九之比例。若四與三。故曰

可以互求。此即還原之理。

解曰以三比四。以九比十二。並三分加一之比例。以十二比九。以四比三。並四分減一之比例。凡言比例等者皆如是。

前　一率　三　為法
　　二率　四　相乘三十六為實
後　三率　九
　　四率　十二　為得數

互求

十二　為法
九　相乘三十六為實
四
三　為得數

此以上圖之四率為一率也。故其序皆倒。而其所得四率。即上圖之一率。

又更而互之

前　一率　九　法
　　二率　十二　實
後　三率　三
　　四率　四　得數

此以前圖之前兩率為後兩率。後兩率為前率也。

互　四　法
求　三　實
還　十二
原　九　得數

凡二三相乘與一四相乘等積。此立法之根。觀右圖可明。四九相乘三十六。而十二與三相乘亦三十六。故以三除三十六得十二。以十二除三十六。亦復得三。此前兩圖互求之理。若更一四爲二三。其實同爲三十六。故以四除之得九。以九除之亦復得四。此後兩圖互求之理。

又錯綜之

前	一率	三	十二	九	四
	二率	九	四	三	十二
後	三率	四	九	十二	三
	四率	十二	三	四	九

此又以前圖之二與三更之。則前兩率之第二。變爲後兩率之第一。而其比例亦等。凡一率二率爲前兩率。乃先有之二件也。三率四率爲後兩率。乃今有之二件也。今以二率三率相易。則是先有之次率變爲今有之首率也。然以比例言之。在前圖爲三與四。若九與十二者。在

此圖。則三與九。亦若四與十二也。

若以一率除二率得數以乘三率。亦得四率。如以一率三除二率九得三。以乘三率四。亦必得四率十二。以一率四除二率十二得三。以乘三率三。亦得四率九。但先除後乘。多有不盡之分。故異乘同除為算家大法。乃中西兩術所同也。

試仍以古圖明之

原有小麥十二石　換食鹽九石　俱四分之三比例。若以上下左右更置。即成三率之前四圖。

今有小麥四石。換食鹽三石

更之以縱為橫

原有粱米三石　換綿布九疋　俱三倍之比例。若以上下左右更置。即成三率之錯綜四圖。

今有粱米四石　換綿布二十疋

辨法實

凡三率之用皆以二率乘三率爲實首率爲法除之以得所求爲四率。

然何以定其孰爲一率。孰爲二率三率也。曰此則古人同異名之法不可易也。訣曰。凡今有之已知者常定爲三率。（其未知者待算而得則常爲四率。）視先有之物。與三率之今有同名者定爲首率。其與今有異名。必爲二率矣。

又訣曰。凡三率之法以三件求一件。其所求之一件未知而三件則已知也。此已知之三件中。必有兩件同名。（如價與價物與物之類。）就以此同名之兩件。審其孰爲先有者定爲首率。其今有者則爲三率。而其餘異名之一件亦必先有也恒爲二率。

假如有句股形田長一百三十五步濶四十五步今截相似形。

長一百〇八步問濶若干。

答曰截濶三十六步。

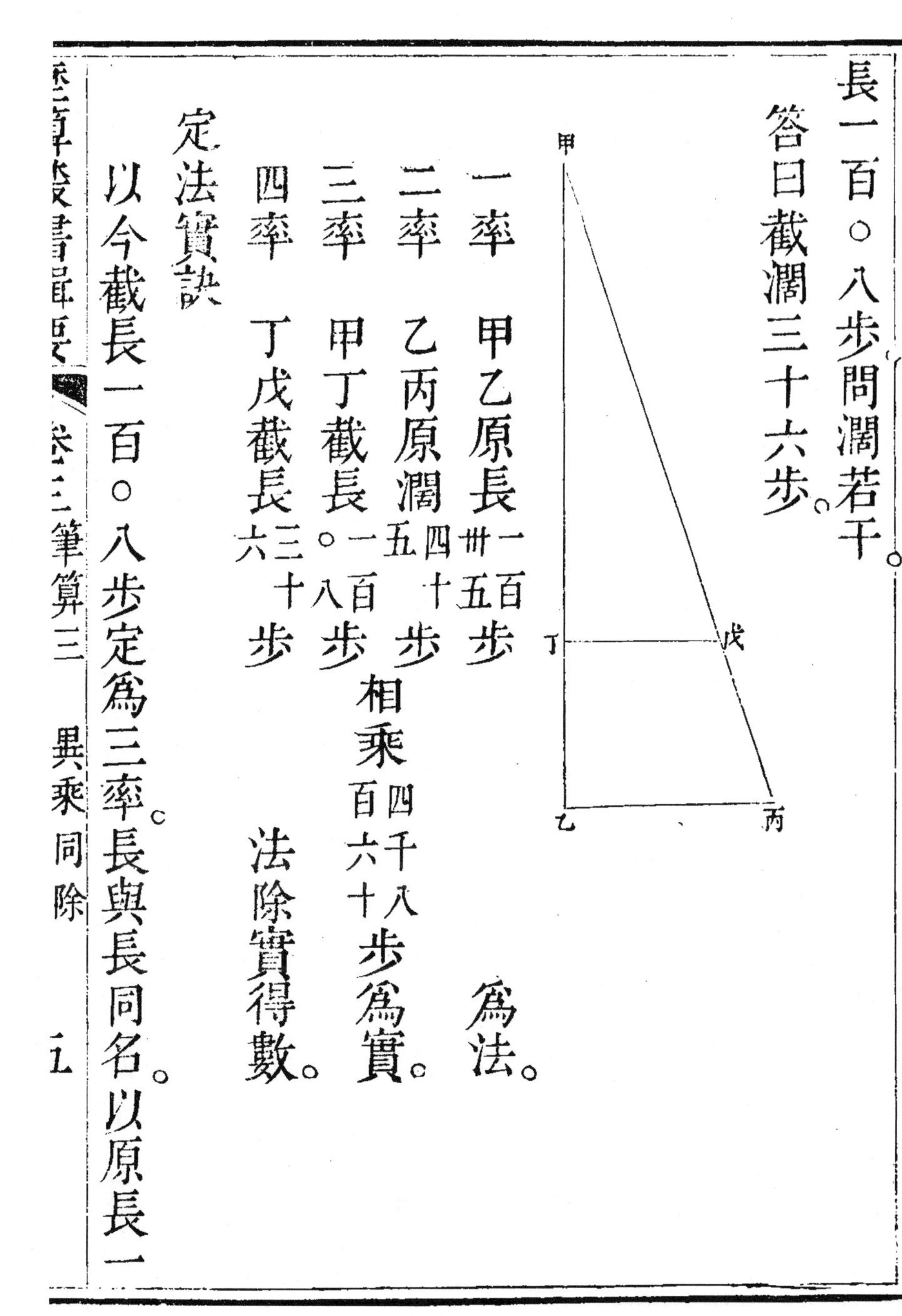

一率　甲乙原長一百卌五步

二率　乙丙原濶四十五步　相乘四千八百六十步為實。

三率　甲丁截長一百〇八步

四率　丁戊截長三十六步　法除實得數。

為法。

定法實訣

以今截長一百〇八步定為三率。長與長同名。以原長一百三十五步定爲首率。濶與長異名。以原濶四十五步定爲二率。

又訣此已知之三件。是原長。原闊。截長。內長與長同名。以原長是先有之數。定爲首率。截長是今有之數爲三率。原闊與長異名爲次率。

按原長原闊。即大句大股。截長截闊。即小句小股也。四者皆可以遞互相求。三率中更互錯綜之理。尤爲易見。

一	大股法	小股	大句	小句
二	大句	小句	大股	小股
三	小股實	大股	小句	大句
四	小句得數。	大句	小股	大股

以比例言之。大股與大句。若小股與小句也。更之。則小股與

小句亦若大股與大句也此爲以股求句反之而以句求股則大句與大股亦若小句與小股也又更之則小句與小股亦若大句與大股也

一　大股　大句　小句　小股

二　小股　小句　大句　大股

三　大句　大股　小股　小句

四　小句　小股　大股　大句

又錯綜之則大股與小股若大句與小句也而大句與小句亦必若大股與小股矣又小句與大句若小股與大股也而小股與大股亦必若小句與大句矣是爲三率之八變

異乘同除定位法

三率定位與乘法除法無異。乘法以實單位爲根。定所對得數爲法尾數。除法以法首上一位作識。定所對得數爲所求單數。並詳前卷。但所用之實以二率三率相乘而得。數算者或疑其數之驟陞而不能守其定法則定位必訛而其理益晦矣。故復論之。諸家算術往往有定位不確者。皆由見乘後數多。未免驚怖而輒爲酌改故也。

假如六個時辰馬行二百一十里。今行五個時辰當行若干里。

答曰一百七十五里。

一　六時　爲法。

二　二百一十里　相乘一千〇五十里爲實。

三　五時

四　一百七十五里　法除實得此數。

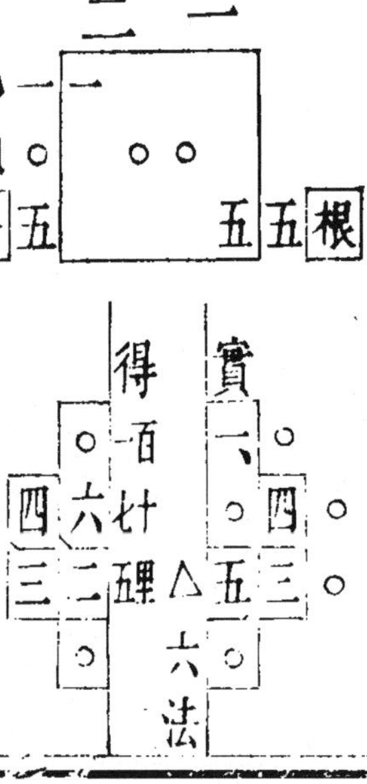

根 五 五 一 二

一 ○○ 一 一 ○ 五 百 十 十

實 一 ○ 四 ○ 五 三 ○ 六法

得 一百七十五里 △ ○ 四 六 三 二 ○

論曰試以六時除馬行二百一十里。得每時行三十五里。以乘五時。亦得一百七十五里。原無可疑。今先乘後除。故以一千五十里爲實。驟觀之似乎太多。究竟除後適得其本數而已。

假如銀三十二兩。換錢三萬六千文。今有銀二十八兩。問錢若干。

答曰三萬一千五百文。

一　三十二　爲法。

二　三萬六千文

三　二十八　乘一百萬零八千　爲實。

四　三萬一千五百　法除實得此數。

若以三十二兩除三萬六千文。得每兩錢一千一百二十五文。以乘二十八兩。亦得三萬一千五百文。知得數之同。則知一百萬零八千之非誤。

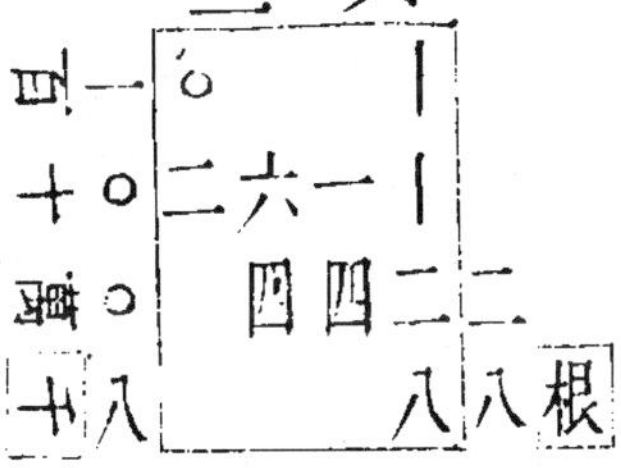

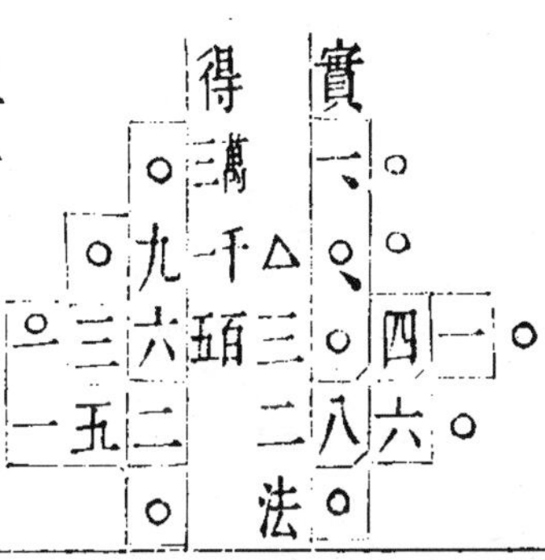

根

實

得

法

異乘同除約分法

三率內有兩率相準可用約分者。卽改用所約之數。易繁爲簡。如法乘除。所得無誤。而用加捷矣。兩率者。其一首率。其一次率。或三率也。凡以法約之。必兩率相準。次率三率。總用其一。皆取其與首率相準也。凡以法約之。必兩率並爲偶數。則俱折半。或兩率並可均剖爲四。則折半兩次。或兩率並可均分爲三。則各取三之一。或兩數互減而得等數。則以等數約之。並如約分法。

一率	十八	九	六	二	一
二率	十六	八	十六	十六	八
三率	九十九	此因首率次率皆偶數故折半	三十三	十一	十一
			此用首率三率各取三之一	此用首率三率各取九之一	此用九約之數復以首次折半
四率	八十八		八十八	八十八	八十八
	論其比例。爲十八比十六。若九十九與八十八也。	半之。則九與八之比例。亦若九十九與八十八。	以三約之。則六與十六之比例。若三十三與八十八。	以九約之。則二與十六之比例。若十一與八十八。	再約之。則爲一與八。若十一與八十八。

假如賃房九個月銀七十八兩問住二年該若干

答曰二百零八兩。法以二年成二十四個月。依式列之。

一	九個月	約爲三	三	又約爲一
二	七十八兩	重列	七十八	約爲廿六
三	二十四月	約爲八	八	
四			二百零八	八乘廿六即得此數。

假如八色金六十兩換銀二百八十八兩今有九色金五十兩該若干。

答曰二百七十兩。此以金折成足色。六十兩作四十八兩。五十兩作四十五兩算之。

一	四十八兩	約爲一十六	一十六	又約爲一
二	二百八十八兩	重列	二百八十八	約爲一十八
三	四十五兩	約爲一十五	一十五	

四　二百七十　十八乘十五得此數。

右皆約得一數爲首率。故不須除。但以二率乘三率。即得所求爲四率。

重測法　三率有叠用兩次者。謂之重測。即兩個異乘同除。

假如有夏布四十五丈。欲換綿布。但云每夏布三丈。價二錢。綿布七丈。價七錢五分。問換棉布若干。　答曰二十八丈。

一　夏布　三丈　先用爲法。

二　價　二錢　乘得九兩爲實。

三　今夏布　四十五丈

四　價　三兩　法除實得此數。

重列

一　價　七錢五分　又用爲法。

二　棉布　七丈　　乘得二十一丈為實。

三　今價　三兩

四　棉布二十八丈　法除實得此數。

此因兩布各有其價。故先用法求得第四率。以夏布變為銀。就以此定為重列之第三率。即今價也。而以棉布價七錢五分為首率。以與今價同名也。棉布七丈為次率。以與今價異名也。如法乘除得所換棉布為四率。

併乘除法

以兩次乘除併而為一。是合兩三率為一三率也。即古法之同乘同除。古以併乘為異乘同乘。以併除為異除同除。今乘除俱用併法。故謂之同乘同除也。

假如今有芝麻五十四石。欲換黃米。但云芝麻三石換綠豆五

石綠豆四石換黃米三石問該換黃米若干

答曰六十七石五斗。

本法　　重列

一　麻　三石　　豆　四石

二　豆　五石　　米　三石

三　今麻　五十四石　　今豆九十石此重列之第三。即先得之第四。乃本法也

四　該豆　九十石　　米　六十七石五斗

簡法即併法

一　豆麻乘十二石約爲四

二　米豆乘十五石約爲五　　爲法。今以兩首率相乘爲首率。

三　今麻　五十四石　　乘得二百七十石　爲實。亦以兩次率相乘爲次率。以兩九十石對去不用。故三率

四。六十七石五斗法除實得此數。省乘是爲併法實簡法也。

論曰本用兩次乘除今以豆四石乘麻三石得十二石以除是併兩次除爲一次除也以米三石乘豆五石得十五石以乘是併兩次乘爲一次乘也依法求之即得所換米六十七石五斗與兩次求者數同。又因一率二率可用約分。約之爲四與五。而法益簡。

然則第三率何以獨異。第三率徑用今麻。不以豆九十石乘之。是與併兩首率爲首率。併兩次率爲次率者迥別。曰重列之第三即先得之第四故可以對去不用不惟不用亦可不求。重列之第三率。既無乘併之用。則原列之第四率。不必更求其數。而乘除之用已備。今麻原係第三率。今仍用爲第三。是三率之用。本無所缺。即所求之得數已清矣。若第三率用豆九十石乘過之麻。則所得第四率亦必爲豆九十石乘過之米。得數後。必以九十石除之。始能清出米數。反多曲折。今對去豆九十石不用。則所得四率即米數。直截了當。故爲簡法。

又式

假如有戰兵七百名。每年額餉一萬二千六百兩。內有新着伍兵三百名。已經應役七個月。問該餉銀若干。

答曰三千一百五十兩。

一　七百名約爲七　一　十二月　一　十二約爲四

二　一萬二千六百　二　七月　重　二　一萬二千六百

三　三百名約爲三　三　空　列　三　三約爲一

四　空準前論不求第四率。　四　四　三千一百五十

依重測併乘除法當以十二月乘七百名得八四〇〇爲法。以七個月乘一萬二千六百得八八二〇〇。又以三百名乘之得二六四六〇〇〇〇爲實。法除實得三千一百五十兩爲兵三百名七個月之餉。

今用約分以七百與三百約爲七與三皆百約之則上層首率與下層次率各有七對去不用可省併乘

重列之時徑以十二爲首率餉銀一二六爲次率三爲三率依法乘除而得四率　又以首率十二三率三約爲四與一則可徑以餉一二六爲實以四爲法除之得三千一百五十一合問

變測法古謂之同乘異除在三率謂之變測即幾何原本之互視法也

凡異乘同除皆以先有之一率爲法即首率以先有之又一率乘今有之一率爲實即二率三率相乘

若同乘異除則反以今有之一率爲法同文算指列於第三今依法實之序定爲首率以先有之兩率自相乘爲實同文算指列於第一第二今定爲第二第三雖亦以法除實得今所求之又一率即四率與諸三率同而法實相反故曰

變測。

假如用秤稱物。物重秤不能稱。外加一錘稱得八十四斤。本錘一斤五兩。加錘一斤三兩。問其物實重若干。　答曰一百六十斤。

一　錘重二十一兩　為法。

二　加錘共四十兩

三　稱重八十四斤　乘得三千三百六十斤　為實。

四　實重一百六十斤　法除實得數。

法以錘一斤五兩作二十一兩。加錘一斤三兩作十九兩。共重四十兩。為先有之一率。稱重八十四斤。為先有之又一率。相乘得三三六。為實。以本錘重二十一兩為今有之一率為法。法除實得實重一百六十斤。為所求今有之又一率合問。

假如秤失去錘。有所稱物重一百六十斤。今以他物代錘。重四十兩。稱得重八十四斤。問錘重若干。　答曰一斤五兩。

一　物重一百六十斤

二　稱得重八十四斤

三　他物代錘重四十兩

四　錘重二十一兩

假如布幔一具。用布十六丈五尺。布濶二尺。今有布濶一尺五寸。如式作幔。該用若干。　答曰二十二丈。

一　今濶一尺五寸

二　原濶二尺

三　原長十六丈五尺

四　今長二十二丈

假如儲粟方窖。長一丈二尺。濶九尺。深一丈。今欲别穿一窖。藏粟與之等。長亦一丈二尺。但深加二尺五寸。該濶若干　答曰濶七尺二寸。

一　今深十二尺五寸

二　原深十尺

三　原濶九尺

此原長不動而加深減濶也。

今深今濶相乘。得九十尺。與原深乘原濶等。以乘長一十二尺。得一千零八十尺。亦等。則其藏粟等。

四　今濶七尺二寸。

又問。若依原窖之濶九尺。但加長三尺。該深若干。　答曰深八尺。

一　今長十五尺

二　原長十二尺

三　原深十尺

此原濶不動而加長減深也。

今長乘今深。得一百二十尺。與原長乘原深等。以乘濶九尺。並得一千零八十尺。

四　今深八尺

假如有方倉高一丈八尺。濶二丈。深二丈一尺。今更造一倉。亦深二丈一尺。但高減三尺。問濶若干。

答曰濶加四尺。共濶二十四尺。所儲米石。即同原倉之容。

一　今高十五尺

二　原高十八尺

三　原濶二十尺

此原深不動而減高增濶也。當與右二條叅看。倉之高。即窖之深。倉之濶。即窖之長。

今高乘今濶。得三百六十尺。與原高乘原濶等。再以深二丈一尺乘之。得七千五百六十尺。與原倉之容積等。

四　今濶廿四尺

假如原借八五色銀四十八兩。今還九六色銀。問該若干。

答曰四十二兩五錢。

一　今銀色九六　為法。

解曰。原銀八五色。是每兩實折八錢五分。故以乘原銀。得四十兩零八錢。乃折實紋銀之數也。

二　原銀色八五
三　原借四十八兩　乘四十兩零八錢爲實。還銀九六色。是每九錢六分成一兩。故以除折實紋銀。得四十二兩五錢爲應還之數。凡零乘

四　今還四十二兩五錢　法除實得數。數反損。零除數反增。詳別卷。

假如有田一區。用三十二人耕治五日而畢。今用四十八人。問該幾日。　答曰四日。

一　今用四十人

二　原用三十二人

三　原耕五日

四　今畊四日

假如決水修池。水竇闊三尺。十二日涸出。今開闊八尺。問水涸幾日。　答曰四日有半。

一　今濶八尺

二　原濶三尺

三　原十二日

四　今四日半

假如額兵五千六百。設有一年之餉。今祗留兵三千三百六十名。問其餉可支幾時。　荅曰一年零八個月。

一　今兵三千三百六十

二　原兵五千六百

三　原設餉十二個月

四　今可支二十個月

終

曆算叢書輯要卷四

筆算四

通分法

併減乘除。並有子母通分之用。故別自爲卷。其畸零以十百千萬爲等者不用此法。

凡整數下有零分。而不以十分成整。當用通分。其法以一整數剖爲若干分。是爲母數。其所帶零分。在母數中得幾分之幾。是爲子數。

通分子母列位法

通分列位。其法有三。曰化整爲零。曰以整帶零。曰收零爲整。

假如有物一斤四兩。則以一斤通爲十六兩。加入所帶四兩。共二十兩而列之。斤以十六兩爲母。其所帶四兩是子。今化斤爲兩。則可乘除。謂之以母從子也。

若欲通爲銖。則以每兩二十四銖爲母。通二十兩爲四百八十銖。此以斤通爲兩。兩又通爲銖。是兩次用通分也。

若畸零累析有用通分三次四次以上者。准此論之。

如皇極經世一元有十二會。一會有三十運。兩次通之則一元有三百六十運。一運有十二世。一世有三十年。兩次通之則一運有三百六十年。

若以元通爲年則用四次。元通爲會。會又通爲運。運又通爲世。世又通爲年。是四次用通分也。通得十二萬九千六百爲一元年數。

右化整爲零。　古通分法曰。通以分母。納以分子。蓋言以分母通其整數。而以所帶零分加入也。然亦有不納子而但通其整之時。既以分母通之。則整數不用。全化爲分。故西學謂之化法。

别有變零爲整之法。與此化整爲零之法。似同而實不同所以爲零乘之用。蓋化整則全化爲零而不用整。變零則全變爲整而不用零。其數則同。謂自一至九之數。其等則異。謂如零陞爲單。單陞爲十之類。詳見零除條。

凡通分化整爲零。以便乘除。不必更書其母。若列位本法。以整帶零。當以母數子數並而書之。曰幾分之幾。若分下帶有小分。則曰幾分之幾。又幾分分之幾。

假如有整數二十五。帶有零分爲整數十二分之七。又仍帶零秒爲分數三十分之十四。

二五　十二　芝　七之　十四　此如曆法一週十二宮。一宮三十度。今算得星行二十五週。又七宮十四度也。

假如有整數十六。又帶零數爲整數七分之五。

一六　七　三十五　此以一整數剖為七分。而所帶零分適得其五也。七為分母。五為分子。

假如有零數為整數三十分之十四。又帶小分為分數六之五。

○　三十之十四　六　三十五　此原無整數。但有分。又有小分。其分以三十為母。十四為子。是一整數剖為三十而得其十四也。小分以六為母。五為子。是一大分又剖為六而得其五也。小分母。古謂之秒母。

右以整帶零

凡母數必大于子數。其常也。乘除之後。有子數反多者。法當以母數收之為整而帶其零。

假如有零分十六。其分母九。此為子數反大。當以母數收為整。

收得一　九之七　十六分內除九分收為整。餘七分。是為整一。又九分之七也。

假如方田之法。以方五尺為步。其積二十五尺。今有積七十尺。

步法二十五尺。而積有七十尺。子數反多。法當收整。

收得　二　二十五之二十　七十尺內。除五十尺收爲二步。剩二十尺。不能成步。是爲整二步。又二十五分步之二十。

假如古曆法以十九年爲一章。四章爲一蔀。今距曆元中積一百年。問在第幾蔀第幾章。答曰第二蔀第二章之第六年。

一　一　五　法先以章法十九。收九十五年成五章。剩五年。次以蔀法四。收四章成一蔀。剩一章。通列之。成一蔀一章零五年。是爲已過之數。今正在交第二蔀第二章之第六年也。

右收零爲整。凡欲乘除。必化整爲零。既乘除矣。仍必收零爲整。此二者相須爲用也。

此外仍有除零附整之法。其法以分母爲法。分子爲實。實如法而一。得零數爲整數。十分之幾。或百分千分萬分之幾。所謂退除爲分秒也。見除法命分

通分併子法

通分併子。其類有三。曰母同者。曰母不同者。曰大分又帶小分

者而所以併之之法有七。曰徑併法。曰變分母法。曰互乘法。曰連乘法。曰維乘法。曰截併法。曰通母納子法。

徑併法

凡分母數同者，徑併其子。併滿母數收爲整。無論設數幾宗，但母同者皆可徑併其子。或大分之下帶有小分而分母同者，並用此法。

假如有絲五分斤之四，又五分斤之三，併之若干。

答曰：整一斤。又五分斤之二。

五　之四

五　之三

併得五　之七　歸整一又五之二

此因兩母同爲五，故徑併其子。子數七，母數五，是子滿母數而且有餘也。當以母數收之，得整一零五之二。

以上分母同者徑併其子，爲通分併法之一類。

變分母法

凡分母不同而有比例可求者。變而同之。可省互乘。

假如有數六之三。又加四之一。共若干。　答曰共四之三。

六　之三　變四之二　法以六之三母子各損三之一。變為四之二。則兩母同為四。而其子可併矣。所以然者。四與六是倍半比例。故去三分之一。即相同也。

四　之一

併得四　之三

假如有金八分兩之五。又四分兩之三。併之若干。

答曰一兩又八分兩之三。

八　之五

四　之三　變八之六

併得八　之十一　歸整得一又八之三

八與四為折半比例。然不以八折半者。其子奇數。不可半也。故以四之三加倍。即母數齊同。可相併矣。

互乘法

凡分母不同而無比例可求者。先兩母相乘以同其母。再以母互乘其子而併之。

假如有物四分石之三。又七分石之四。共若干。

答曰整一石。又二十八分石之九。

四之三 × 七之四　得廿八之廿一　之十六

先以左右兩母相乘。得廿八。又以右母互乘左七之四。得廿八之十六。次以左母互乘右四之三。得廿八之廿一。兩母既同。遂併其子。爲廿八之卅七。以滿共母二十八。收爲整一。仍餘九。

併得廿八之卅七

歸整得一。又廿八之九。

凡三母內有兩母相乘與餘一母同者。祇用一互乘。卽可相併。

假如有甲乙丙丁四數。乙得甲七之六。丙得甲五之四。丁得甲卅五之二三十。若合乙丙丁三數得甲數若干。

答曰得甲數二。又卅五之十一。

乙七之六　之卅

丙五之四　互　之廿八　得卅五

丁卅五之廿三

併得卅五之八十一

法以乙丙兩母相乘。得卅五。與丁母同數。即用乙母七互乘丙五之四。得卅五之廿八。丙母五互乘乙七之六。得卅五之三十。以併丁卅五之廿三。共得卅五之八十一。以滿母卅五成整數。

歸整得甲數二又卅五之十一

連乘法

凡數三宗以上者。用各母連乘爲共母。又以各母除之。得數以乘其子爲子而併之。併滿共母收爲整。

假如有數六之四。又加三之一。又加五之四。併之若干。

答曰整一。又九十之七十二。

法以六乘三得一十八。又以五乘之。得九十。爲連乘之共母。

六之四　之六十　即六除共母得數以乘之四之數。

三之一　共母九十之三十　即三除共母得數以乘之一之數。

五之四　之七十二　即五除共母得數以乘之四之數。

併得九十之一百六十二。歸整得一又九十之七十二。

解曰。此即互乘也。試以五互乘六之四。得三十之二十。又以三互乘之。即成九十之六十。以六互乘三之一。得十八之六。又以五互乘之。即成九十之三十。以六互乘五之四。得三十之二十四。又以三互乘之。即成九十之七十二。

維乘法　古維乘法。與連乘母除共母以乘子之法。所得同。

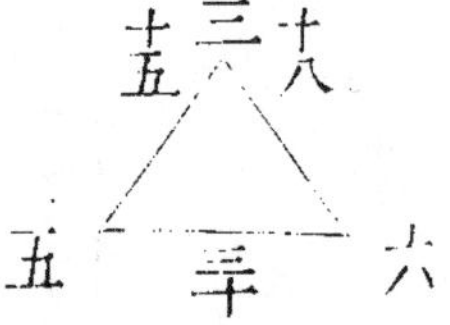

十八　三　十五

六　三十　五

三六得十八即五除之四。得七十二。

六五相乘得三十即三除共母數以乘子之一。得三十。

五三、得十五即六除之四。得六十。

假如錢糧一次完過九分之一。又完四分之一。又完八分之一。又完六分之一。又完七分之一。問共完若干。　答曰五百〇四之四百零一。約爲十分之八稍弱。

法以八乘六。得四十八。再以七乘之。得三百卅六。又以九乘之。得三千〇廿四。又以四乘之。即得一萬二千〇九十六。

九之一　　以九除　一千三百四十四。

四之一　　以四除　三千〇百二十四。

八之一共母。一萬二千〇九十六。以八除共母。得一千五百一十二。

六之一　　以六除　二千〇百一十六。

七之一　　以七除　一千七百二十八。

併之得　一萬二千〇九十六之九千六百二十四

約爲五百〇四之四百〇一廿四約之。

解曰。此即連乘法也。但因分子皆爲之一。故即以母除共母之數爲子相併。而省一乘。

試用維乘所得亦同

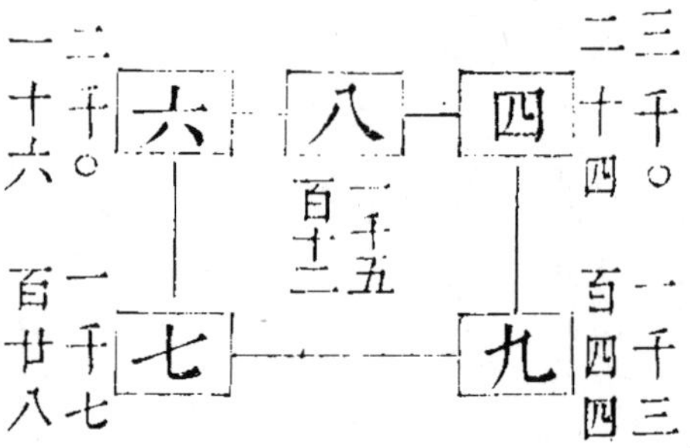

四　三千〇二十四
八　一千五百十二
六　二千〇一十六
九　一千三百四十四
七　一千七百廿八

四八六七　得一千三百四十四。即九除
八六七九　得三千〇二十四。即四除
六七九四連乘。得一千五百十二。即八除共母數。
七九四八　得二千〇一十六。即六除
九四八六　得一千七百廿八。即七除

截併法

凡數件中有分母同者。先取出併之。然後與各件並列。則省算。而共母亦簡。

如前圖有八之一。四之一。四之一。為加倍比例。可先取併之。用變分母法。

八之一　　併得八之三

四之一變爲八之二

乃重列之原數五宗。今作四宗入算。餘並同前。

八之三　　之一千一百卌四

九之一　　之三百卌六

七之一　共母三千○二十四　之四百卌二

六之一　　之五百○四

解曰。共母原係一萬二千○九十六。今只三千○二十四。簡四之三。故所得之子。皆于前式爲四之一。

併得　三千○廿四　之二千四百○六

凡宗數繁多而分母又各不同者。可分作幾次併之。

假如有物四宗。甲數五分斤之三。乙數六分斤之一。丙數三分斤之二。丁數七分斤之四。併之若干。用互乘。　答曰整二斤又六百三十分斤之三。

甲五之三　乙六之一　互得三十之十八　之五　併得二十三

丙三之二　丁七之四　互得廿一之十四　之十二　併得二十六

如上圖依法互乘以四宗併作兩宗乃重列之

甲乙　三十之廿三

丙丁　廿一之廿六

互六百卌之　四百八十三　七百八十

併得六百卌之一千二百六十三　歸整一又六百卌之三

以上分母不同者。爲通分併子之又一類。

大分帶小分併法

凡大分之下帶有小分而母相同者。如法併之。自小分起。滿小分之母進爲大分。滿大分之母進爲整。

若大分之母同而小分母不同者。用互乘法使其同。餘如上法。

若大分母不同者。即通大分爲小分。再用互乘以同之。

假如西曆以一日分二十四小時。一時又析爲六十分。今算得中會二十九日十七時三十六分。實會該加七時四十分。依法併之。得三十日零一時一十六分。

原二九　廿四之一七　六十之三六

加||　廿四之○比　六十之四十

併得三○日○一時　十六分

時爲大分。大分之母二十四。時下爲小分。小分之母六十。先併小分。得七十六。以滿六十進爲一時。仍餘十六分。次併大分。得二十五時。以滿二十四進爲一日。仍餘一時。

假如修築河堤。新修七里○六十六步一尺。舊堤原存一十二里二百九十三步四尺。問堤長若干。

答曰長二十里。

新修○七　○六六　一

原存一二　二九三　四

共長二○里○○○步○尺

里法三百六十。步法五。先併尺。一四共五。進一步。次併步。共三百六十。進一里。次併里。二七及所進之一。共十里。併原十里。是爲堤長二十里。合問。

右大小分母俱同。故徑以子併。

假如有田二坵。甲坵二畝。又四分畝之三。又小分五之一。丙坵一畝。又三分畝之二。又小分四之三。併之若干。　答曰整四畝。又六十分畝之四十三。

先以甲小分母五通大分四之三。爲小分二十之十五。加入原帶小分一。共二十之一十六。爲甲數。

又以丙小分四通大分三之二。爲小分十二之八。加入原帶小分三。共十二之十一。爲丙數。

解曰。此即古通分納子之法也。以大分盡通爲小分而納小分焉。實則以小分陞爲大分也。

甲二又二十之十六　得二百四十之一百九十二
丙一又十二之十一　　之二百二十

併得三又二百四十之四百一十二
整歸四又二百四十之一百七十二約爲六十之四十三

右以大分母不同。故盡通爲小分而併之。

以上大分帶小分法。爲通分併子之又一類。

通分子母減法

通分減法亦有三類。曰母同者。曰母不同者。曰大分帶小分者。而其減之之法有五。曰徑減法。曰變分母法。曰互乘法。曰子乘母除法。曰通母納子法。併之與減。猶乘之與除。可以互相還原。相反而適相成也。故所用之法皆同。

徑減法無論設數幾宗而母同者。並用此法。

凡分母同者徑以相減不足減者以分母通整數減之

假如有紵絲一疋零五分疋之二用過五分疋之三問仍存若干

答曰五分疋之四

原一　五之二　此以之三減之二則減數反大于原數不足減以借法作點于疋位借原數一疋通作五分併之二共成五之七內減去五之三仍存五之四合問

減　五之三

存　五之四

以上分母同者徑以對減爲通分減法之一類

變分母法

凡分母有可以比例言者以比例同之可省互乘

假如有數六之三又有數四之三其較若干　答曰四之一

四　之三　四與六是倍半比例故以六之二三變爲四之二

六之三　變四之二　則母數同而可以相減。

較　四之一

互乘法

凡分母不同者。先互乘以同其母。再以母互乘其子而減之。

假如有兩數甲五之三乙七之四不知誰多

答曰乙不及甲三十五分之一。法以兩分母五七相乘。得三十五爲共母。又互乘其子。變甲數爲三十五之二十一。變乙數爲三十五之二十。以相減。則乙不及甲者其較爲三十五分之一。

甲五之三　　互得卅五　之廿一

乙七之四　　　　　　　之二十

甲多　三十五之一

凡分母同者。視其子爲大小。子數大者卽大。小者卽小。若子同而母不同者反是。母數大者。子數反小。亦以互乘見之如後圖

甲六之四　互得卅之二十　丙四之三　互得二十之十五
乙五之四　　　　之廿四　丁五之三　　　　　十二

乙多　三十分之四　丙多　二十分之三

右二則以分相較而辨其多寡。即古課分之法也。

凡三母內有兩母相乘。與餘一母同者。只用一互乘即可相減。

假如有甲數二。又三十五之十一。乙得甲七之六。丙得甲五之四。餘爲丁數。該若干。答曰丁得甲三十五之二十三。

甲數二　卅五之十一　通爲卅五之八十一

乙減　七之六　五之四　互得卅五之三十
丙　　　　　　　　　　　　　之二十八

丁存　三十五之廿三

先以分母通整數爲分。而納入分子。次以減數分母相乘爲共母。又互乘其子而併之。是爲三十五之五十八。以減甲數。仍餘三十五之廿三。合問

子乘母除法

凡分母有可以相除者。以分母除其分母。得數轉以乘子而減之。其餘數仍以分母除之。即得約分之數。若原係兩分母互乘而併者。用此法可知原母。數在三宗以上而母不同者。並用此法。可代維乘。

假如有沉香一石零二十八分石之九。用去七分石之四。該餘若干。

答曰四分石之三。用此與通分併子第四條假如對勘。可以互相還原。

共數一　廿八之九　卌七　以分母通共數而納分子。即得此數。

減　七之四　變　十六　以減分母除共數分母。得數以乘減分子。即得。

存　廿八之　廿一　約爲四之三

法以分母通共數一爲二十八。併子之九。共三十七。變共數爲二十八之三十七。又以減分母七除共數之分母二十八。得存數原母四。以乘減分子四。得十六。變減數爲二十八之十六。兩相減。得所存數爲二十一。于是仍以減分母七除之。得存數原子三。變存數爲四之三。

論曰。此亦變分母法也。其數與互乘所得無異。但用互乘。則數益煩。故用子乘母除之法。變七之四爲二十八之十六。母既相同。即可以相減矣。若互用異乘同除。則成三率之比例。如後圖。

一率　分母七　　法以子之四乘所變分母二十八得一百

二率　分子四　　十二爲實。分母七爲法除之。得所變分子

三率　分母廿八　爲十六。其比例爲七與四。若二十八與十

四率　分子十六　六也。

又論曰。存數不用約分法而竟以分母七除。何也。曰。約分之法。以對減而得紐數。今分母七既可以除其母二十八。又可以除其子二十一。即紐數也。又何事于對減之煩乎。況用之互乘還原。尤爲親切。蓋互乘之共母。既以原母相乘而得。即無不可以原母除之而盡也。

假如有整數一。又九十之七十二。甲得六之四。乙得三之一。餘爲丙數。該若干。

答曰丙得五之四。

原數一　九十之七十二　通爲九十之一百六十二

甲　六之四　變爲九十之六十

減

乙　三之一　變爲九十之三十

丙存　五之四　九十之七十二

法曰。先以分母通整一爲九十。併分子七十二。是爲九十之一百六十二。次以甲分母六除原母九十得十五。以甲分子四乘之。得六十爲甲數。又以乙分母三除原母九十得三十。以乙分子一乘之。仍三十爲乙數。合甲乙兩數得九十。以減原數一百六十二。仍餘七十二爲丙數。以法約之。爲五之四。約分法詳後條。

約分捷法　置丙存數九十之七十二爲實。以甲乙分母六三相乘得數十八爲法。除之得五之四。爲丙存數。以十八除九十得五。十八除七十二得四。

約分本法。用子數七十二減母數九十。得十八。以轉減子數得五十四。再遞減之。亦餘十八。是爲紐數。乃用爲法。以除子母數。得約分五之四。今改用甲乙兩母相乘。亦得十八爲法。何也。以原數九十可以六除。亦可以三除。知其爲三數維乘而得者也。故于還原最切。

論曰。此有分母三。宜用維乘。然其數益繁。故改用子乘母除之法。則三母齊同。可用相減而與數俱簡矣。

假如有數五百〇四之四百〇一。甲得八之一。乙得六之一。丙得七之一。丁得九之一。餘者爲戊數。該若干。　答曰戊得四之一。

原數　五百〇四　之四百〇一

甲減　八之一　六十三

乙減　六之一　以各減母除原母得　八十四

丙減　七之一　七十二

丁減　九之一　五十六

共減　二百七十五

戊存　五百〇四之一百二十六

約爲　四之一　以所存之數除原母即得。

解曰。此因分子俱係之一。故即以除數爲得數也。

以上分母不同者。爲通分減法之又一類。

大分帶小分減法

凡大小分母並同者。謂原數之大小分母與減數之大小分母也。下倣此。竟以對減。不足減者借整數以分母通爲分。小分不足減。亦以小分之母通大分爲小分。其借上位皆作點誌之。

若大分母本同而小分母不同者。用互乘以同之。餘如上法。

若大小分母俱不同者。用通分法盡通大分爲小分而納小分

爲餘如上法〇

假如西曆算得某時平朔三十日〇一時一十六分〇其實距時七時四十分爲減號〇問實朔在某甲子某時刻〇

答曰壬辰日酉初二刻〇六分〇以二十九日命爲壬辰日〇以十七時命爲酉初〇其小餘三十六分〇以三十分收爲二刻〇尚餘六分〇命爲壬辰日酉初二刻〇六分〇

	日	時	分
平朔	三〇、	〇一、	一六、
實距時	｜｜	七｜	四〇、
實朔	二九、	一七、	三六、

日爲大分〇大分以二十四爲母〇時爲小分〇小分之母六十〇先減小分四十〇原數只十六〇不足減〇作直號於時位〇借一時通爲小分六十〇并原小分共七十六〇減四十〇餘三十六〇次減七時〇原數一〇已借去〇亦借整一日通爲廿四〇減七〇餘十七〇原數三十日〇因借減一日〇餘廿九日〇

右係大小分母並同〇故竟以對減〇

假如有整數一〇又九之四〇又小分四十之七〇甲得九之四〇又小分五之四〇餘

爲乙數。該若干　答曰乙得九之八又八之三

先互乘其小分

四十之七　五之四

互得二百之三十五　之百六十

乃重列之小分既同。即可相減。

整數一　九之四又　二百　之三十五

甲減丨　九之四又　　　　之百六十

乙存　九之八　二百　之七十五　約爲八之三

法曰。先減小分。減數大。原數小。不足減。乃作直號于大分位。借一分通爲小分。納原數共二百三十五。減一百六十。餘七十五。次減大分。原數四。因借減一變三。亦借整數一。通爲九。共十二。減四餘八。整數借減盡。

右係大分同而小分母不同故用互乘以同之

假如有甲丙兩坵田。共四畝。又六十分畝之四十三。甲坵二畝。

又四分畝之三又小分五之一。餘爲丙坵該若干

答曰一畝又十二分畝之十一。即六十之五十五。母子各五約之。爲十二之十一。

法先以甲小分母五通大分四之三。爲二十之十五。加入原帶小分一。共二十之十六。乃列而減之。如此則大分小分合而爲一。與原數無小分者類矣。

原數四　六十之四十三

減甲二又二十之一十六　變爲六十之四十八

存丙一又六十之五十五

用變分母法。以甲子母各加三倍。變二十之十六爲六十之四十八。以減原數四十三。不及減。乃作直號于整數位借一數通爲六十分。納原數。共一百○三。減甲數四十八。餘五十

五次減整數整數四因借減一成三減甲二仍餘一是爲整數一又六十之五十五卽丙存數也

右係大分母不同故通爲小分而減之

以上大分帶小分法爲通分減法之又一類

通分子母乘法

假如有田三十六畝六分每畝徵銀三分錢之二問該銀若干

答曰二兩四錢四分

法以分子之二乘田三十六畝六分得七十三分二以分母三收之得二兩四錢四分合問

根

實三六六

六二二

○一一

二法

得七三二

十分

何以知其爲七十三分也曰原問每畝徵銀三分錢之二分

故于右行實數內尋每畝之位爲定位之根以橫對左行得數即命爲分則上下俱定矣

假如有銀六十四兩每兩買銅八斤十二兩該銅若干

答曰五百六十斤

先以斤法十六收十二兩爲斤下之七分五釐加八斤共八七五爲法以乘銀六十四兩得五六〇〇〇即于右行實數內尋每兩位以橫對左行得數命法尾釐推而上之定爲五百六十斤

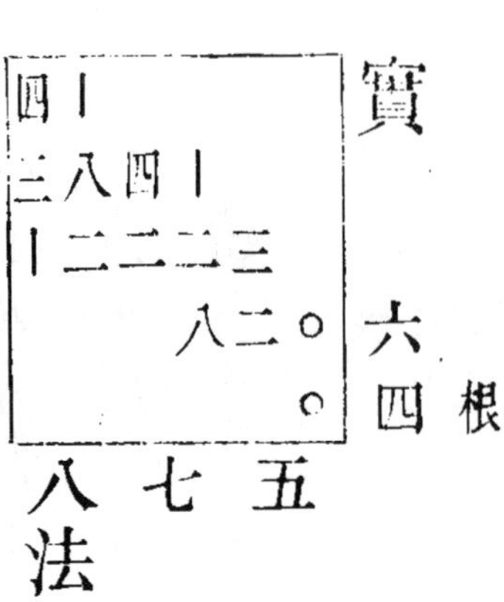

實　六四　根

四	丨				
三	八	四	丨		
丨	二	二	二	三	
			八	二	〇
					〇

五七八法

得五六〇〇〇
百十斤分釐

假如有米五石又三分石之二每石價銀九分兩之八該銀若干

答曰五兩又二十七分兩之一

法以分母三通五石爲十五分。納子二共十七分。以價之八乘之。得一百三十六。又以兩分母九三相乘。得二十七收之。合問。

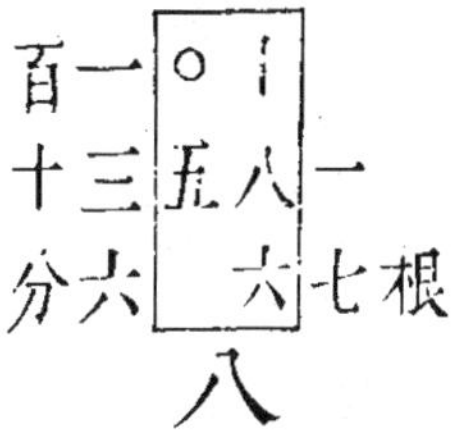

根 一七 一八六 ○五 八 一三六 百十分

通分子母除法

假如每田一畝徵銀三分錢之二。今完編銀二兩四錢四分。該田若干。　答曰三十六畝六分。

法以分母三通二兩四錢四分爲七十三分二爲實。以分子之二爲法除之。卽得三十六畝六分。合問。原所設三分之二。以錢爲主。故四分所通爲小分。

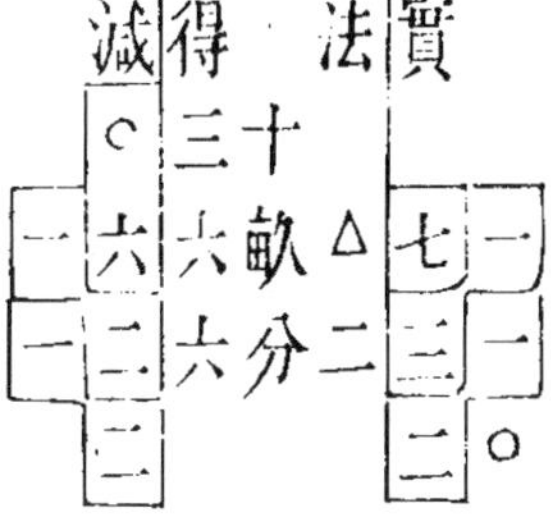

實 一一 七三二 ○
法 △二
得 十畝分 三六六
減 ○六二二 一一

假如有米五石又三分石之二。共價銀五兩又二十七分兩之

一問每石該價若干
答曰九分兩之八
法先以米分母三通五石爲十五分納子二共十七分爲法又以價分母七通五兩爲一百三十五納子一共一百三十六分爲實法除實得八爲每石三分一之價以分母三乘之得二十四分爲每石價命爲二十七分兩之二十四約爲九之八
又捷法以米分母三除銀分母二十七得九爲每石價之母卽以除出之數爲子卽九之八

實	法	得	減
一三六	Δ一七	分八	〇一 八 六 五

假如有絲一觔又六分觔之四共價一兩又四十二分兩之二十問每觔價若干
答曰七分兩之六又十之二

法先通絲一斤爲六分納于四。共一十爲法。又通銀一兩爲四十二分。納子二十。共六十二。退一位。即一十除也。命爲單六。又小分二。即每斤六分一之絲價也。于是以分母六乘之得三十六。又小分十二。爲每斤之價。是爲四十二分兩之三十六。又小分十二也。子母並六約之爲七分兩之六又小分十之二也。

捷法以絲分母六除價分母四十二。得七爲每斤絲價之母。即命爲七分兩之六又十之二。

通分子母三率法即異乘同除。

假如西曆太陽每日平行五十九分零八秒二十微。今有二刻半。該行若干分。

答曰一分三十二秒廿四微。又九十六分微之廿六。

一　一日化九十六刻

二　五十九分○八秒二十微

三　二刻半

四　一分三十二秒廿四微少

十萬千百
二一二九
○五○五
○一四
一四二四八
○○|一
五三二二五
十萬千百十微
五　二　微

○五四五四四
○五二二一二五一○
○四二二二三五○五二二
○四二二二五五五○六六
二六　四四　十微九六

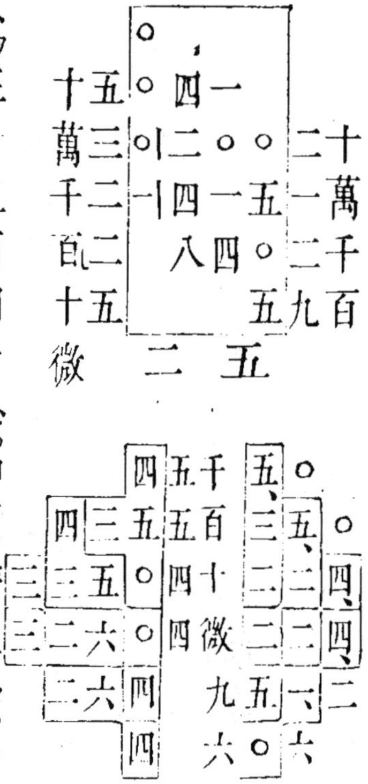

法先通五十九分爲三千五百四十秒。加原帶八秒。共三千五百四十八秒。又通爲二十一萬二千八百八十微。加原帶二十微。共二十一萬二千九百微在位。以二刻半乘之。得五十三萬二千二百五十微爲實。以一日化九十六刻爲法除之。得五千五百四十四微。不盡除滿三千六百微收爲一分。又一千九百二十微收爲三十二秒。仍餘二十四微。收爲不盡者。以法命之。是爲一分三十二秒二十四微。又九十六分微之二十六。

論曰。此小數法也。何則。二十一萬二千九百者。是每日九十六刻之數。今以二刻半乘之。于刻下多一位。故截去得數尾

一位命爲百

假如以粟易布每粟六分石之二易布五分疋之三今有粟一石又三分石之二該布若干　答曰三疋

一　粟六分石之二母子各減一倍變爲三之一

二　布五分疋之三

三　粟一石又三分石之二以分母三通之通爲三之五　乘得十五首率是一省除

四　布五分疋之十五　收爲整三疋兩粟母同爲三省不用只以布分母收之

用變分母法變一率六之二爲三之一　則兩粟母相同可省互乘而子變爲之一又可省除只以三率一石用分母通爲三納子二共五以乘二率布分子之三得十五再以布分母五收之即得三疋合問

假如以銀換金每銀二兩又三分兩之二換金九分兩之二今有銀六分兩之四該金若干　答曰十八分兩之一

一　銀二兩又三二之　通爲三之八　互得十八之四十八

二　金九分兩之二　　乘得廿四

三　銀六分兩之四重列六之四　互得十八之十二

四　金十八分兩之一

法以一率分母三互乘三率六之四爲十八之十二與二率之二相乘得二十四爲實又用一率分母三通二兩爲六分納子二共八是爲三之八復以三率分母六互乘之爲十八之四十八以乘金母九得四百三十二爲法法大實小以法命之爲四百三十二之二十四母子各二十四約之即十八

分兩之一。合問。

若用變分母法。則如後式。

一　銀二兩又三之二　通爲三之八乘得七十二爲法。以金母九乘之八也。

二　金九分兩之二

三　銀六分兩之四　變爲三之二　乘得四爲實。法大實小。以法命之。

四　金七十二分兩之四　約爲十八之一　子母各四約之

解曰。十八分兩之一。即五分五釐五五不盡。

畸零帶分子母乘法

假如以八之五乘四之三。該若干。　答曰三十二之十五。

八　之五　法以母乘母得三十二。子乘子得十五即三

四　之三　十二之十五。爲乘得數也。

又法以除代乘則倒位互除之

八之五　法以五除四得八爲母數以八除三得三七

四之三　五爲子數是爲八之三七五與乘得之數同

解曰四除三十二得八四除十五得三七五若四因八得三十二四因三七五亦得十五

假如穀一石價二十七分兩之十六今有穀四分石之三問價若干　答曰九分兩之四

一　穀一石

二　價廿七之十六

三　穀四分石之三

四　價九分兩之四

相乘　以母乘母得一百〇八子乘子得四十八子母皆十二約之爲九之四

因首率是一故省除即以九之四爲得數

解曰二十七分兩之十六。即五錢九分二釐六毫弱也。穀四分石之三。即七斗五升也。價九分兩之四。即四錢四分四四不盡也。

若用倒位除以代乘。則徑得九之四。

法　四之三　　法用母四除十六得四爲子。用子三除二十七得九爲母。是爲九之四也。

實　廿七之十六

畸零帶分子母除法

假如以五之四除四之三。該若干。　答曰八之七五。

法五之四　　法以母除母得八。子除子得七五。是爲八之七半。即除得數也。

實四之三。

又法以乘代除。則倒位互乘之。

法五之四　法以母五乘子三得十五爲子。以子四乘母四。

實四之三　得十六爲母。是爲十六之十五。與除得之數同。

解曰。十六卽八之倍數。十五卽七五之倍數。故其數同。

假如以絹易緞。絹五分丈之四。換緞七分丈之四。問絹每丈該緞若干。　答曰該換緞七分丈之五。

一　絹五分丈之四　法以母除母得一。四子除子得一。○是

二　緞七分丈之四　爲一十四之一十。子母各半之爲七分

三　絹一丈　之五。三率是一省乘。卽用緞七之四爲實。

四　緞七分丈之五

解曰。五分丈之四者八尺也。七分丈之四者五尺七寸一分强也。七分丈之五者七尺一寸四分强也。

若用倒位乘以代除所得亦同

法五之四　法用子四乘母七得廿八爲母用母五乘子

實七之四　四得廿爲子子母各取四之一即七之五也

論曰同文算指有畸零乘除之法甚爲簡妙然莫適所用今以三率列之則實數可稽而用法亦明矣

畸零乘除定位

凡乘法得數必大于原問之數若畸零乘則其數反降凡除法得數必降若畸零除則其數反陞蓋即異乘同除之理諸家算術皆未經說破故定位多訛茲以三率明之如左

假如換珠每珠一兩值銀二十四兩今有珠三分五釐該若干

答曰八錢四分

一　珠一兩

二　價二十四兩

三　珠○○三分五釐

四　價八錢四分

根

實○○三五

一二○
一二
六○
○一

法二四

得○八四○
兩錢分釐

此首率是單兩○而三率有分釐是單下有三位零也故截去得數尾三位○命法尾兩兩位空定所得爲八錢四分○

論曰○此即以乘出之數爲四率者○以首率是單一兩○故省除耳○試即以三率實尾位釐爲單○而定所得爲八百四十兩爲實○亦陞首率單兩爲千釐爲法○法除實即以實數降三位○亦仍得八錢四分○合問○此條已詳二卷乘法中○茲以三率列之○于定位之理益明○

又論曰○乘除之難在○於定位而畸零爲尤難○所以者何○凡定位以單數爲根○而畸零無單位可言故也○前于乘法中○立本

數大數小數三法。以尋每位可以御畸零矣。于除法猶未有以處也。今皆歸之三率。惟視三率中所有之數。即命爲單位。如金銀之類。本以兩爲單。今視三率中有分。即以分爲單。而兩則爲其百數。又如米穀之類。本以石爲單。今三率中有斗。即以斗爲單。而石則爲其十數。他倣此。則雖畸零。皆可作整數算。無論乘除。一以貫之矣。是爲以零變整。而乘除之後。得數無異。此所以別于通分化整爲零之法也。

假如有珠三分五釐。價銀八錢四分。問每兩珠價若干。　答曰二十四兩。

一　珠三分五釐

二　價八錢四分

三　珠一兩。。分

四　價二十四兩

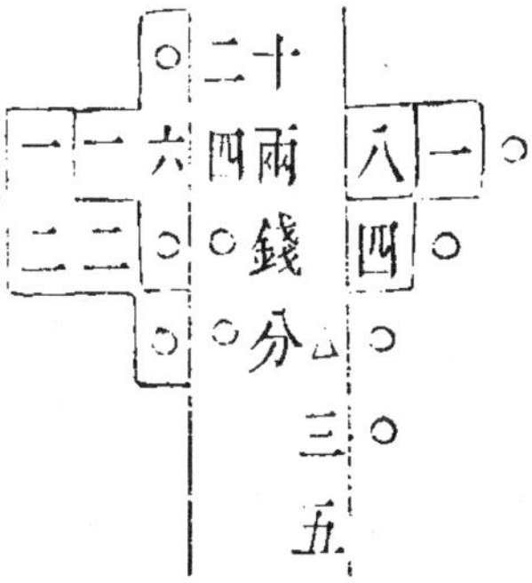

○
一○○
八四○○
△三五
十兩錢分
二四○○
○六○○
一二
一二

此一率首位是分。即以分爲單數。以二率陞兩位作八十四兩爲實。以法三分五釐對實分位列之。除畢。于法上一位命爲單分。推而上之。定得數爲二十四兩。

解曰。二率陞二位爲實者。即百分乘也。分原在單兩下二位。

今既陞爲單，則單兩亦陞二位，成百分矣。

假如銀二錢四分，買稻九十六斤，每兩該若干？ 答曰：四百斤。

一　銀二錢四分

二　稻九十六斤

三　銀一兩○錢

四　稻四百斤

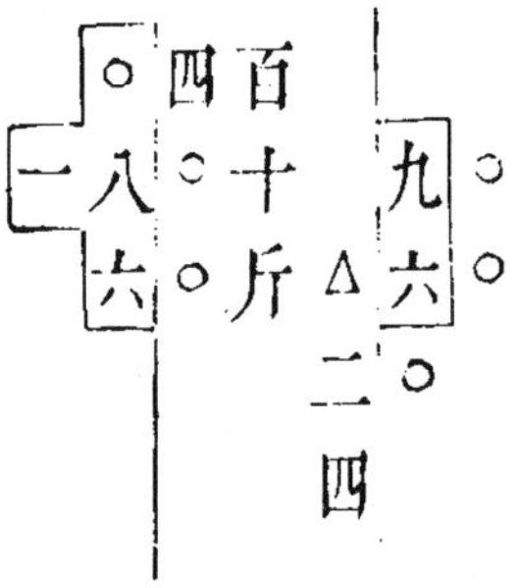

此係錢爲單數，則三率單兩成十錢，而二率亦陞一位，成九百六十○斤爲實。于是以法二錢對實○位列之，以單錢對單斤也。除畢，于法上一位命爲單斤，即得數爲四百斤，合問。

假如以荳換油，荳四斗八升，換油十二斤。今荳十石，該油若干？

答曰：二百五十斤。

一　荳四斗八升

二　油一十二斤

三　荳一十○石○斗

四　油二百五十斤

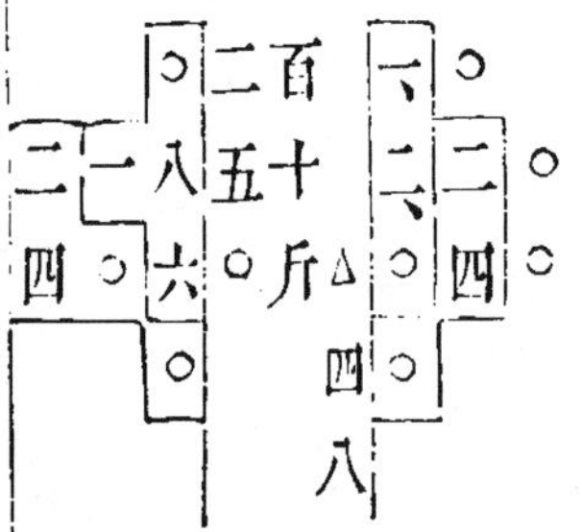

此係斗爲單數，則三率十石成百斗，故二率亦陞兩位，作一千二百斤爲實。以法四斗對實○斤位列之，亦以單斗對單斤也。

假如芝麻六斗四升四合。換豆一石。今芝麻四石八斗三升。該豆若干。　答曰七石八斗。

一　芝麻六斗四升四合

二　豆一石

三　芝麻四石八斗三升

四　豆七石五斗

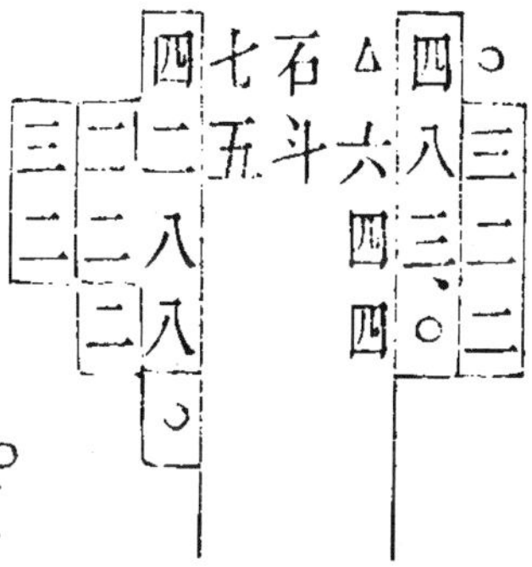

此仍以石爲單。故俱原數不變。而法上一位亦即爲單石。

若以斗爲單。則命實爲四十八石三斗。以二率十斗乘之也。而以法首六斗對實三斗列之。除畢。于法上位定爲斗。亦得七石五斗。或以升爲單。以合爲單。得數亦無不同也。以升爲單。法上即命爲升。以合爲單。法上即命爲合。

假如錢六百五十文。價四錢八分七釐半。每千該價若干。

答曰七錢五分。

一　錢六百五十文

二　價四錢八分七厘五毫

三　錢一千

四　價七錢五分

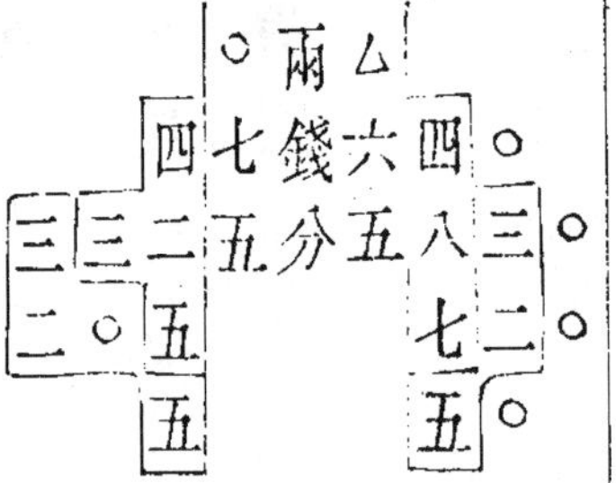

○○○○
三二
四八七五
厶六五
兩錢分
○七五
四二五五
三○
三二

此問每千錢價，是以千為單也。今法首只有百，即以百為單，而陞單一千為十百，則二率亦陞一位，作四兩八錢七分五厘為實，以法六百對實四兩列之，以單百對單兩也。除畢，于法上位命為單兩，定得數為七錢五分。

曆算叢書輯要卷五

筆算五

開平方法

測量勾股全恃開方。開方有平有立。而平之用博。以其有實無法。故別爲一術。以佐乘除之所窮。

平方者面羃也。其形正方。故亦爲自乘之積。開平方者以自乘之積求正方之邊。故西法謂之測面。其邊謂之方根。

法先列實。依除法作兩直線。以所用方積列於右直線之右。自上而下至單位止。無單作。。

次作點定位　自單位作一點起。每隔一位點之。有一點則商一位。如有二點。則商數有十。有三點則商數有百。

次定初商　皆自原實最上一點截定爲初商之實。如點在首位。即以一位爲初商實。點在次位。即合兩位爲初商實。以自乘數約而商之。皆以點處爲本位。點上一位爲進位。本位者單數也。如一商一。四商二。九商三。其自乘皆本位。不論百與萬以上。皆作單數用。進位者十數也。如一六商四。二五商五。以至八一商九。其自乘皆有進位。不論千與十萬以上。皆作十數用。

又法　以初商實入表。皆視初商實有與表同數。或稍大於表數者。用之以命初商。如一商一。四商二。此與表數相同也。如二三亦商一。五六七八皆商二。此比表數稍大也。若至九則商三。又爲相同之數矣。十至十五皆商三。皆比表數稍大。至十六商四。又爲相同之數。他皆倣此。

初商表　凡初商三以下。減積在本位。四以上減積合兩位。此表明之。

初商數	一	二	三	四	五	六	七	八	九
自乘積	○一	○四	○九	一六	二五	三六	四九	六四	八一

用表捷法　但視初商實不滿表上自乘積者。退一格即商數。如不滿○四即商一。不滿○九即商二。他倣此。

既得商數卽書於左直線之右皆對初點之進位書之。凡商得一二三四書於點之上一位。五以上又進一位。凡商得五六七八九書於點之上兩位。

次減實　以初商數自乘書於左直線之左皆以本位對初點。如初商一二三。自乘一四九皆本位。卽對初點書之。如初商四五六七八九。其自乘皆有進位。則以下一字對初點。就以此命爲減數以對減右直線所列方積。　如減積不盡則有次商。

次商之法　倍初商得數爲次商廉法對原實位書於右直線之左。視實有二點。則初商是十。有三點初商是百。四點初商是千。各取倍數對原列方積千百十零之位書之。倍而言十者亦進位對之。截原實第二點爲次商之實次商減積至此點止。以廉法約實爲次商數並依除法約之。挨書於初商之下卽用次商數爲隅法亦書于廉法之下爲次商廉隅共法省曰次商法。以與次商數相乘書其數于左直線之左。皆以法首位所乘之進位對次商數書之。若言如之數亦以〇位對之。法有幾位。徧乘而挨書之。至次點止。又法先以法尾位隅法乘次商數。以本位對次點書之。進位上一字書之。依乘法例自下而上。法有幾位皆徧乘而迭進書之。至次商數止。亦同。命爲次商減積數以對減右直線餘積而定次商。皆減積至次點止。如減數大于餘積則改次商。亦改隅法。如上乘減及減而止次商減積不盡則有三商。

三商之法　合初商次商數倍之爲廉法。簡法只以隅法加倍增入次商法內即三商廉法。截原實第三點爲三商之實。三商減積至三點而止。餘並同次商如減積不盡則有四商。　四商以上並同三商法。

審〇位之法　若次商廉法大于第二點以上餘積或數適相同是商得〇位也。凡商得一數者。其減積必與廉法同而多一數以爲隅。故僅同者無隅積也。即不能商一數而成〇位。則書於初商下以當次商。亦增〇於廉法下爲三商廉法三商以上有。並同若應商幾位。而於初商或次商即已減積至盡。是末幾位皆○也。俱補作○。

命分之法　若已商得單數而仍有餘積當以法命之以商得方根倍之。加隅一爲分母。不盡之數爲分子。命爲幾分之幾。雖未商得單數而餘積甚少不能成單一數亦以法命之前審。位云。廉法大于餘積者。但取第二點以上相較。不論千百十零。共所謂不能商一數者。或是一千。或是一百。不拘定是單一也。故商。之後。仍有所商。與此不同。

還原法　以商得方根自之有不盡者以不盡之數加入之即得原實。

又簡法作直線於左方以應減之積依併法併之必合原實有不盡數亦加入之。並同除法還原。

初商本位式　凡初商一二三者。減積言如在本位。初商一二三四者。書商數於點之上一位。然以書商數之位言之。亦本位也。兩本位法。此一式中皆可明之。

假如有方田積二百五十六步問每面方若干

答曰每面方十六步

列實　作兩直線。列方積于右直線之右。

方積　○二五六
○一○○

方根　十步　一六　廉法隅法　二六

初商積　○一二六
次商廉積　一二三　隅積
還原簡法　二五六

作點定位　自單位起。每隔一位作一點。共兩點。宜商兩次。初商是十。

初商　點在實首位。即以實首位。二為初商實。以自乘數約之。得一為初商。初商是一。宜對點上一位。書於左直線之右。有兩點。初商是一十。自乘一百為減數。書於左線之左。遙對右行初點。二百書之。就以對減初商實。於二百內減一百。仍餘一百。改書之。初商減積未盡。行次商。

次商　倍初商一十。作二十。對原列方積十步位。書于右線之左為廉法。以第二點餘實一五六為次商實。用廉法約實。可商七步。因無隅積。只約六步為次商。以書于初商之下。即用六步為隅法。以書於廉法之下。合廉隅共二十六步。為次商法。以乘次商六步。得廉積一百二十步。隅積三十六步。皆對次商位書起。每挨下一位書之。至次點止。共得次商減數一百五十六。以對減餘實恰盡。共開得平方根一十六步合問

以圖明之

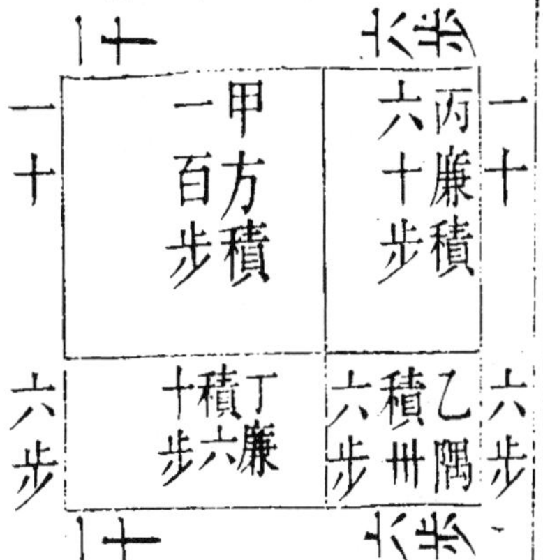

十步　一十　六步　十步

丙廉積六十步　甲方積一百步

乙隅積卅六步　丁廉積六十步

一十　六步

甲乙丙丁四形合爲正方形。四面皆一十六步。

甲分形正方。四面皆十步。積一百步。卽初商積。

丙丁二分形皆長方。廣六步。長十步。積六十步。兩形共積一百二十步。卽次商廉積。

乙小分形亦正方。面皆六步。積三十六步。卽次商隅積。

還原

一六
六六
六　三　六　一　〇　一　〇
二百　五十　六步
六　一

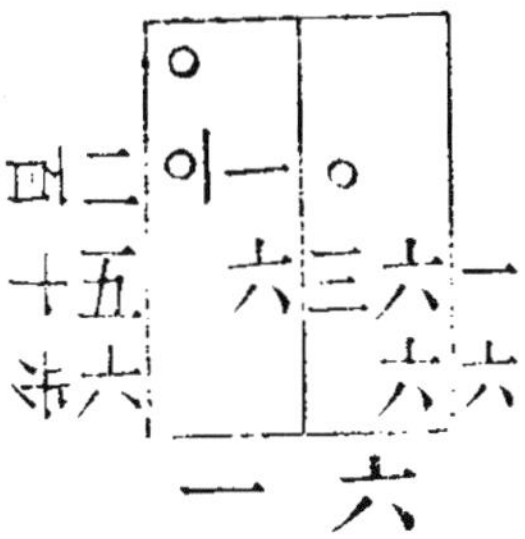

自乘還原法。置方一十六步爲實。卽以十六步爲法乘之。得二百五十六步合原數。

初商進位式　凡初商四五六七八九減積言十在進位。初商五六七八九書商數於點之上兩位。凡書商數以點上一位爲本位。則此其進位也。兩進位法。此一式中皆有之。

假如方積三十五萬八千八百零一尺。問方若干。

答曰方五百九十九尺。

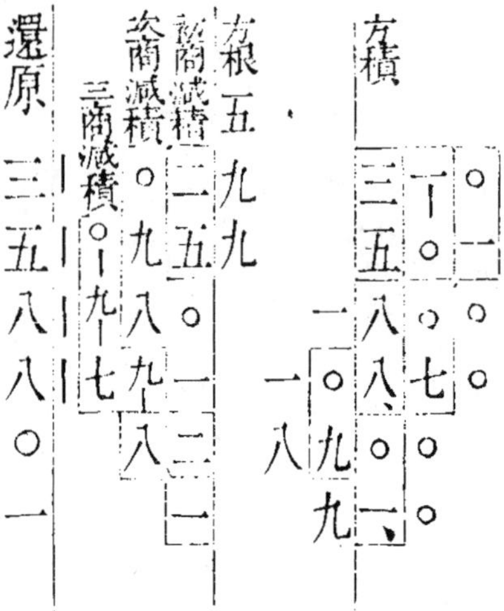

〇一〇〇

一〇〇七〇〇

左積　三五八八〇一

一〇九九

一八

左根五九九

初商減積　二五〇一二一

次商減積　〇九八九八

三商減積　〇丨九丨七

還原　三五八八〇一

列位同前。作點定位。有三點。宜商三次。初商是百。

初商點在實次位。即合兩位三五為初商實。入表。表中有小於三五者。是二五。其方根五。即以五為初商數。對實初點上兩位。書左直線之右。又即以表中自乘數二五。遙對實三五。書于左線之左。就以對減初商實。餘一〇。改書之。以待次商。

次商倍初商五百作一千〇百。對實千百位。書于右直線之左。為廉法。以第二點上餘實一〇八八為次商實。用廉法約之。得九為次商。續書于初商之下。即以次商九為隅法。書廉法之下。合廉隅共一〇九為次商法。以乘次商九。得廉積九。隅積八一。對次商位書。起至次點止。共得減數九萬八千一百。以減次商實。餘一〇七。改書之。以待三商。

三商以次商隅法九十倍作一百八十。于次商法一千之下抹去〇九。改書一八。共一一八為廉法。以第三點上餘積一〇七〇一為三商實。用廉法約之。得九為三商。續書于次商下。即以三商九為隅法。書于廉法之下。合廉隅共一一八九為三商法。以乘三商九步。得廉積一萬〇六百二十。隅積八十一。對三商位書起至第三點止。共得減數一萬〇七百〇一。以對減三商實恰盡。凡開得方根五百九十九尺。

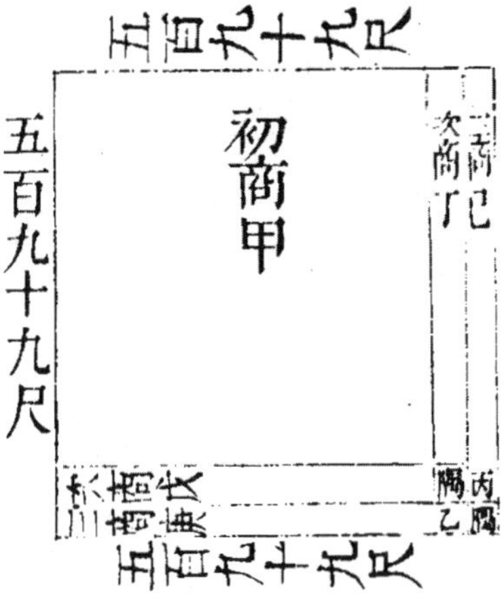

五百九十九尺
三商己
次商丁
初商甲
隅丙
隅乙
次商戊
三商庚
五百九十九尺
五百九十九尺
五百九十九尺

初商甲方五百尺。積二十五萬尺。

次商丁戊二廉。各長五百尺。闊九十尺。共積九萬尺。

隅乙方九十尺。積八千一百尺。

三商己庚二廉。各長五百九十尺。闊九尺。共積一萬〇六百二十尺。

隅丙方九尺。積八十一尺。

七形合成正方共積三十五萬八千八百〇一。

假如方積八十二萬六千二百八十一尺。問方若干。

商。位式

答曰九百〇九尺。

列位作點定位 並同前條。

方積　八二六二八一
〇一〇〇〇〇
三商法　一八〇九

方根九〇九

八一
九二〇一
〇一七〇八

還原　八二六二八一

初商 點在次位。合兩位八二爲初商實。入表得八一小于八二。其方根九。即爲初商。在五以上。對初點上兩位書之。亦以表數八一對實八二書于左綫之左。以減初商實。餘〇一。改書之。以待次商。

次商 倍初商九百作一千八百。對原實位書之。爲廉法。以第二點上餘實〇一六二。爲次商實。以廉法約之。法大實小。不能商一數。是商得〇位也。紀〇于初商之下。即于實首位。銷去一〇。餘俟三商。

三商 因次商是〇。增〇于廉法之下。共一八〇。爲廉法。以第三點上餘實一六二八一。爲三商實。用廉法約實。得九尺。爲三商。書于次商〇之下。即以九爲隅法。書于廉法之下。共廉隅法一八〇九。以乘三商九。得廉積一萬六千二百。隅積八十一。減三商實恰盡。

凡開得方根九百〇九尺。

計開

初商方九百尺。積八十一萬尺。

續商廉各濶九尺。長九百尺。共積一萬六千二百尺。隅方九尺積八十一尺。

通共八十二萬六千二百八十一尺。

假如方積二十五億○七百○○萬四千九百尺。問方若干。

答曰五萬○七十尺。

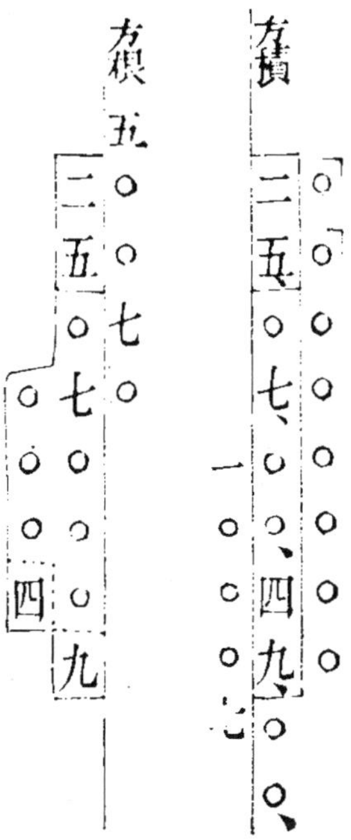

右積
○○○○○○○○○○
二五○七○○四九○○
一○○○○

右根
五○七○
二五○七○○○九
○○○四

列位原積尾位是百。補作兩○。列之。

作點定位有五點。當商五次。初商是萬

初商以實首兩位二五為初商實。入表得五為初商。書于點上兩位。次以自乘數對實列之。相減盡。

次商倍初商五萬尺得一十○萬為廉法。對原實位書之。以第二點上餘實○○○七為次商實。實有三○。無可商。是次商○也。書○于初商五之下。亦于實首銷去一○。以待三商。

三商因次商○增○於廉法下。得一○○爲廉法。以第三點上餘實○○七○○爲三商實。實仍有兩○位是三商亦○也。又書○於次商○之下。於實首。復銷去一○以待四商。

四商因三商亦○。又增○於廉法之下。得一○○○爲廉法。以第四點上○七○○四九爲四商實。用廉法約之。得七十尺。書于三商○之下。卽以七爲隅法。增于廉法下。共廉隅法一○○○七。以乘四商七。得廉積七百萬。隅積四千九百。以對減四商實恰盡。

五商五點宜有五商。而四商已盡。無可商。作○于四商下。凡開得方根五萬○七十尺。

命分式

假如方積五百七十六萬四千八百尺。問方根若干。

答曰。二千四百尺。又四千八百○一分尺之四千八百。

列位實盡於百位。如前法補作兩圈列之。

作點定位有四點。宜商四次。初商是千。

初商以實首○五爲初商實。入表。得二爲初商。以自乘數○四減實○五。改書餘一以待次商。

次積　○五七六四八○○
○一○○
四四○
八
次根　二四○○
初商減積　○四六六
次商減積　一一

次商倍初商二千。得四千為廉法。以第二點上餘實一七六為次商實。用廉法約之。得四為次商。即以為隅法。書廉法下。共廉隅法四四。以乘次商四。得廉積一百六十萬。隅積一十六萬。共減積一百七十六萬。次商實減盡。

三商　倍次商隅法四作八。增入次商法。共四八為三商廉法。以第三點上餘實○。○四八為三商實。有兩。無可商作○。于三商位消去實首一○。以待四商。

四商　三商○。亦增○于廉法下。共四八○為廉法。以第四點上餘實。四八○○為四商實。僅與廉法相同。是無隅積也。不能商一數。作○。于四商位。其不盡之數。以法命之。法以廉法四千八百。加隅一。共四千八百○一為命分之母。以不盡之數四千八百為分子。命為四千八百○一分尺之四千八百。即一尺弱也。共開得平方二千四百尺又四千八百○一之四千八百

此雖未開至單尺之位。而餘實甚少。不能成一單尺。故即以法

命之若餘實是四千八百○一尺則商得平方二千四百○一尺矣今止四千八百尺是少一尺故不能成一單尺也

開方分秒　凡開分秒法于餘實下每增兩○位則多開一位

假如有平方積二十四尺平方開之得方四尺不盡八尺問分秒若干　答曰方四尺○八寸九分八釐九毫有奇

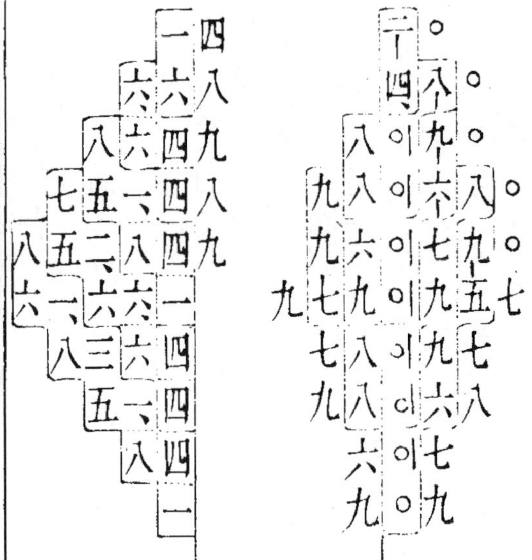

○○七
○○八九五七八
○分九六七九九六七九
二十四○○○○○○○
八八六九八八六九
九九七七九
九

四八九八九
一六四四四一四四四一
六六一八六六一八
八五二六三五
七五一八
八六

如常列位作點商得方四尺自乘減積餘八尺用命分法倍商四尺得八尺加隅一得九為命分母不盡為分子命為方四尺又九分尺之八

今欲知其寸。九分尺之八者。是以尺作九分而今有其八。言每方四尺之外。仍帶此畸零。是其中有寸。法於餘實下加兩○。化八尺為八百寸。每尺縱橫十寸。故其積百寸。用為次商實。以初商四尺倍之得八尺。亦化八十寸。商數是每邊之數。故尺只十寸。對餘實十寸位書之。卽第一位。爲廉法。用廉法約實可商九寸。因恐無隅積。只商八寸。書于初商四尺之下。亦卽以次商八寸為隅法。書于廉法八十寸之下。共廉隅八十八寸。以乘次商八寸。得廉積六百四十寸。隅積六十四寸。共廉隅積七百○四寸。自次商位書起至第二○位止。以對減餘實。仍餘九十六寸。命為奇數。凡商得每方四尺八寸有奇。

再求其分

法於餘實下又加兩○。以餘九十六寸化九千六百分。為三

商實　商數四尺八寸亦化四百八十分倍之爲九百六十分移對餘實百分十分之位書之爲廉法以廉法約實商得九分爲三商書次商之下亦卽以三商九分爲隅法書於廉法九百六十分之下共廉隅九百六十九分以乘三商九分得廉積八千六百四十分隅積八十一分共積八千七百二十一分自三商位書起至第四位止以對減餘實仍餘八百七十九分命爲奇數凡商得每方四尺八寸九分有奇

再求其釐

法於餘實下又加兩○以餘八百七十九分化八萬七千九百釐爲四商實　次倍商數四尺八寸九分作九尺七寸八分化爲九千七百八十釐移對餘實依千百十之位書之爲

廉法　用廉法約實得八釐爲四商書于三商之下卽以四商八爲隅法增于廉法末共廉隅法九千七百八十八釐以乘四商八釐得廉積七萬八千二百四十釐隅積六十四釐自四商位書起至第六位止以減餘實仍餘九千五百九十六釐凡商得每方四尺八寸九分八釐有奇

再求其毫

如法於餘實下又加兩○化餘實爲九十五萬九千六百毫爲五商實　次倍商數四八九八作九尺七寸九分六釐化爲九萬七千九百六十毫爲廉法移對餘實萬千百十之位書之用廉法約實得九毫爲五商書四商下亦卽以五商九爲隅法增入廉法下共廉隅九萬七千九百六十九毫以乘

五商九毫。得廉積八十八萬一千六百四十毫。隅積八十一毫。對五商位書起。至第八。位止。以減餘實。仍餘七萬七千八百七十九毫。

凡商得方四尺八寸九分八釐九毫。又九萬七千九百七十九之七萬七千八百七十九。卽奇數也。如欲求忽微亦如上法。

開方帶縱　帶縱者長方形也。以方爲濶。加縱數爲長。其法與開方無異。但須以商得數乘縱數爲縱積。併入方積以減原積。不及減者改商之。其次商亦倍初商加縱爲廉法。但倍方而不倍縱。三商以上並同。

假如有長田積六百二十四步。濶不及長二步。問長濶各若干。

答曰長二十六步。濶二十四步。

列位　以實列右。縱之右。以縱二步列右。縱之左。對實步位列之。　如常作點定位。

初商　以。六爲初商實。商得二十步。自乘應減方積四百步。又以商數乘縱二步。得縱積四十步。如法列之。以減原

原積　〇六二四
　　　〇〇
　　　一八〇
縱　　　　　二
廉隅　　　四四

商數　二四
初商方積　〇四四四
初商縱積　〇六
次商積　一二

縱　二十　四步　甲　乙　丙　丁　戊　己

實。仍餘一百八十四步。次商倍初商二十步作四十步。加縱二步。共四十二步爲廉法。以約餘實。得商四步。即以爲隅法。合廉隅縱共四十六。用乘次商四。得一百八十四。減積恰盡。得濶二十四步　加縱二步得二十六步爲長合問。

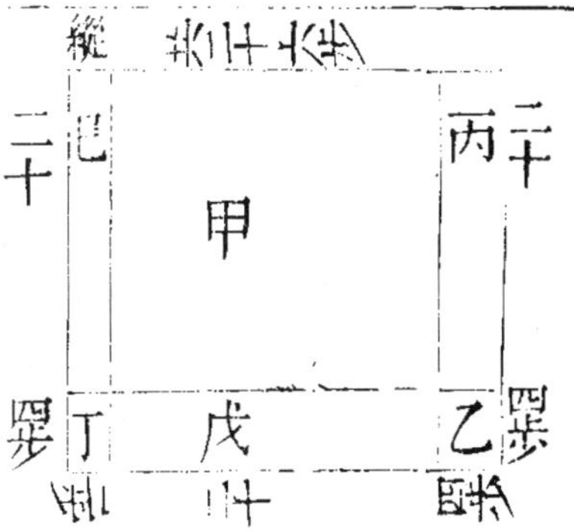

以圖明之

甲爲初商方形。長濶各二十步。積四百步。己初商縱形。濶二步。長亦二十步。積四十步。丙戊並次商廉。各長二十步。濶四步。積八十步。乙次商隅方四步。積十六步。丁次商縱廉。長四步。濶二步。積八步。以上六者合爲一長方。長二十六步。濶二十四步。積六百二十四步。

若縱數有比例者先以比例分其積平方開之得濶因以知長

假如有直田積四百五十步但云長多濶一倍問長濶若干

答曰濶十五步　長三十步

法平分其積得二百二十五步平方開之得濶十五步

置濶十五步倍之得長三十步合問

假如有長田積二百五十二步但云長比濶多四分之三問長濶若干

答曰濶一十二步　長二十一步

法以多三分加分母四共七爲法以分母四乘積爲實法除實得一百四十四步開方得濶一十二步　置濶一十二步七因四除之得二十一步爲長長比濶多九步於十二步爲四分之三

以上長方形先知較數之法若先知長濶和者則如後法

假如有長方面積八百六十四尺長濶相和六十尺問長濶各若干　答曰長三十六尺　濶二十四尺

列位　作點

○八○六○四
二
一六

初商以。八為初商實商二十尺乃以初商商二十與和數六十尺相減餘四十尺以乘初商二十尺得八百尺如法列之以減初商實恰盡餘次商實六十四尺

次商以初商二十尺倍之得四十尺以減和數六十尺餘二十尺為廉法約次商實可三尺因廉法內尚要減去次商數為法故取大數商四尺書於初商下乃於廉法內減去次商四尺餘十六尺以乘次商四尺得六十四尺以減餘實恰盡

二四
○八二四
○四

命為濶二十四尺　與和數相減餘三十六尺為長

開帶縱平方捷法　置積數四因之知較數者以較自乘與積相加開方得和知和數者以和自乘

與積相減，開方得較，俱以和較相加減折半而得長濶。設例如後。

假如長田積六百二十四步，濶不及長二步，問長濶若干。

法以積六百二十四步四因之，得二千四百九十六尺，又以長濶較二尺自乘得四尺，相加得二千五百尺爲實，平方開之得五十尺爲長濶相和之數，和較相減半之得二十四尺爲濶，相加半之得二十六尺爲長也。

假如長方積八百六十四尺，長濶相和六十尺，問長濶若干。

法以積八百六十四尺四因之，得三千四百五十六尺，又以和數六十尺自乘得三千六百尺，内減去四因積數，餘一百四十四尺爲實，平方開之得一十二尺爲長濶相較之數，和較相減，折半得二十四尺爲濶，相加折半得三十六尺爲長也。

開立方法

平方者方田之屬也。但取面冪之積。立方者方倉之屬也。必求其內容之積。故平方曰面。立方曰體。有面而後有體。有線而後有面。故皆以線爲根。

假如長二尺者線數也。線有長短而無廣狹。若以此線橫展之。長亦二尺。闊亦二尺。則其積四尺爲面。面者平方形也。面有闊狹而無厚薄。又以此面層累而厚之。長闊皆二尺。高亦二尺。則其積八尺爲體。體者立方形也。立方有虛有實。如築方臺。則實。鑿方池。作方窖。則虛。然其爲立方之積數一也。又有帶縱者。如長與闊等而高不等。高多者則帶一縱。長立方也。高少者則帶兩縱相同。碥立方也。若長闊高皆不等。則亦帶兩縱。其縱不同。

定位　現有若干

法先列位方。同平作點。自單位起。每隔二位點之。以最上一點爲初商實。

點則商幾位。如有二點則商數有十。有三點則商數有百。並同平方。

初商法　以自乘再乘數約而商之。如一商一。八商二。二七商三之類。書商數於左線之右。凡商得一數者書于點上一位。商得二三四五者用進位法書于點上兩位。商得六七八九者用超進法書于點上三位。亦有初商一而次商八以上即須進位。初商五而次商七以上即須超進者。臨時詳之。即以自乘再乘數書于左線之左。以對減初商實。初商減積至初點止。

次商法　以初商自乘而三之為平廉法。亦曰方法。以初商三之為長廉法。亦曰廉法。皆對原實千百位書之。截第二點上餘實為次商實。次商減積至次點止。以平廉法約實得次商。列初商下。即以次商為隅法。列長廉次。亦按千百位列之。乃以次商乘平廉法為平廉積。又以次商自乘以乘長廉及隅法為長廉小隅積。俱挨書之。以減餘積。不及減者改商。

三商法　以餘實另列之。合初商次商自乘而三之爲平廉法。合初商次商三之爲長廉法。截第三點上餘實爲三商實。三商減積至此點止。亦即以三商爲隅法。餘並同前。

四商已上並同三商。

命分法　合平廉長廉法再加隅一爲命分母。不盡之數爲命分子。並同平方。

還原法　置商數自乘得數。再以商數乘之。即合原實。有不盡者以不盡之數加入之。

初商表用法與平方表同。

初商數	一	二	三	四	五	六	七	八	九
初商積	〇〇一	〇〇八	〇二七	〇六四	一二五	二一六	三四三	五一二	七二九

次商廉隅法

方根	一	二	三	四	五	六	七	八	九
平廉	○○三○○	○一二○○	○二七○○	○四八○○	○七五○○	一○八○○	一四七○○	一九二○○	二四三○○
長廉	○三○	○六○	○九○	一二○	一五○	一八○	二一○	二四○	二七○
隅	○○一	○○八	○二七	○六四	一二五	二一六	三四三	五一二	七二九

假如立方積五千八百三十二尺問方若干　答曰一十八尺

列實　作點定位有兩點。初商是十。

。
四〇〇〇
原積　五、八三二、
平廉法　三〇〇
長廉法　三〇
隅法八
方根　一八
方積　〇一四二二
平廉積　二八二八　隅積
長廉積　一四、三

初商以五千爲初商實約商一十。自乘再乘得一千。以減原實餘四千。

次商以初商自乘而三之得三百爲平廉法。又以初商三之得三十爲長廉法。以平廉法約第二點上餘實。得八尺爲次商。即以爲隅法。乃以次商乘平廉法。得二千四百爲平廉積。又以次商自乘得六十四。以乘長廉及隅法。得長廉一千九百二十。隅積五百一十二。共減積四千八百三十二恰盡。

凡開得立方根一十八尺合問

還原

就身　〡
一八　又加　三二四
加八。六四　八　二一三二
〢八　四六
自乘得三二四　再乘得五八三二
千百十尺合原實

以圖明之

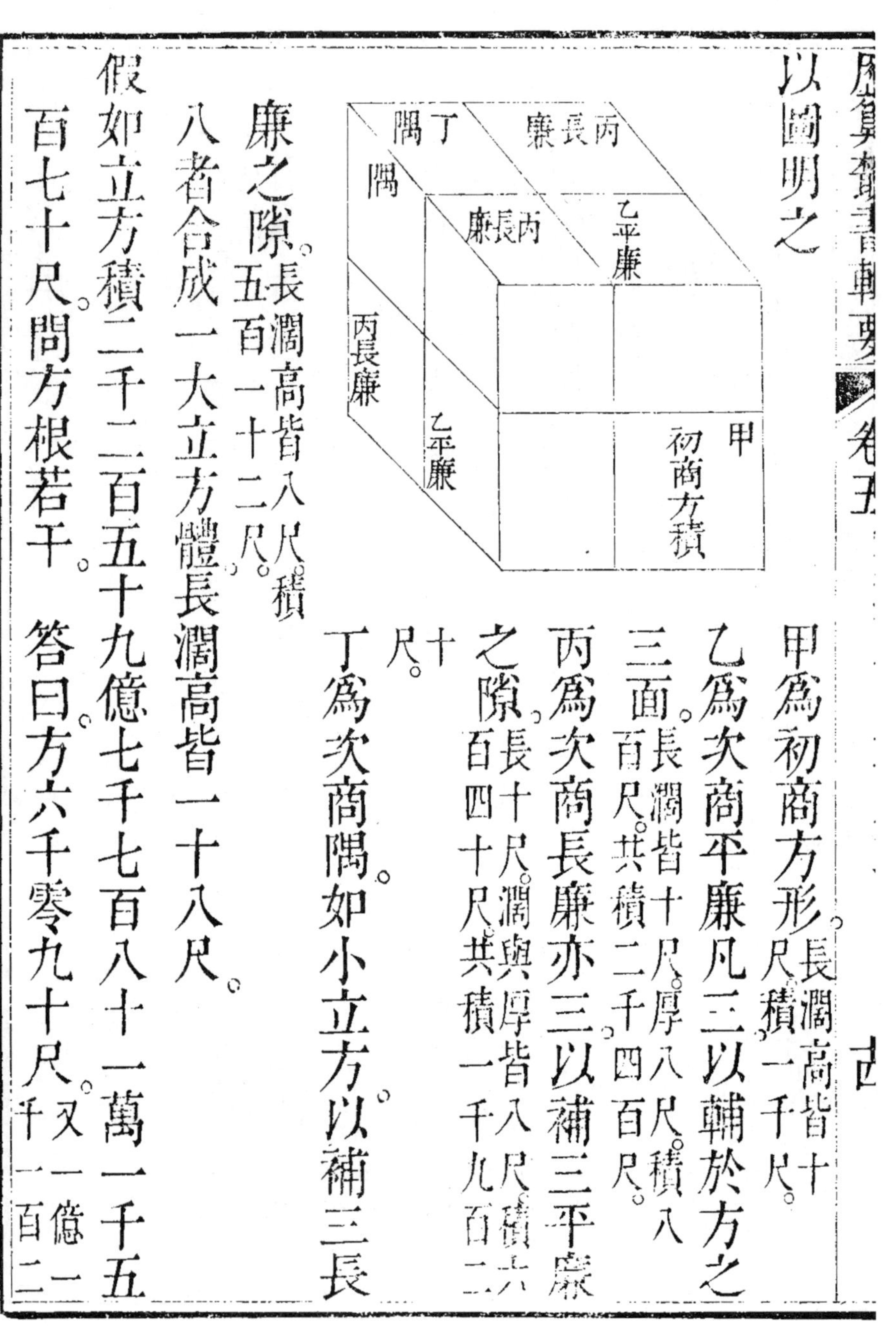

甲爲初商方形。長闊高皆十尺。積一千尺。

乙爲次商平廉凡三。以輔於方之三面。長闊皆十尺。厚八尺。積八百尺。共積二千四百尺。

丙爲次商長廉亦三。以補三平廉之隙。長十尺。闊與厚皆八尺。積六百四十尺。共積一千九百二十尺。

丁爲次商隅。如小立方。以補三長廉之隙。長闊高皆八尺。積五百一十二尺。

八者合成一大立方體。長闊高皆一十八尺。

假如立方積二千二百五十九億七千七百八十一萬一千五百七十尺。問方根若干。

答曰。方六千零九十尺。又一億一千一百二

十八萬二千五百七十一之一億一千一百二十八萬二千五百七十。

〇

原積　〇〇九一一一二八二
　　　二二五九七七八一一五七〇

平廉法一〇八
長廉法一八
隅法九

方根六〇九

初商減積　二一六　七二　五八　二九
三商減積　〇九　一四　七

列實 實尾無單位補作〇。

作點定位 有四點。初商是千。

初商 合實三位約之。商六千。對初點上三位列之。以六千自乘再乘。得減積二千一百六十億。其餘積改書以待次商。

次商 自乘初商而三之得一億〇八百萬為平廉法。以初商三之得一萬八千為長廉法。各對原實位列之。以第二點上餘實為次商實。實首有兩。無可商。是次商〇也。作〇于初商之下。即於實首消去兩。餘俟三商。

三商 次商〇。即以次商法為三商法。以第三點上餘實為三商實。以平廉法約之。商九十尺。即以為隅法。對實十位列之。乃以九十乘平廉法。得平廉積九十七億二千萬。又以九十自乘。得八千一百。以乘長廉及隅法。得長廉積一億四千五百八十萬。隅積七十二萬九千。共減積九十八億六千六百五十二萬九千。

四商以第四點上餘實另列之。合三次商數六〇九自乘而三之得一億一千一百二十六萬四千三百為平廉

餘積〇〇〇一一一二八二五七〇、

四商平廉法一一一二六四三

四商長廉法一八二七

方根六〇九命分　加隅　一

法。又以六〇九三之。得一萬八千二百七十。為長廉法。以法約實。僅與兩廉法之數相同。無隅積不能成一單數。以法命之。合平廉長廉數加隅一為命分母。餘實為命分子。

命為立方六千〇九十尺又一億一千一百二十八萬二千五百七十一尺之一億一千一百二十八萬二千五百七十七。

開帶縱立方之法詳籌算。見第七卷。

方田通法序

學必有原不得其原不可以爲學九數之學具列周官而孔子言游藝在志道據德依仁後唐十經博士期業成以五年可形下視哉客歲之冬從竹冠先生飲令弟樂翁所得覩先生捷田歌括離奇出沒杯酒間未深領其趣屬他故羈冶城且匝月旣無携書可破岑寂乃稍憶所疑演而通之因浩然歎數學之有原雖至近若方田而易簡中精深爾爾也算具不具仗三寸不聿爲之今年春里中有事履畝或見問桐陵法遂出斯編相質命曰方田通法云閼逢執徐日躔在奎勿菴識

太極生生之數

數始於天一終於地十十亦一也天地之數始終乎一故曰太

一太一者太極也自極而儀而象而卦皆加一倍三加而止萬事託始焉是故制器者尚其象璣衡八尺周于八方尋常則之以度百物薿取諸此

兩地之數

一生二二者兩地也兩一則二兩二則四兩四則八兩八則十有六四象相交成十六事卦有内外也庚以命斗秉以命斛斤兩則之以權百物薿取諸此

參天之數

一生二二生三三者參天也參一而三參二而六參四而十有二參八而二十有四作歷者以紀中節八節二十四氣八卦二十四爻也是故玉衡之尺八八而璣圍二十有四斤之兩十有六

而銖二十有四。二十有四者。權度之所生數之綱也。從而十之。以爲地紀。而畝法生焉。

畝法

二百四十步。古法步百爲畝。畝百爲夫。今二百四十步爲畝。相傳起於唐太宗。

步法

五　合參兩則五。猶合四行爲土。土之生數也。倍五則十。土之成數也。乘者從生。故平方五尺爲步。而用以乘除者從成。故積步二百四十爲畝。而用以除。

方田原法

以所丈田橫步與其縱步相乘。得數爲實。以一畝二百四十步爲法除之滿法爲畝不滿退除爲分釐田之爲方衡縮相交矩其外格其內象平方也田不能皆方或圓或直或梯或斜或如牛角或爲矢弧不皆方故爲之法以方之大約不離横縱者近是九章之術首列方田君子絜矩之道歟

截歸法

或八歸三歸各一次或四歸六歸各一次或五因一十二歸邵子曰三八二十四也四六亦二十四也倍十二亦二十四也丈量家用截法可以觀已

減法

或折半減二或減六減五各一次即定身除也

飛歸法

進一除二四。進二除四八。進三除七二。進四除九六。五除一二。一四四作六。一六八作七。一九二作八。二一六作九。見一加三隔位四。見二加六隔位八。不盡者留法喝之。

又

三六作一五。六作二五。八四作三五。一〇八作四五。一三二作五五。一五六作六五。一八作七五。二〇四作八五。二二八作九五。

留法

一留退四一六六。二留退八三三三。三留一二五。四留一六六六六。五留二〇八三三。六留二五。七留二九一

六六　八留三三三三三。　九留三七五。　其法是除用之似乘。以其爲除後得數也。故謂之留。　若用以喝稍者言退者本位。不則進一位。或稍子位多者喝完總移進之更妙。

加留減留法

凡加留減留如加減法。只記原實於各挨身加減之。若原用因法者。則又下一位挨加減之。皆記原實以留法喝之言退者各又退一位。

以上截留飛減四法。皆於乘土之後。用以求畝。惟留法則有不盡。故長於喝稍。

附錄兩求斤留法

一〇退六二五。　二〇一二五。　三〇一八七五。　四〇二五。　五〇三一

二五、 六。三七五。 七。四三七五。 八。五。 九。五六二五。 十。
六二五。 十一。六八七五。 十二。七五。 十三。八一二五。 十
四。八七五。 十五。九三七五。

新增徑求畝步法

其法不用乘土。以所得橫縱之步先得者爲實。後得者爲法。徑
求之可以抵掌而辦。原法二十有二。竹冠道士衍爲百二十有
三。勿菴氏引而伸之。且三百八十有四也。倚數之妙乃至斯乎。
而豈有外於參兩乎。又豈有加於所謂一者乎。法列如後。

減二　即十二除。凡法之可以兩者皆減二。是爲畝法之半。或
折半六歸之。

八除　或二十五於下位加之。凡法之可以參者皆八除。是爲

畝法三分之一。

四十八除 卽折半飛歸也。凡法之可以五者皆四十八除。是兩其畝法也。

四除 或二十五乘之。凡法之可以六者皆四除。是爲畝法六分之一。

六除 凡法之可以四者皆六除。是爲畝法四分之一。

三除 凡法之可以八者皆三除。是爲畝法八分之一。

下加 凡法之上位得一者皆下加。

上加 凡法之下位得一者皆上加。凡加畢再用留法。或飛歸之。

折半 凡法之可十一者皆折半。爲畝法六分之五。

減六　凡法之可以十五者皆減六即兩求斤留法也爲畝法三分之二又爲六分之四

減五　凡法之可以十六者皆減五即十五除也爲畝法八分之五

加留減留　凡法之可借上者皆加留可借下者則減留所以通其窮也

隨數喝畝　凡二十四則隨數喝之

倍法　凡四十八五除之即二因也

減八　即畝法八分之六也凡法之可以八分用六者十八除之又爲四分之三

九除　即畝法八分之三凡法之可以八分用三者九除之

二十一除　即畝法八分之七凡法之可以八分用七者廿一除之。

因法代除　如四十八則二因之如七十二則三因九十六則四因又如十二五因一四四六因一六八七因一九二八因二一六九因又如六〇用二五因八四用三五因一〇八用四五因一三二用五五因一五六用六五因一八〇用七五因二〇四用八五因二二八用九五因

加法代除　如三加二五即一二五乘所以代八除也三六加五即十五乘也又如四二徑加七五五四二次加五皆不用除。

一

二十四除或八除又三除　或四除又六除　或五因十二除或折半減二或減六又減五　或用兩求斤法又減五除　或飛歸或留

二

一十二除或加五減八或二除又六除　或五因六除　或四除又三除或八除減五或加二十五乘減五除或減二　或飛而倍　或倍而留

三

八除或五除減六或用兩求斤而倍之或五因四除或二除二十五乘　或下位加二十五或加五減二

四

六除　或六因三十六除或五因三除或四除減五或五除減二或加五九除或二十五乘而減五或八因四十八除或三因十八除

五

四十八除或四除減二或八除又六除　或三十二除減五或用兩求斤法三除之或加五七十二除　或飛歸折半或半而留

六

四除或四十五乘減八　或二十五乘折半二次或四因減六或八除二因或加五而六除　或三因減二　或四十八除加二或五因二除

七

三十五乘而減二　或加四而四十八除或飛歸而七因　或下位加七十五而六除

八

三除　或加四而四十二除　或五因十五除　或折半減五或倍而六除或四因減二或四十八除而加六　或三因九除或六因減八或七因廿一除

九

三因八除或加五四除之　或四十五乘減二或六因減六或三十二除加二　或加八而四十八除　或七十五乘而半之

十

留而加一或飛歸加一或五十五乘減二或飛歸而上加一或上加一而留

十二

五因或四因八除或二除或加二而留或飛歸加二或六因減二或二因四歸或九因減八或三因六除或七因減四或八因減六或加五而三除

十三

飛歸加三或加三而留或六十五因減二或八除而上加留

十四

飛歸加四或加四而留或七因減二或六除而上加留或三十五乘而六除或下位加七五而三除

十五

八除五因或飛歸加五或加五而留或減六或用兩求斤法或四除二次或三因四十八除或七十五乘減二或折半加二五

十六

二因三除或四因六除或減五或八因減二或加六而飛歸或加六而留或四除而上加留或六因九除或加二減八或加四而二十一除

十七

飛歸加七或加七而留或八十五乘而減二

十八

七十五乘或三因四除或六因八除或加二減六或折半加五或用兩求斤而加二或九因減二或三除而上加留

十九

飛歸加九或加九而留或九十五乘而減二

廿一

或隔位加五而減二七因八除或三十五乘而四除或下位加七十五而折半或飛歸而上加二或上加二而留或加四而用兩求斤法

廿二

加一減二或減二而上加一或五十五乘而六除

廿三

加一十五減二或減二而下加一十五或減留

廿四

隨數喝之須知定位之法或四因二十五除

廿五

加留或九十六除或飛歸四除或五因四十八除或加二十五減二或八除減二或用兩求斤法而六除

廿六

加三減二或六十五因而六除

廿七

九因八除或加三十五減二或四十五乘而四除或加八用兩求斤法

廿八

七因六除或加四減二或三十五乘而三除或加七十五而減五或二十一乘減八或隔位加五而九除

廿九

加四十五而減二

卅

飛歸而上加三或上加三而留或加五十五而減二或八歸而加留

卅一

四因三除或八因六除或五除而減五或加六減二或加二而九除或二十四因減八或加四而下位減五

卅二

八除加一或加一而八除之或加二五而上加一或上加一而下加二五或加六五減二或五十五乘而四除或二十二乘而減六

卅四

加七減二或八十五乘而六除

卅五

七因四十八除或加七五減二或加四而九十六除

卅六

加五或加八減二或九因六除或四十五乘而三除或八除加二或六因四除或三因折半或廿一乘減四或廿四乘減六或廿七乘減八

卅七

加八五減二

卅八

加九減二或九十五乘六除

卅九

加九五減二或加三而八除或加二五又加三或用兩求斤法下位加之或六十五乘而四除或二十六乘用減六

四一

飛歸上加四或上加四而留或六除而加留二或隔位加五而六除

四二

七因四除或加四而八除或折半三十五乘或徑加七五或隔位加五而六除或二十八乘減六

四三

隔位加七五而六除

四四

六除加一或加一六除或六除而上加一或上加一而六除或五十五乘三除或三十三乘減八

四五　七十五乘四除或九因四十八除或加五用八除或三因減六或六因三十二除或用兩求斤法而三因之

四六　加一五而六除或先用減留法而倍之

四七　倍而減留

四八　倍而喝之或加一用六除或八除加六或六因三除或八因四除或四因二除或三因減五或三十二乘減六或卅六乘減八或十八乘九除

四九　倍而加留

五一　飛歸上加五或上加五而留或四十八除而下加留或加七用八歸或四除八十五乘或減六三十四乘

五二　加三用六除或六十五乘而三除或三十九乘減八

五三　八除加八而減留

五四　加八而八除或九因四除或四十五乘折半或二次加五或三十六乘減六或加三五而六除

五五　四十八除加一或加一而四十八除或四十八除而上加一或上加一而四十八除

五六

七因三除或加四用六除或三十五乘減五或二十八乘減二或四十二乘減八或二十乘九除

五七

八除加九或九十五乘而四除或三十八乘而減六

五八

加四五而六除

五九

四除減留

六一

飛歸上加六或上加六而留或四除而加留

六二

加五五而六除

六三

隔位加五而四除或本位加一下位加一而八除或四十二乘減六

六四

八因三除或加六用六除或四因減五或四十八乘減八或二十四乘九除

六五

加三用四十八除

六六

或二十二乘八除或加一用四歸或四歸用加一或上加一而四除或四除而上加一或加六五而六除或五十五乘折半

六七 四除加一加留或加三四而四十八除

六八 加七用六除或八十五乘而用三除或五十一乘而減八

六九 加一五而四除或本位加一下位加三而八除或二十三乘而入除或四十六乘而減六

七一 飛歸而上加七或上加七而留或三因而下減留

七二 三因或倍而加五或加八用六歸或四歸加二或五十四乘而減八或六因二除或二十七乘九除或四十五乘減五

七三 三因下加留

七四 加八五而六除

七五 三十二除或四除加二五或折半用兩求斤法或四十八除加五或二除而減六或四除又八除

七六 加九用六除或九十五乘而三除或五十七乘減八

七七 加一或用飛歸而七因或加五四而四十八除

七八

或五十二乘減六　或加三用四歸　或加九五而六除　或六十五乘折半　或二十六乘八除

七九

三歸減留

八一

二十七乘而八除　或飛歸而上加八　或上加八而留　或加三五而四除　或五十四乘用減六

八二

四十一因減　或隔位加二五而三除

八三

本位加一隔位加七五而六除

八四

加四用四除　或七四折半　或三十五乘　或二十八乘而八除　或五十六乘減六　或六十三乘減八

八五

加七用四十八除

八六

隔位加七五而三除

八七

加四五而四除　或二十九乘八除　或五十八乘　用兩求斤法

八八

加一用三歸　或上加一而三歸　或六十六乘減八　或二十二乘六除　或三十三乘九除　或五十五乘減五

九十　三歸加一加留

九一　七因加三喝留或飛歸而上加九或上加九而留

九二　加一五而三除或六十九乘減八

九三　八除三十一乘或用兩求斤法而六十二乘或四除加五五

九四　四十七乘減二

九五　加九四十八除

九六　四因或加六而四除之或加二而用三除或六因減五或七十二乘減八或三十六乘九除或二十四乘六除

九七　四因而下加留

九八　四十九因減二

九九　六十六乘而用兩求斤法或三十三乘而八除或飛歸而減留或加六五而四除

原法歌訣 出桐陵

量田捷法少人知　不乘一數便留之　二弓折半六而一

三步之中用八歸　四步由來六歸是　五步還宜六八歸

六數四歸無走作　八上三歸無改移　十二將來折一半

十六三而加倍齊　二十四中隨數喝　廿五中分六八歸

三十二上尤甚准　四因還要用三歸　四十八上加一倍

八卦宮中誰得知　三歸八因尤甚准　勝如神見不差池

七二倍之加遍五　九十六上四因之　十五之中逢二八

七五之中四八歸　三七半時當八八　九弓加五四歸奇

十八折之加五定　三六之中加五施　此是明師眞口訣

千金不度世人知

附歸除捷法

多上空加一　多上者。實多於法也。空者。實首隔一位也。凡實多於法。則於實前隔一位上一子。若法實兩數等亦同。

依前除莫疑　依前者。即以前法數除之也。

少前隨上五　少前者。實少於法也。即於實之前位上五子。不隔位。

折半數除之　折半除者。用法數之半而除之也。用五乘代折半甚捷。

無除隨上一　無除者。上五之後不及除半數也。既不及除。隨於實前位上一子。

化下照前除　化下者。退下一位也。照前除者。即依法數降一位而除之也。

或言前後四語已足用。其中二語可省。蓋少與無除通爲一法。且免上五折半之煩。其所謂加一者。即一歸逢一進一。以至逢九進九之類。不過舉加一以兆端耳。不可爲一字所泥。上一亦同。穀成敬識

古算器攷

或有問於梅子曰古者算學亦有器乎曰有曰何器曰古用籌籌何似曰漢書言之矣用竹徑一分長六寸二百七十一而成六觚爲一握度長短者不失毫釐量多少者不失圭撮權輕重者不失黍絫又世說言王戎持牙籌會計此用籌之明證也曰若是則籌可用竹亦可用牙矣然則即今之籌筭非歟曰非也今西歷用籌亦起徐李諸公葢從歷家之立成而生即立成表之活者耳故一籌即備九數若古之用籌用以紀數而無字畫故一籌只當一數乘除之時以籌縱橫列於几案一望了然觀古算字作祘葢象形也然則起於何時曰是不可考然大易揲蓍亦以一蓍當一數則其來遠矣蓍策所以决疑非常用之物

故特隆重其制而加長長則不可以橫故皆縱列惟分二象兩之後掛一策以別之使無淩雜餘皆縱列也又其數只四十九故四揲以稽其實數其用專專則誠也布算之法有十百千萬之等以乘除而升降又日用必需之物故其制短使几案可列其言六寸成觚者有度量之用古尺旣小於今尺才四寸奇葢亦取其便於手握耳浦江吳氏中饋錄有算條巴子切肉長三寸各如算子樣亦可以想其長短然則其用之若何曰五以下皆縱列六以上則橫置一籌以當五而縱列其餘然則十百千萬何以列之曰其式皆自左而右畧如珠算之位亦如西域歐邏寫算之位皆順手勢不得不同也曰亦有徵歟曰有之蔡九峯洪範皇極數所紀算位一至五皆縱列六至九皆橫一於上以當五又自一之一至九之九皆並

列兩位自左而右此用於宋者也又授時歷草所載乘除法實之式皆縱橫排列自左而右以萬千百十零爲序此用於元者也左傳史趙言亥有二首六身下二如身爲絳縣老人日數士文伯知其爲二萬六千六百六旬而孟康杜預顔師古釋之皆以爲亥字二畫在上其下三六爲身如筭之六蓋橫一當五又竪一於橫一之下則爲六矣與皇極同也又言下亥二畫竪置身傍蓋即竪兩筭爲二萬又並三六爲六千六百六旬而四位平列與歷草同此又用於三代及漢晉者也

曰歷草又有一至五橫紀之處何歟曰此亦非起於歷草也何以知之唐人論書法橫直多者有俯仰向背之法若直如筭子便不是書其言筭子卽所列籌也然兼橫直畫言之則唐人用

籌爲算亦有横直可知乾鑿度云卧算爲年立算爲月蓋位數多者恐其相混故三十三二十二之類竿位皆一縱一横以别之縱即立算横即卧算也乾鑿度不知作於何人然其在漢魏以前無可疑者則横直相錯之法古有之矣五以下既可易縱爲横則六以上横一當五者亦可易之而縱又何疑於歴草哉曰然則今用珠盤起於何時曰古書散亡若無明據然以愚度之亦起明初耳何以知之曰歸除歌括最爲簡妙此珠盤所恃以行也然九章比類所載句長而澁蓋即是時所創後人踵事增華乃更簡快耳是書爲錢塘吳信民作其年月可攷而知則珠盤之來固自不遠

按欽天監歴科所傳通軌凡乘除皆有定子之法惟珠算則

可用然則珠算卽起其時又嘗見他書元統造大統歷訪求得郭伯玉善算以佐成之卽郭太史之裔也然則珠盤之法葢卽伯玉等所製亦未可定

曰南雷畜牧齋流變三疊之問旣云長水分別算位本位是竪進一位卽是横本位是横進一位卽是竪又引鼇度卧算立算以證之矣然其所圖算位俱作圓點殊無横直之形何耶曰南雷固言本之算器數分於珠是指珠算也又云長水之算只用今器其所謂横竪分別算位者南雷之意葢謂長水姑借横竪之語以分算位而實用珠算非實有横竪也然以鼎觀之疏旣以一横二竪當十二復以一横二竪當百廿終以一横二竪當千二百而皆曰進動算位明是用籌非用珠也故當十進百之

時則當取去第一疊零位之二豎而加十位之一橫爲二橫又添一豎於百位則成百二十矣故曰進動算位爲第二疊也百進千則又取去十位之二橫而增一豎於百位爲二豎又別增一橫於千位成千二百故亦曰進動算位爲第三疊也說本明晰與今珠算何涉乎若如南雷所圖則橫豎字爲贅文矣是故布籌可縱可橫此亦一證

又按朱子語類云潛虛之數用五只似如今算位一般其直一畫則五也下橫一畫則爲六橫二畫則爲七此又一證也

蔡九峯皇極數以橫畫當五故下豎一畫爲六豎二畫爲七與此相反然理則相通歷草則兼用之蓋皆本之古法

又按沈存中括筆談曰天有黃赤二道月有九道此皆强名非實有也亦由天之有三百六十五度天何嘗有度以日行三百

六十五日而一朞強謂之度以步日月五星行次而已日之所由謂之黄道南北極之中間度最均處謂之赤道月行黄道南謂之朱道北謂之黑道東謂之靑道西謂之白道黄道内外各四并黄道而九日月之行有遲有速難以一術御故因其合散分爲數段毎段以一色名之欲以别算位而已如算法用赤籌黑籌以别正負之數歷家不知其意遂以爲實有九道甚可嗤也此又宋算用籌之明證

歷算叢書輯要卷六

籌算自序

唐有九執歷不用布算惟以筆紀史謂其繁重其法不傳今西儒筆算或其遺意歟筆算之法詳見同文算指中歷書出乃有籌算其法與舊傳鋪地錦相似而加便捷又昔但以乘者今兼以除且益之開方諸率可謂盡變矣但本法橫書彷彿於珠算之位至於除法則實橫而商數縱頗難定位愚謂既用筆書宜一行直下爲便輒以鄙意改用橫籌直寫而於定位之法尤加詳焉俾用者無復纖疑即不敢謂兼中西兩家之長而於籌算庶幾無憾矣

康熙戊午九月己亥朔日躔在角宛陵梅文鼎勿菴撰

籌算有數便。奚囊遠涉。便於佩帶。一也。所用乘除。存諸片楮。久可覆核。二也。斗室匡坐。點筆徐觀。諸數歷然。人不能測。三也。布算未終。無妨泛應。前功可續。四也。乘除一理。不須歌括。五也。尤便習學。朝得暮能。六也。

原法橫書。故用直籌。籌直則積數橫。彼中文字。實用橫書也。今直書。故用橫籌。籌橫則積數直。其理一也。亦有數便。自上而下。乃中土筆墨之宜。便寫。一也。兩半圓合一位。便查數。二也。商數與實平行。便定位。三也。

籌算目録

開立方法

開帶一縱立方法

開帶兩縱相同立方法

開帶兩縱不同立方法

歷算叢書輯要卷六

宣城梅文鼎定九甫著

男　以燕正謀甫學

孫　瑴成循齋甫

玕成肩琳甫　重較輯

曾孫　鈖敬名甫

鉽用和甫　同校字

籌算一

原七卷。其理多與筆算相通。今只二卷。凡已詳筆算者皆不錄。

作籌之度

凡籌。以牙爲之。或紙或竹片皆可。長短任意。以方正爲度。

凡籌背面皆平分九行。每行以曲線界之。爲兩半圓狀。

凡籌背面皆相對。第一籌之陰卽爲第九。便檢尋也。二與八。三與七。四與六。五與空位。皆倣此。共五類。類各五籌。當珠盤二十五位。或更加之亦可。式如左。外有開方籌。爲平方立方之用。詳見本法。

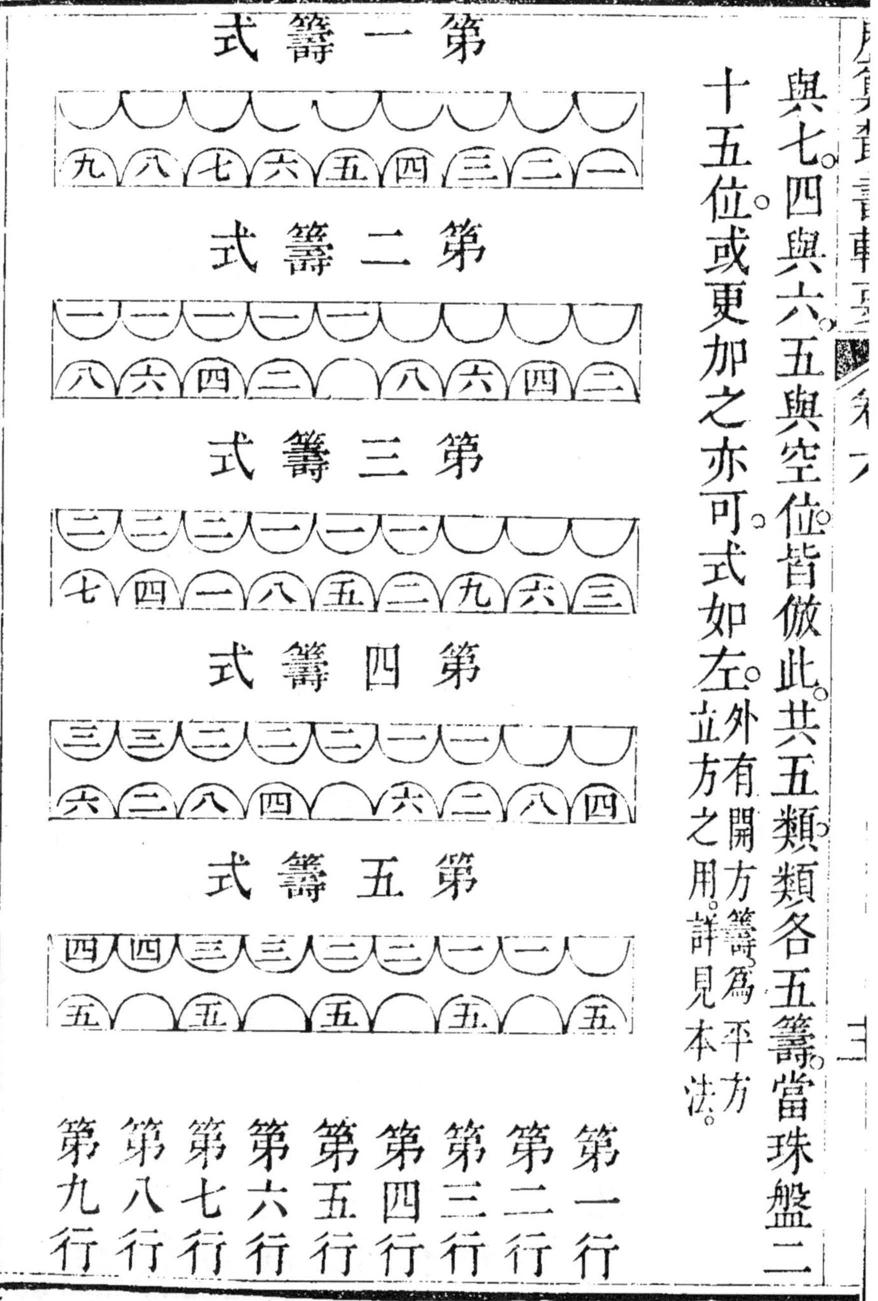

第六籌式

	第一行	第二行	第三行	第四行	第五行	第六行	第七行	第八行	第九行
上		一	一	二	三	三	四	四	五
下	六	二	八	四		六	二	八	四

第七籌式

	第一行	第二行	第三行	第四行	第五行	第六行	第七行	第八行	第九行
上		一	二	二	三	四	四	五	六
下	七	四	一	八	五	二	九	六	三

第八籌式

	第一行	第二行	第三行	第四行	第五行	第六行	第七行	第八行	第九行
上		一	二	三	四	四	五	六	七
下	八	六	四	二		八	六	四	二

第九籌式

	第一行	第二行	第三行	第四行	第五行	第六行	第七行	第八行	第九行
上		一	二	三	四	五	六	七	八
下	九	八	七	六	五	四	三	二	一

空位籌式

	第一行	第二行	第三行	第四行	第五行	第六行	第七行	第八行	第九行
上									
下									

作籌之理

凡籌。每行以曲線界之。成兩位。其下爲本位。上爲進位。假如本位一兩。則進位爲十兩。

凡列兩籌。則行內成三位。下之進位。與上之本位。兩半圓合成一位故也。列三籌。則成四位。列四籌。則成五位。五籌以上皆倣此。

凡籌有明數。有暗數。明數者籌面所有之數是也。暗數者行數也。假如第一行即爲一數。第二行即爲二數。

凡籌與行數相因而成積數。假如第二籌之第四行。即爲八數。第九籌之第八行。即爲七二數。

籌算之資

凡用籌算。當先知倂減二法。詳筆算。

籌算之用

凡算先別乘除。乘除皆有法實。實者現有之物也。法者今所用以乘之除之之規則也。

凡籌算皆以實列位。而以籌為法。法有幾位。則用幾籌。如法有十係兩位。則用兩籌。法有百係三位。則用三籌。

凡法實不可誤用。唯乘法或可通融。若除法必須細認。俱詳後。

乘法

凡理之可言者。皆其有數者也。數始於一。相緣以至於無窮。故曰一與一為二。二與一為三。自此以往。巧曆不能盡。乘之義也。故首乘法。

解曰。乘者增加之義。其數漸陞。如乘高而進也。亦曰因。言相因而多也。在珠算則有因法。有乘法。在籌算總一乘法。與筆算同。

法曰。凡兩數相乘。任以一爲實。一爲法。如以人數給糧。或以人爲實。糧爲法。或以糧爲實。人爲法之類。

凡算先列實。列書之於紙。或粉板亦可。依千百十零之位列之。自左而右。次以法數用籌乘之。法有幾位。則用幾籌。如法爲六十四。則用第六第四兩籌。法爲三百八十四。則用第三第八第四共三籌。

凡乘皆從實末位最小數起。視原實某數。即於籌某行取數列之。如實是二。則取第二行數之類。

凡列乘數。皆自下而上。如畫卦。

凡實有幾位。挨次乘之。但次乘之數。必高於前所列之數一位。如先乘者是單。次乘者必是十。故進位列之。如法乘訖。乃以併法併之。與筆算同。

假如有軍匠一十二名。每名給米三石六斗。共幾何。

答曰。四十三石二斗。

此以三石六斗爲實。一十二名爲法。宜用一二兩籌。法是兩位。故用兩籌。若以三石六斗爲法。則用三六兩籌。其乘得之數並同。

法一十二名

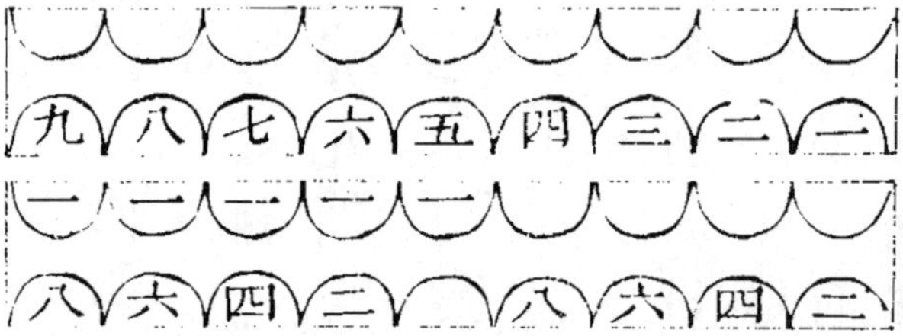

一	二	三	四	五	六	七	八	九
				一	一	一	一	一
二	四	六	八		二	四	六	八

實

○七二　六斗

○三六　三石

四三二

十石斗

先乘六斗。取籌第六行數○七二。書於實六斗上。

次乘三石。進一位。取籌三行數○三六。書於三石上。

乘訖。併之。得四三二。

定位法。問者是共米數。而每人之米末數是斗。則知得數之末位是二斗。而以上之位皆定矣。

假如方田之法。以二百四十步爲一畝。今有田一百二十五畝。該步幾何。　答曰。共三萬步。

此以二百四十步爲法。宜用二四兩籌。

法二百四十

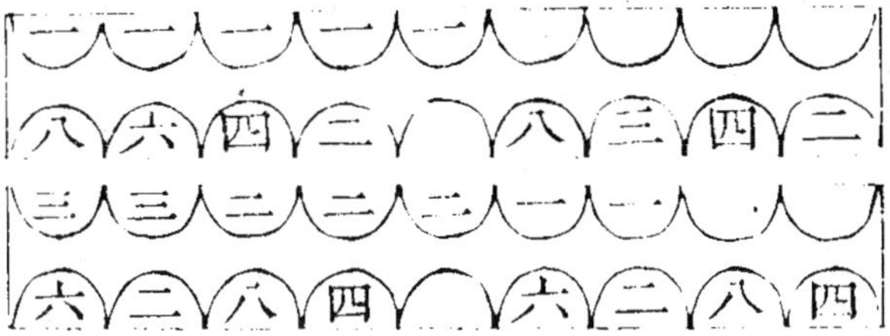

一	一	一	一	一				
八	六	四	二		八	三	四	二
三	三	二	二	二	一	一		
六	二	八	四		六	二	八	四

實

一二〇　畝　先乘五畝。取籌第五行數書於五畝上。

〇四八　十　次乘二十。取籌第二行數進一位書之。

〇二四　百　末乘一百。取籌第一行數又進一位書之。

三〇〇〇〇
萬千百十步

併之。得三〇〇〇〇。

定位法。問者是共步數。而畝法尾數是十步。則知得數之末位是十步。既知末位是十步。則首位爲三萬步明矣。

假如焦氏易林四千零九十六卦。若每卦又變六十四。共幾何。

答曰。二十六萬二千一百四十四卦。

此以六十四變爲法。用六四兩籌。

法六十四

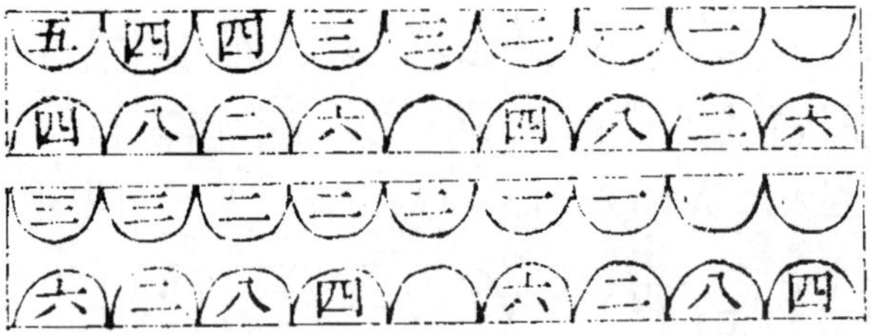

五	四	四	三	三	二	一	一	
四	八	二	六		四	八	二	六
三	三	二	二	二	一	一		
六	二	八	四		六	二	八	四

實

丨丨三八四 卦

五七六 十 進一位書。

二五六 四○ 竟進兩位書。因百位空。省不乘。竟乘四千。故進兩位也。

二六二一四四

十萬千百十卦

右實中有空位省乘式也。若法中有空位。則須用空籌。如此問若以四千零九十六爲法。則宜用四○九六之四籌也。

除法

天地之道。消息盈虛而已。無有消而不息。無有盈而不虛。乘者。息也盈也。除者。消也虛也。二者相反而不能相無。其數每相當。不失毫釐。如相報也。邵子曰。算法雖多。乘除盡之矣。故除法次之。

解曰。除者分物之法也。原物幾何。今作幾分分之。則成各得之數。而除去原數也。有歸除。有商除。珠算任用。籌算則用商除為便。以意商量用之。與筆算同。

法曰。凡除。以所分之物為實。而以分之之物為法。法實須審定。儻一倒置。則毫釐千里矣。如有糧若干。分給若干人。則當以糧為實。以人之數為法除之。蓋以糧數是所分之物。人數是用以分之之法也。若倒用糧分人。則所誤多矣。

凡法有幾位。則用幾籌。與乘法同。

凡列實自上而下。直書之。

凡初商。視籌之第幾行內積數。有與實相同者。或畧少於實者。用其數以減實。而視所用數係籌之第幾行。其行數即爲初商數。如所減數是籌之第一行。即商一。第二行。即商二。第三行。即商三是也。

凡次商。用初商減餘之實與籌之積數相較而減之。而得次商。並與初商同。三商以上皆如之。實盡而止。不盡者。以法命之。詳筆算。

凡書商數。皆與減數第一位相對。若減數之首位是○。則補作○於實首位上。而以商數對之。此定位之根。不可忽畧。

凡定位以得數。即商得之共數。與實數對位求之。於法首位之上一位。命爲單數。即珠盤所謂歸於法前得零也。與筆算同。

假如太陽每歲行天三百六十度。分為七十二候。每候幾何度。

答曰。每候五度。

此欲分為七十二分也。故以七十二為法。用七十二兩籌。而三百六十為所分之度。以為實。

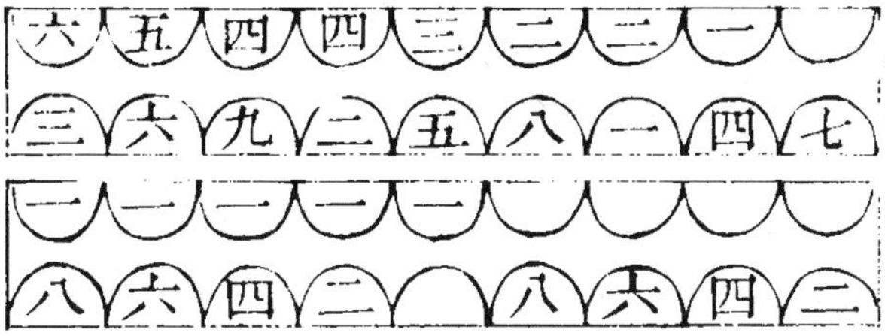

實

三六〇

百十度

得五法
數度首

法七十二候

六	五	四	四	三	二	二	一	
三	六	九	二	五	八	一	四	七
一	一	一	一	一				
八	六	四	二		八	六	四	二

先列實三六〇。次簡籌之第五行有三六〇。與實相同。用以減實恰盡。乃商五。因減數係第五行也。對實首位三字書之。減數首位是三字故。

定位。於實內尋十度位為法首位。再上一位為單度。定得數為五度。

假如皇極經世。一元共一十二萬九千六百年。分爲十二會。每會各幾何。 答曰。每會一萬零八百年。

此欲分爲十二分也。故以一十二爲法。用一二兩籌。而以共年爲實。

法一十二會

一	二	三	四	五	六	七	八	九
				一	一	一	一	一
二	四	六	八		二	四	六	八

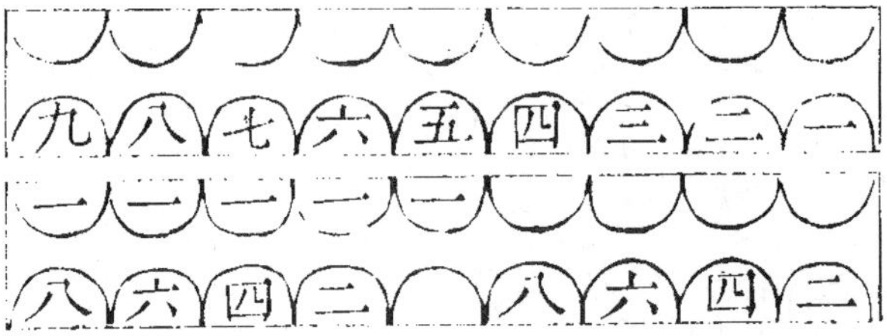

實

○一二九六○○

十萬千百十年

先列實一二九六○○。次簡籌之第一行。是○一二。乃補作○於實首位上。始減之。減去○一二。餘九六○○。

一

商作一。第一行故。對實首上一位○書之。減數首位是○故。

此定位之根要留意。

實○一二九六○○
十萬千百十年

得一○八○○法
數萬千百十年首

又簡籌之第八行。是○九六。與餘實相同。減之恰盡。乃商八。第八行故。對餘實九字之上一位書之。因減數是○九六。首位是○。故以商數八進位書之。以暗對其○。

如此審定。商數位置已知不錯。而初商次商空一位。不相接。是得數有空位也。乃於其間補作○。為一○八。儻隔兩位。則作兩○。三位以上倣此。若非於商數審定書之。鮮不誤矣。

定位。從原實內法首十位再上一位是單年。單位空補作○。又上一位是十年。十位亦空。亦補作○。又上一位是百年。故定為一萬零八百年。

假如有布二萬一千七百六十八丈。給與九百零七人。各幾何。

法九百零七人

答曰。每人二十四丈。

此欲分爲九百零七分也。故以九百零七人爲法。用九〇七共三籌。而以共布爲實。

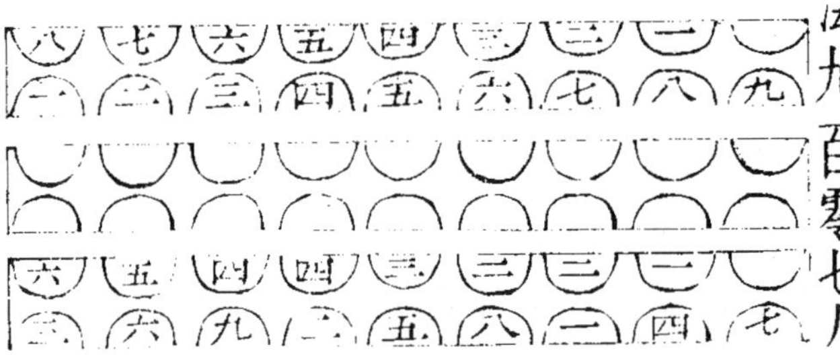

原實　二一七六八　萬千百十丈

三六二

得二四法數十丈首

先列實二一七六八。次簡籌惟第二行一八一四。畧少於實。減之餘三六二八。商作二。第二行故。對實首位二萬書之。又簡籌第四行。是三六二八。與餘實同。減實盡。商作四。第四行故。對餘實首位三千書之。定位同前。

假如有大珠重九錢六分五釐。換得小珠三十四萬三千一百五十四粒。每大珠一錢。換小珠幾何粒。

答曰。每錢換三萬五千五百六十粒。

以九錢六分五釐爲法。籌。用三小珠共數爲實。

如法列實。

先簡籌第三行二八九五。畧少於實。減之。餘五三六五四。乃商三。次簡籌第五行四八二五。畧少於餘實。減之。仍餘五四〇四。乃商五。又簡籌

法九錢六分五釐

九	六	五
九	六	五
一八	一二	一〇
二七	一八	一五
三六	二四	二〇
四五	三〇	二五
五四	三六	三〇
六三	四二	三五
七二	四八	四〇
八一	五四	四五

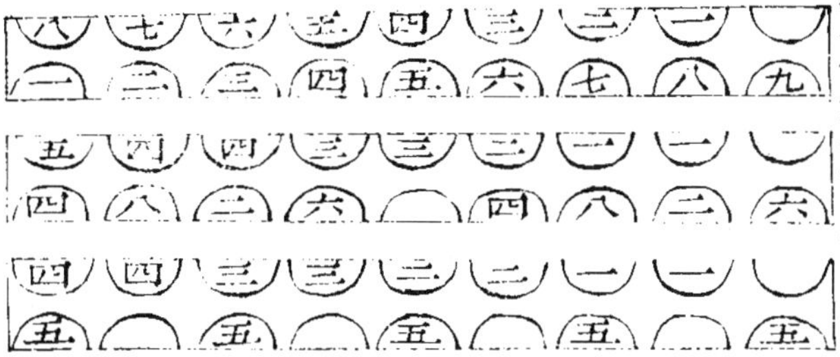

原實　三四三一五四
十萬千百十粒

五三六〇九
五四七
五

得數　三五五六〇法首
萬千百十粒

第五行四八二五。畧少於餘實。仍商五。減餘實。仍餘五七九。又簡籌第六行是五七九〇。與餘實同。恰減盡。商六。

定位。從原實中尋單位爲法之首位。法首位之上一位爲單粒。從單粒逆上計之。至得數首位爲萬。定所得爲三萬五千五百六十粒。爲大珠每錢所換小珠之數。

或曰。法首是錢。實尾是粒。不類也。何爲竟以粒爲錢位乎。勿庵曰。此定位之法。所以的確不易也。子疑錢與粒不類。抑知單與單爲一類乎。蓋所問是每錢若干。故以錢爲單。　若問每分若干。則法首錢爲十位。所得爲三千五百五十六粒矣。故定位須詳問意也。

開平方法

自周髀算經特著開平方法。其說謂周公受於商高。矩地規天。爲用甚大。然有實無法。故少廣之在九數。别自爲章。今以籌御之。簡易直截。亦數學之一樂也。

解曰。平方者。長濶相等之形也。其中所容。古謂之冪積。亦曰面冪。西法謂之面。面有方有圓。此所求者方面也。其法有方有廉有隅。總曰平方也。冪音覓。覆物巾也。開亦除也。以所有散數整齊而布列之爲正方形。故不曰除而曰開。平方四邊相等。今所求者其一邊之數。西法謂之方根。方者初商也。初商不盡。則有次商。次商則有兩廉一隅。三商以上倣此。圖如後。

次商圖

乙廉	甲方
丁隅	丙廉

如圖。甲爲初商方形。乙與丙爲次商之兩廉。丁爲次商之隅。以補乙丙兩廉之空。合一方兩廉一隅成一正方形。

三商圖

戊廉	乙廉	甲方
	丁隅	丙廉
庚隅	己廉	

如圖。甲乙丙丁爲初商次商之一方兩廉一隅。戊與己爲三商之兩廉。庚爲三商之隅。以補戊己兩廉之空。合三商之兩廉一隅。以輔次商廉隅之外。成一正方形。四商以上。倣此加之。

平方籌式

八	六	四	三	二	一			
一	四	九	六	五	六	九	四	一

解曰。每行兩位者。自乘之積也。假如方根一十。則其積一百。方根二十。則其積四百。以至方根九十。則其積八千一百也。籌之行數即方根也。假如第一行積一百。則其根一十。第二行積四百。則其根二十。乃至第九行積八千一百。則其根九十也。

開平方籌只用兩位何也。曰為初商設也。平方積數雖多。而初商所用者只兩位。次商以後皆廉積也。

籌下一位單數也。而實百也。萬也。百萬也。億也。百億也。萬億也。百萬億也。皆于單同理。故獨商首位者。用下位之積數焉。

其積自。一至。九。其方根爲一二三。

籌上一位十數也。而實有千也。十萬也。千萬也。十億也。千億也。十萬億也。千萬億也。皆與十同理。故合商兩位者。用上下兩位之積數焉。其積自一六至八一。其方根自四至九。

凡列實至單位止。實有空。作。以存其位。列畢乃作點。

凡作點之法。皆從實單位作一點起。每隔一位則點之。而視其最上一點。以爲用。點在實首位者。即以首一位爲初商實。乃補作一。于原實之上。亦成兩位之形。點在實次位者。合實首兩位爲初商實。皆視平方籌積數。有與實相同。或差小于實者。用之。以減原實而得初商。

凡定位。既得初商。則計實之點以定其位。知其所得爲何等。或單或十之類如只一點者。初商必單數也。自一根至九根則初商已盡。無次商矣。有二點者。初商必十數也。自根一十至根九十。初商十數者。有次商矣。有三點者。初商必百數也。自根一百至根九百。初商百數者。有次商。又有三商。有四點者。初商千也。有商四次焉。有五點者。初商萬也。有商五次焉。

次商法曰。若初商已開得單數。雖減積不盡。不必更求次商也。雖未開得單數。而初商減積已盡。亦不必更求次商也。惟初商未是單數。而減積又有不盡。是有次商矣。乃倍初商爲廉法。廉有二。故倍之。用籌。初商一。則用第二籌。初商七。則用一四兩籌。皆取倍數。加於平方籌上。爲廉隅共法。隅小平方也。故用平方籌爲隅法。又隅之數必小於廉之數一位。故以平方籌列於廉法籌下。視籌積數。有與餘實等。或畧小於餘實者。用之爲廉隅共積。

即視積數在籌之某行。命爲次商數。

商三次以上法曰。次商所得尚非單數。而減積又有不盡。是有第三次商矣。乃合初商次商數皆倍之。爲三商廉法。用籌以除餘實而得三商。皆如次商。商四次五次以上並同。

命分法曰。但開至單數而有餘實者。是不盡也。不盡者以法命之。法以所開得數倍之。又加隅一爲命分。不盡之數爲得分。凡得分必小於命分。亦有開未至單宜有續商。而其餘實甚少。不能除作單一者。亦如法命之。而於其開得平方數下作圈紀其位。如云平方每面幾十。○又幾十分之幾。或平方每面幾百。○○又幾百幾十幾分之幾。

若欲知單下之零分。則於餘實下加○○。則多開一位。其所得者爲單下之零分。開法與次商三商同。

凡書商數。依前隔位所作點。以最上一點爲主。視得數自一至四。皆對此點之上一位書之。五以上者則又進一位書之。其故何也。五以上之廉倍之則十。故豫進一位以居次商。四以下雖倍之猶單數也。所以不同。凡歸除開平方。須明此理。不則皆誤矣。大約所商單數。必在廉法之上一位。乃法上得零之理也。平方有實無法。廉法者乃其法也。至次商以上。其書法並同除法。

審空位法曰。若次商實小於廉隅共法之第一行。凡籌第一行數最小。則次商是空位也。即作〇。於初商下以爲次商。乃于廉法籌下。平方籌上。加一空籌。爲廉隅共法。以求三商。三商實小亦空位並同。

假如有積一十二萬九千六百。平方開之。其方根幾何。

答曰。方根三百六十。

列位作點。有三點。應商三次。

視首位無點。點在次位。合兩位一十二萬爲初商實。

三

一二、九六〇〇、

三六〇

視平方籌積。有小於一二者是〇九。其根三也。第三行故。於是商三百。三點故初商百。對點之上一位書之。減去方積九萬。餘三萬九千六百爲次商實。

次倍初商三百作六百爲廉法。用第六籌加於平方籌上。視籌第六行積數三九六與餘實等。乃商六十。書於初商三百之下。減積恰盡。

實有三點。宜商三次。而次商減積已盡。是方根無單數也。

凡開得方根三百六十。

假如有積一千六百七十七萬七千二百一十六尺。其方根幾何。　答曰。四千零九十六尺。

列位作點。有四點。應商四次。

點在次位。合兩位一千六百萬爲初商實。

○四九一

一六七七七二一六

四○九六

視平方籌之第四行積數一六與實同。商四千尺。書於點之上一位。以減初商實恰盡。

次倍初商四作八爲廉法。用第八籌列於平方籌上爲廉隅共法。以二點上餘實七七爲次商實。凡餘實必在商數下一位起。儻空位。則作○補之。此其例也。
視籌第一行是○八一。大於實。知次商空也。乃作○於初商四千尺下以存次商位。亦減去餘實首位之○。
次加空籌於次商廉下平方籌上爲三商廉隅共法。
以第三點上餘實七七七二爲三商實。
視籌第九行是七二八一。小於實。商九十尺。對三商實首位書之。仍照前圖。以減三商實餘四九一。
次倍初商次商三商數共四○九倍之作八一八爲廉法。用八一八共三籌列於平方籌上爲四商廉隅共法。
以第四點上餘實四九一一六爲四商實。
視籌第六行積數是四九一一六與四商實等。乃商六尺。書於三商之下。仍用前圖。以減四商實恰盡。

凡開得平方每面方根四千零九十六尺。

開帶縱平方法

算有九。極於句股。句股出於圓方。故少廣旁要。相資爲用也。然開方以御句股。而縱法以御和較。古有益積減積翻積諸術。參伍錯綜。要之皆帶縱之法而已。

帶縱圖

縱積	方積

平方者。長闊相等如棊局也。平方帶縱者。直田也。長多於闊之數謂之縱。

次商圖

隅	廉	
廉	平方	
廉縱	縱	方

平方與方縱兩形。初商也。兩廉一隅一廉縱四形。次商也。

三商圖

次廉　隅
廉
平方　方縱
隅
廉　廉縱
次廉　次廉縱

如次商減積不盡而有三商。則於前圖之外。又加兩次廉。一次隅。一次縱廉。而成此圖。四商以上。倣此增之。

凡列位作點定位。皆與開平方法同。

凡初商以帶縱數用籌。與平方籌並列。各爲法。

視平方籌積數有小於實者。用其行數爲初商數。用其積數爲方積。又視縱籌與初商同行之積數。用之爲縱積。合方積縱積以減原實而定初商。若不及減。改而商之。及減而止。

若應商十數。因無縱積。改商單九。是初商空也。則於初商之位作○。而紀其改商之數於○下。若次商者然。初商應百而改九十。應千而改九百。並同。

凡次商之法。倍初商加縱數爲廉法。用籌除之。視廉法籌內積數有小於餘實者用爲廉積。以減餘實。用其行數爲次商。就以次商自乘爲隅積。以減餘實而定次商。不及減者改商之。及減而止。商三次以上。並同次商。

凡命分之法。以所商數倍之。加縱。又加隅一爲命分。不盡之數爲得分。

凡書商數。初商五以上。皆與平方法同。若四以下。則以縱之多少爲進退法。以縱折半加入初商。單十以類相從。若滿五以上者從進法。書於點之上兩位。若縱數少。雖加之而仍不滿五數者。

仍用常法。書於點之上一位。如初商四而縱只一。初商三而縱只三之類。

又初商若得單數。其廉法即爲命分。凡商得單數。必在命分之上一位。

假如有直田積六十三步。但云闊不及長二步。其長濶各幾何。

答曰。闊七步。長九步。

列位。依平方法。作點。從單位起。

點在次位。合兩位六十三步爲實。

六三
七

次用平方籌與縱籌。縱二步用第二籌。平列之。各爲法。

視平方籌積有四九。小於六三。係第七行。商作七。書於點之上二位。用進法。又視縱籌第七行積數一四。用爲縱積。併方積四九。共六三。以減實恰盡。

凡開得闊七步。加縱二步。得長九步。

假如有直田五畝。但云長多闊八十八步。其長闊各幾何步。

答云濶一十二步。長一百步。

列位。以畝法二百四十通之得一千二百步。作點。

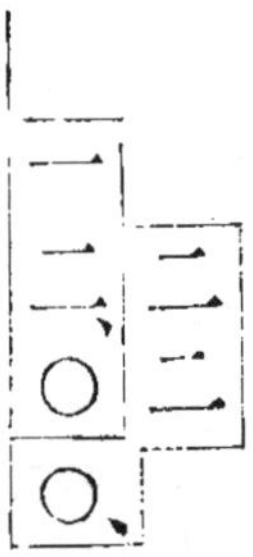

二二
一二、〇〇、
一二

點在次位。合兩位一千二百爲初商實。

縱兩位。用兩籌。有兩點。初商是十數。加空籌於縱籌下。初商十與縱相乘。則縱之單數成十數。故加空籌以升其位。與平方籌並列。各爲法。

視平方籌內有〇九。小於一二。宜商三十。因縱數甚大。只商一十。用進法。書於點之上兩位。縱折半四十四步。加初商一十步。共五十四步。故用進法。共方積一百步。以初商一十步乘也。視縱籌第一行。是八八〇。即八百八十步爲縱積。併兩積共九百八十步。以減實。餘二百二十步爲次商實。

次以初商十步倍之。加縱八十八步。共一百零八步爲廉法。用一〇八共三籌。

視籌第二行積二一六小於實。次商二步。書於初商下。復以次商二步自乘得四步爲隅積。以併廉積二一六共二二〇。以減次商實恰盡。

凡開得闊一十二步。加縱八十八步。得長一百步。

終

歷算叢書輯要卷七

籌算二

開立方法

物可以長短度者。泰西家謂之線。線之原度一衡一縮。而自相乘之。以得其羃積者。平方也。西法謂之面。面與線再相乘而得其容積。則立方也。西法謂之體。

解曰。平方長濶相等。形如棊局。立方長濶高皆相等。形如骰子。細分之。有方。有平廉。古方法。有長廉。古廉法。有小隅。總曰立方。立方亦有實無法。以所有散數整齊之。成一立方形。故亦曰開。

立方長濶高皆等。今求其一邊之數。故西法亦曰立方根。

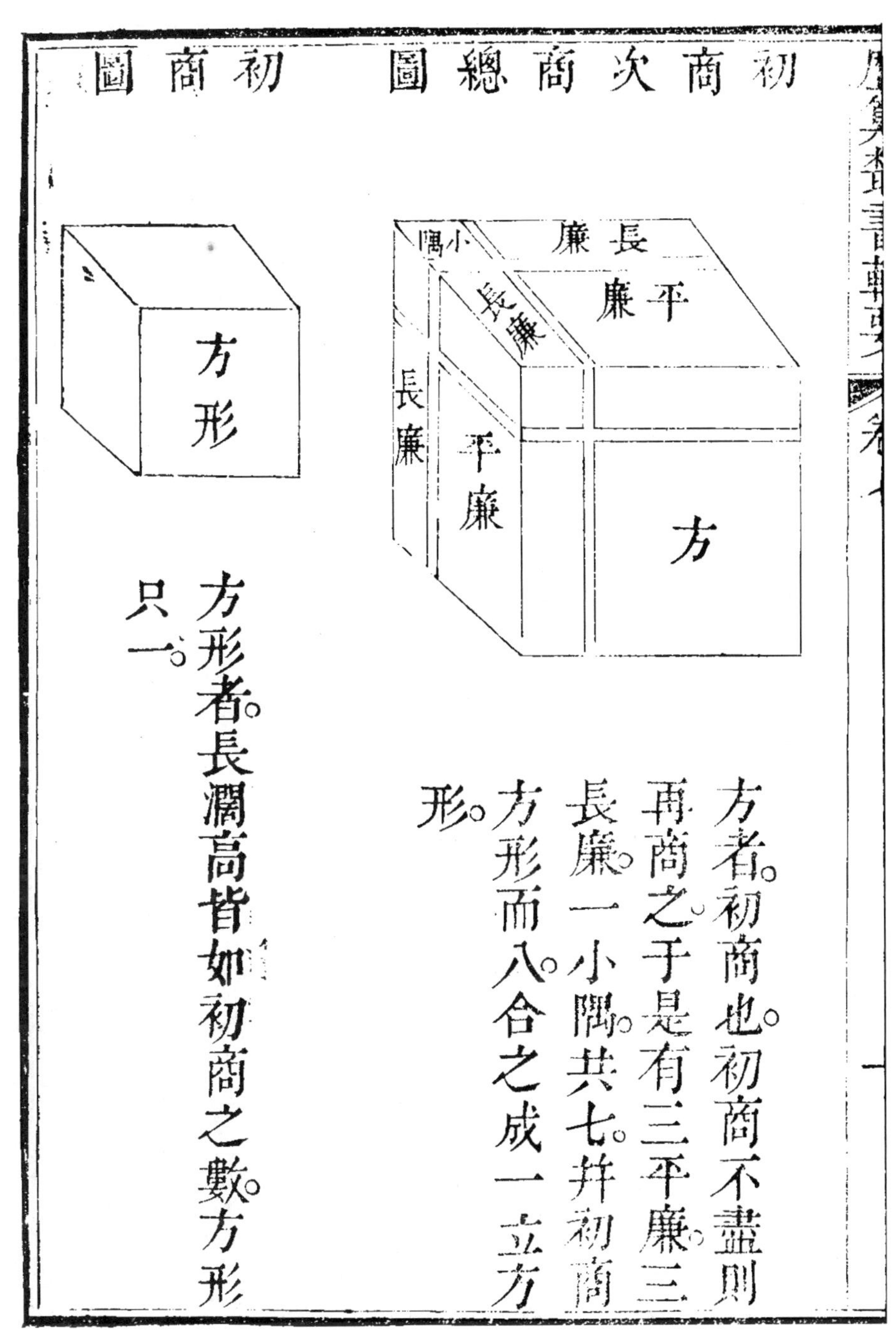

方者。初商也。初商不盡則再商之。于是有三平廉。三長廉。一小隅。共七。并初商方形而八。合之成一立方形。

方形者。長濶高皆如初商之數。方形只一。

次商分圖

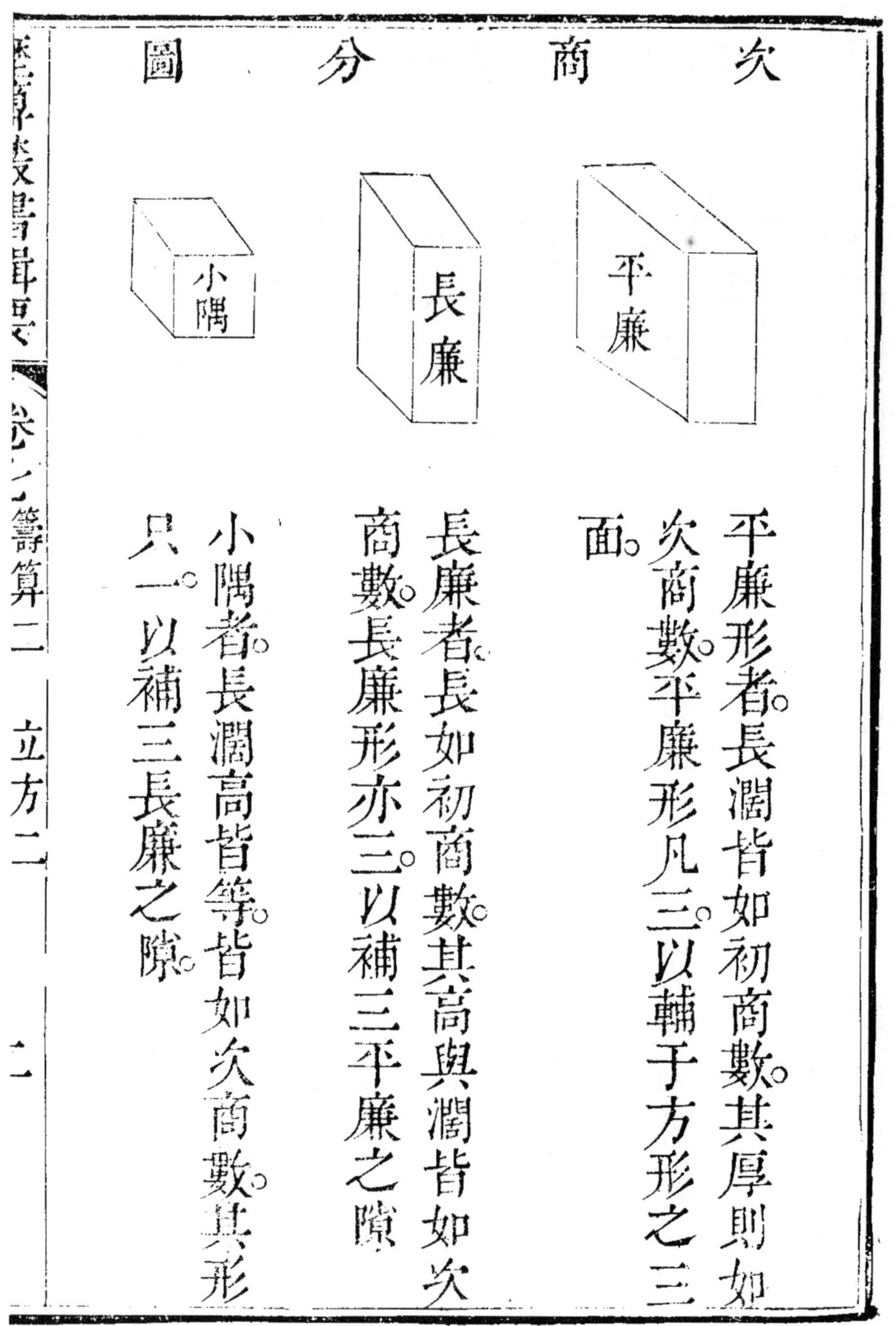

平廉形者。長濶皆如初商數。其厚則如次商數。平廉形凡三。以輔于方形之三面。

長廉者。長如初商數。其高與濶皆如次商數。長廉形亦三。以補三平廉之隙。

小隅者。長濶高皆等。皆如次商數。其形只一。以補三長廉之隙。

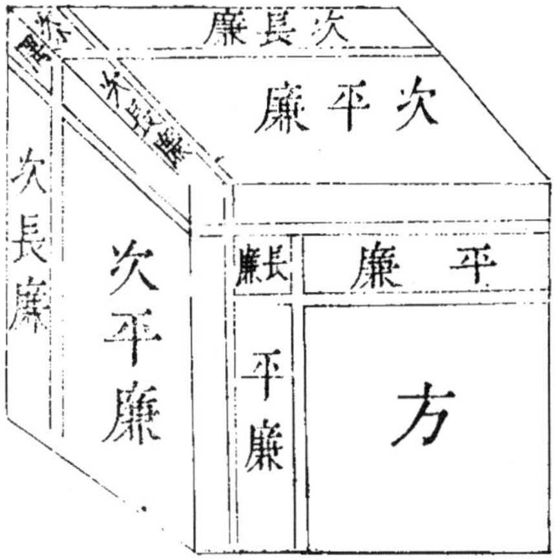

一方。三平廉。三長廉。一小隅。除實仍不盡。則更商之　又得次平廉。次長廉。各三。次小隅一。合之共十五形。湊成一大立方形。　次平廉之長濶相等。皆如初商并次商之數。厚如三商數。其形三。以補初商并次商合形之外。　次長

三商總圖

廉之長。如初商并次商之數。其濶與厚相等。皆如三商數。其形亦三。以補三次平廉之隙。次小隅之長濶高皆等。皆如三商數。其形只一。以補次長廉之隙。

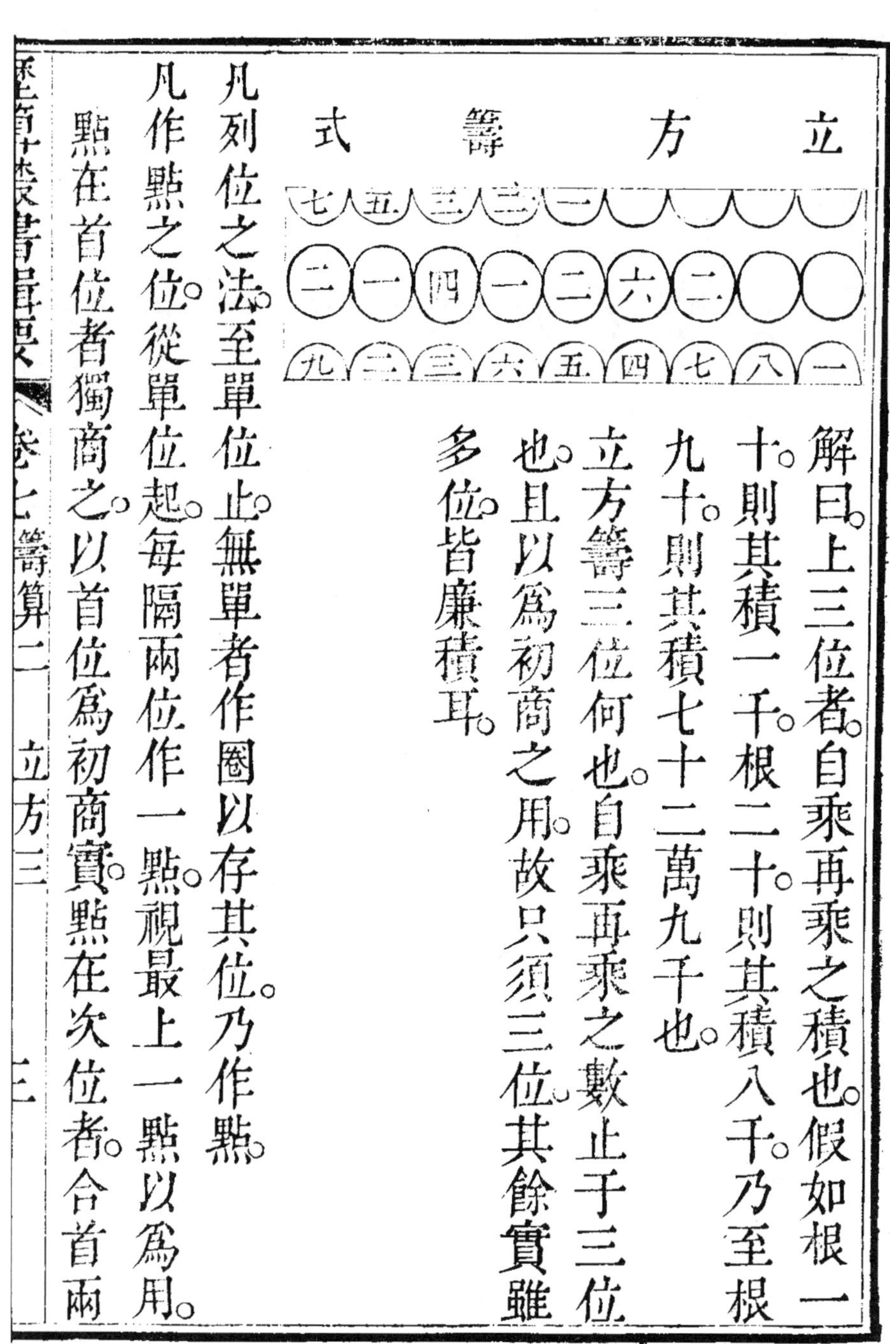

立方籌式

解曰。上三位者。自乘再乘之積也。假如根一十。則其積一千。根二十。則其積八千。乃至根九十。則其積七十二萬九千也。

立方籌三位何也。自乘再乘之數止于三位也。且以爲初商之用。故只須三位。其餘實雖多位。皆廉積耳。

凡列位之法。至單位止。無單者作圈以存其位。乃作點。

凡作點之位。從單位起。每隔兩位作一點。視最上一點以爲用。

點在首位者獨商之。以首位爲初商實。點在次位者。合首兩位爲初商實。點在第三位者。合首三位爲初商實。

又法。視其點在首位。則于原實之上加兩圈。點在次位者。上加一圈。皆合三位而商之。

凡初商之法。視立方籌積數有與實相同。或差小于實者。用之以減原實。而用其行數爲初商數。

凡定位之法。既得初商。則計列實所作之點以定位。如只有一點者是單。有二點者是十。有三點者是百。以至四點商千。五點商萬。每多一點。則得數進一位。而其商數亦多一次。皆以商得單數乃止也。

凡減積之法。初商減至最上點止。次商至第二點止。三商以上倣此。

凡次商之法。以初商數自乘而三之。爲平廉法。　以平廉法用籌列于立方籌上。用立方籌爲隅法也。爲平廉小隅共法。　又以初商數三之用籌。并加空籌爲長廉法。加空籌者。以合進一位也。　先以平隅共法。即平廉小隅共法。或省曰共法。爲次商之法。即截取初商下一位至第二點止。爲次商之實。法除實。得次商。視共法籌內有小于實者爲平廉小隅共積。用共行數爲次商。　次以次商之自乘數取長廉籌行內積數爲長廉積。加入平隅共積爲次商總積。以此總積減次商之實。及減則已。倘不及減。轉改次商。及減而止。因廉積或大。有不及減者。

三商者。合初商次商數自乘而三之爲平廉法。以共數用籌列立方籌上爲平廉小隅共法。　別以初商加次商數而三之。以其數用籌下加一空位籌爲長廉法。　截取次商下一位至第三點爲三商之實。共法爲法除之。以得三商。其積爲共積。次以三商自乘數與長廉法相乘得數。用籌取之。加入共積爲三商總積。減實。又法長廉法不必加空籌。但于得數下加一圈。卽進位也。

四商以上倣此。

凡命分之法。但商得單數而有不盡。則以法命之。末商得單數而餘實甚少。不能商單一者。亦以法命之。其法以所商立方數自乘而三之。如平廉。又以立方數三之。如長廉。又加單一。如小隅。併三數爲命分。不盡之數爲得分。其命分必大于得分。

凡列商數之法。初商一數者。用常法書于點之上一位。商得二三四五者。用進法書于點之上二位。若商得六七八九者。用超進法。書于點之上三位。

平方只有進法。而立方有三法何也。平方以廉法爲法而平方只二廉。故其廉法之積數只有進一位。故止立進法與常法爲二也。立方以方法爲法。而立方有三平廉。故其方法之積數有進一位進兩位。故立進法超進法。而與常法爲三也。其預爲續商之地。使所得單數居于法之上一位則同。

假如立方單一。其方法單三。　若立方單二。則方法一十二。變爲十數。進一位矣。故單一用常法。而單二卽用進法也。

又如立方單五。其方法七十五。　若立方單六。則方法一百〇八。又變百數。進兩位矣。故單五只用進法。而單六以上必用超進之法也。

假如立方一十。其方法三百。　若立方二十。則方法一千二百。變千數。進一位矣。故一十只用常法。而二十即用進法也。

又如立方五十。其方法七千五百。　若立方六十。則方法一萬〇八百。又變萬數。進兩位矣。故五十仍用進法。而六十以上必用超進之法也。

若宜進而不進。宜超進而不超進。則初商次商同位矣。不宜進而進。則初商次商理不相接矣。此歸除開立方之大法也。

其次商列位。理本歸除。以所減積數首一位是空不是空。定其進退。皆同平方。　商三次以上並同。

籌空位法。若次商之實小於平廉小隅共法之第一行。或僅如共法之第一行而無長廉積。則次商是空位也。卽作圈于初商下以爲次商。乃于平廉籌下。立方籌上。加兩空位籌爲三商平廉小隅之共法。以求三商。其長廉法下又加一空位籌。并原有一空位籌。共兩空位籌。爲三商長廉法。又法。長廉不必加空籌。但于得數下加兩圈。若商數有兩空位者。平廉小隅籌下加四空位籌。長廉積下加三圈。

隅積法曰。隅法單。隅積盡單位。　隅法是十。隅積盡于千位。隅法百。隅積盡百萬之位。　以上倣求。　大約隅法大一位。則隅積大三位。

凡還原之法。置開得立方數爲實。以立方數爲法乘之。得數再

以立方數乘之有不盡者加入不盡之數即得原實

假如有積一千三百三十一立方開之其根幾何

答曰立方根一十一

列位　作點從單位起

視首位有點以○○一爲初商實

乃視立方籌有○○一係第一行于是商一十有二點故商十減去立方積一千餘第二點上積三三一爲次商實而書商數一於點之上一位常法也

一一

○

○○一三三一

次以初商一十而三之得三十爲廉法

又以初商一十自乘而三之得三百用第三籌加立方籌上

爲共法。視共法籌第一行積數〇三〇一。小于餘實。乃商一爲次商。書于初商一十之下。減積首位是〇。故進位書于一十之下。以暗對其。又以次商一自乘仍得一。用乘廉法得三〇。爲長廉積。以併平隅共積三〇一。即籌第一行積數。共三三一。除餘實恰盡。

假如有立方積三萬二千七百六十八。立方開之。其根幾何。

答曰。立方根三十二。

五

〇三二七六八

三二

列位。作點。

視點在次位。以〇三二爲初商實。乃視立方籌積小于〇三二者是〇二七。係第三行。於是商三十。二點故初商十。減立方積二七。餘五。合第二點上積共五七六八爲次商實。而書商數三于點之上兩位。進法也　次以初商三十用三因。得九十爲廉法。又以初商三十自乘。得九百而三之。得二千七百。用第二第七兩籌。加于立方籌上。爲平隅共法。視共法籌第二行積〇五四〇八。小于餘實。次商單二書于初商三十之下。所減首位。宜進書以對其。又以次商自乘得四。用乘廉法得三六〇爲長廉積。以併平隅共積。即籌第二行積數。共五千七百六十八。除實盡。

開帶縱立方法

泰西家說勾股開方甚詳。然未有帶縱之術。同文算指取中算補之。其論帶縱平方有十一種。而于立方帶縱終缺然也。程汝思統宗所載。又皆兩縱之相同者。惟難題堆垜還原有二例。祗一可用。其一强合而已。非立術本意。又不附少廣而雜見於均輸。雖有善學。何從而辨之。兹因撰籌算。稍以鄙意完其缺。義取曉暢。不厭煩複。使得其意者。可施之他率不窮云爾。

凡立方帶縱有三。

一只帶一縱。如云長多方若干。或高多方若干是也。深即同高。

一帶兩縱而縱數相同。如云長不及方若干。高不及方若干是也。　一帶兩縱而縱數又不相同。如云長多濶若干。濶又多高若干是也。

帶一縱初商圖

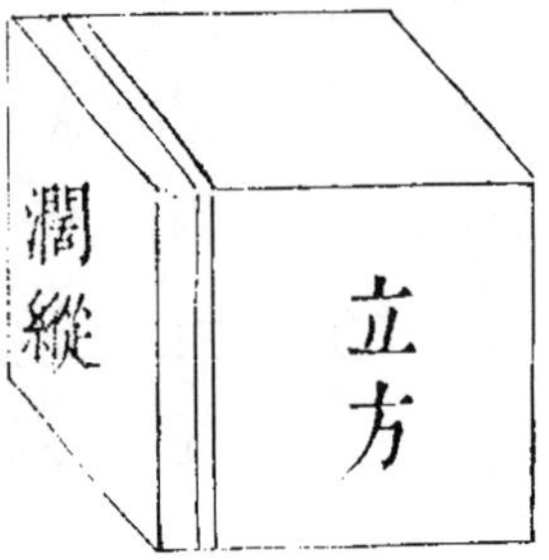

此長立方也。横置之則爲横縱。其縱之濶與高並如其方。其厚也如其縱所設。豎立之則爲高縱。其縱之長與濶並如其方。其高也如其縱所設。

帶一縱次商圖

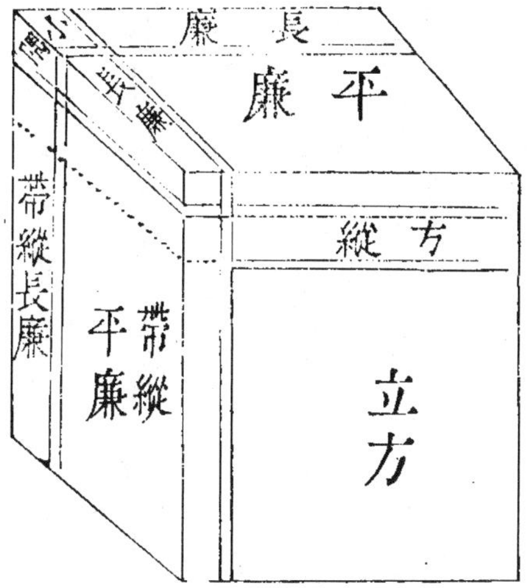

長廉
平廉
方縱
立方
帶縱平廉
帶縱長廉

立方形方縱形合者。初商也。平廉三。內帶縱者二。長廉三。內帶縱者一。小隅一。此七者次商也。

平廉所帶之縱。長與立方等。厚與次商等。其高如縱所設。

長廉所帶之縱。兩頭橫直等皆如次商。其高也如縱所設。

帶一縱立方之法。列位作點。皆同立方。

凡初商視立方籌積數。有小於初商之實者。用其行數爲初商。

用其積數爲初商立方積。

次以初商自乘以乘縱數爲縱積。

合計立方積縱積共數。以減原積而定初商。命初商爲方數。加縱數爲高數。或長數皆依先所設。不及減者改商之。及減而止。

凡次商法。以初商自乘而三之。又以縱與初商相乘而兩之。共爲平廉法。　又法。以初商三之。縱倍之。併其數與初商相乘。得數爲平廉法。　或以初商加縱而倍之。併初商數以乘初商爲平廉法。並同。

又以初商三之。加縱爲長廉法。

乃置餘實。以平廉法除之。得數爲次商。用籌爲法。除而得之。依除法定其位。

于是以次商乘平廉法。爲三平廉積。　又以次商自乘以乘長廉法。爲三長廉積。　就以次商自乘再乘爲隅積。　合計

平廉長廉隅積共若干數以減原實而定次商不及減者改商之及減而止乃併初商次商所得數爲方數加縱數爲高[或長皆如先所設]合問

凡商三次者以初商次商所得數加縱而倍之併商得數爲法仍與商得數相乘爲平廉法又以商得數三之加縱爲長廉法　餘並同次商

凡命分法已商至單數而有不盡則以法命之其法以所商得數加縱倍之加所商得數以乘所商得數[如平廉]又以所商得數三之加縱[如長廉]併兩數又加單一[如隅]爲命分不盡之數爲得分

或商數尚未是單而餘實甚少在所用平廉長廉兩法併數

之下。或僅同其數。僅同者無隅積。是無可續商也。亦以法命之。法即以所用長廉平廉兩法併之。又加隅一爲命分。

凡書商數俱同立方法。惟縱數多。廉法有進位。則宜用常法者改用進法。宜用進法者用超進之法。宜超進者更超一位書之。

其法于次商時酌而定之。蓋次商時有三平廉法。三長廉法。再加隅一爲命分。法于原實尋命分之位爲主。命分上一位。單數位也。從此單數逆尋而上。自單而十而百而千至初商位止。有不合者。改而進書之。若與初商恰合者不必强改。此法甚妙。平方帶縱亦可用之。

若宜商一十而改單九。或宜商一百而改九十。凡得數退改小一等數者。皆不用最上一點。而以第二點論之。此尤要訣。

或于初商位作圈而以改商之小數書于圈之下即可仍以上一點論也

假如浚井計立方積七百五十四萬九千八百八十八尺但云深多方八百尺　以帶一縱立方開之

列位　作點

視點在首位獨商之以

七百萬尺爲初商之實

初商不定之圖

〇〇七、五四九、八八八、

一

以立方籌爲法　視立方籌積有〇〇一小於〇〇七商一百尺得立方積一百萬尺而書初商一於點之上一位

次以初商一百尺自乘一萬尺乘縱八百尺得八百萬尺爲縱積　併兩積九百萬尺大于原實不及減改商如後圖

視立方籌第九行積七二九改商九十尺得立方積七十二

改商之圖

三四。

七、五四九八八八、

。九

萬九千尺。百改七十。故亦改用第二點。第二點是十位。故方積亦盡于千位。次以初商九十尺自乘八千一百尺。乘縱八百尺。得六百四十八萬尺爲縱積。　并兩積共七百二十萬。九千尺。以減原實。餘三十四萬。八百八十八尺。再商除之。初商一百。今改商九十。故上一點不用。用第二點論之。商九者書于第二點之上三位。超進法也。

次用次商又法。以縱八百尺加初商九十尺而倍之。得一千七百八十尺。并初商九十尺。共一千八百七十尺。用與初商九十尺相乘。得一十六萬八千三百尺爲平廉法。　又以初商九十尺三因之。得二百七十尺。加縱八百尺。共得一千。七十尺爲長廉法。

乃列餘實。以平廉爲法除之。用一六八三共四籌。商九十。用超進法書于第二點之上三位。今以縱多。致廉法進爲十萬。故次商時應更爲酌定。又超一位書之。然後次商單數在廉法上一位矣。改如下圖。廉法十萬上一位單數位也。今商九十。不合在此位。故改之。

酌改進位之圖

三四〇
七五四九八八八
廉法 ⑨

〇三四〇
七五四九八八八
廉法 九二

合視籌第二行積。〇三三六六小於餘實。次商二尺於初商九十之下。所減首位是〇。法宜進書也。初商不改而更超之。何以居次商。就以次商二尺乘平廉法。得三十三萬六千六百尺爲平廉

積　又以次商二尺自乘四尺用乘長廉法。得四千二百八十尺爲長廉積。又以次商二尺自乘再乘。得八尺爲隅積。

併三積共三十四萬。八百八十八尺。除實盡。

凡開得井方九十二尺。加縱八百尺。得井深八百九十二尺。

帶兩縱相同初商圖

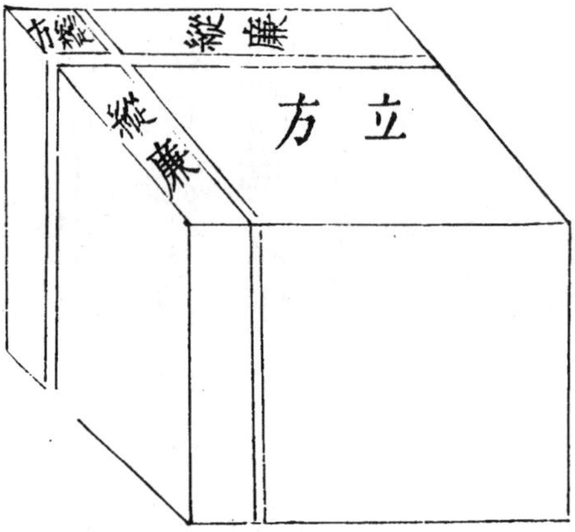

縱方
廉縱
縱廉
立方

此扁立方也。横與直俱多于高。是爲兩縱。兩縱者。縱廉二。縱方一。并立方而四。縱廉形。高與濶如其方。其厚也如所設縱之數。縱方形。兩頭等皆如縱數。其高也如立方之數。兩縱廉輔立方兩面。而縱方補其隅。合爲一扁立方形。

帶兩縱相同次商圖

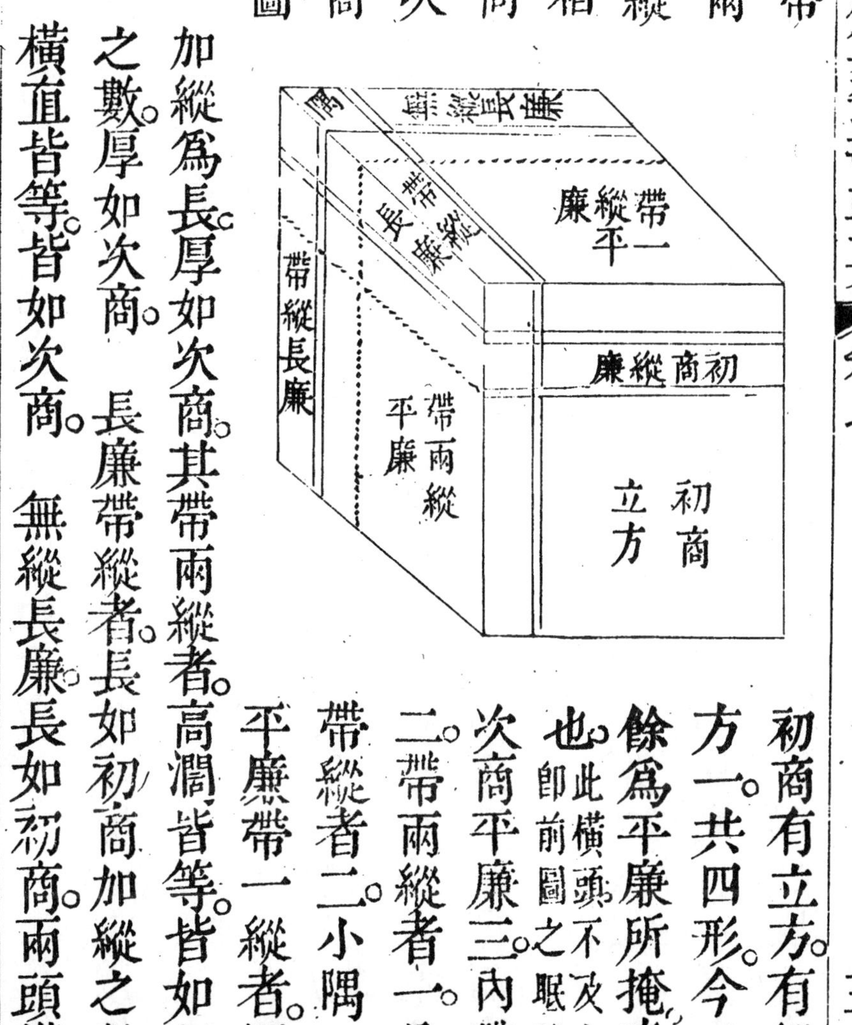

初商有立方。有縱廉二。縱方一。共四形。今只圖其二。餘爲平廉所掩。意會之可也。此横頭不及方也卽前圖之眼體。

次商平廉三。內帶一縱者二。帶兩縱者一。長廉三。內帶縱者二。小隅一。共七。

平廉帶一縱者。潤如初商。加縱爲長。厚如次商。其帶兩縱者。高潤皆等。皆如初商加縱之數。厚如次商。　長廉帶縱者。長如初商加縱之數。其兩頭橫直皆等。皆如次商。　無縱長廉。長如初商。兩頭橫直等。如次商。小隅橫直高皆等。皆如次商。

帶兩縱相同立方之法。先以縱倍之爲縱廉。兩縱併也。以縱自乘爲縱方。兩縱相乘。乃如法列位作點。求初商之實。用立方籌。求得初商方數及初商立方積。皆如立方法。計點定位。次以初商乘縱方爲縱方積。又以初商自乘數乘縱廉爲縱廉積。併縱方縱廉立方之共積。以減原實而定初商。皆如一縱法。命初商爲高數。或深數。如所設。皆加縱爲方數。不及減。改商之。

凡次商之法。以初商加縱倍之。以乘初商高數。又以初商加縱自乘。併之爲平廉法。又法。初商三之加縱。以初商加縱乘之。爲平廉法。

次以初商加縱倍之。併初商爲長廉法。又法初商三之。縱倍之。併爲長廉法。乃置餘實列位。以廉法位酌定初商列法而進退之。以平廉爲法而除餘實。得數爲次商。皆以所減首位是與否。而爲之進若退。又法。合平廉長廉兩法以求次商。

于是以次商乘平廉法爲平廉積。又以次商自乘數乘長廉法爲長廉積。又以次商自乘再乘爲隅積。合計平廉長廉隅積共若干數。以減餘實而定次商。又法。以次商乘長廉法爲長廉法。又以次商自乘爲隅法。併平廉長廉隅法以乘次商。爲次商廉隅共積。以減餘實。亦同。

乃命所商數爲高。或深之類。如所設。加縱數命爲方。合問。

不盡者。以方倍之乘高。如平廉。又以方自乘。如平廉。又以方倍之併高。如長廉。又加單一如隅。爲命分。

假如有方臺積五百八十六萬六千一百八十一尺。但云高不及方一百四十尺。　以帶兩縱立方開之。

先以縱一百四十尺倍之。得二百八十尺爲縱廉。　又縱自乘之得一萬九千六百尺爲縱方。

列位　加點　視點在首位。獨商之。以○○五爲初商實。視立方積有○○一。小于○○五。商一百尺。得立方積一百萬尺。書于點之上一位。商一數宜用常法。

一○

○○五八六六一八一

一㊀　單廉數法

今因縱多。致廉法昇爲十萬。法上一位爲單。單上一位爲十。今初商是百尺。故改用進法書之。廉法之昇見後。

就以初商一百尺乘縱方。得一百九十六萬尺爲縱方積。

又以初商自乘一萬乘縱廉。得二百八十萬尺爲縱廉積。

合計立方縱方縱廉積共五百七十六萬尺。以減原實。餘一十萬〇六千一百八十一尺。

初商一百尺高也。　加縱共二百四十尺方也。

次以方倍之四百八十尺。用乘高數。得四萬八千尺。又以方自乘得五萬七千六百尺。併之。得一十萬〇五千六百尺。爲平廉法。

又以方倍之。併高。得五百八十尺爲長廉法。

乃列餘實。　以廉法酌定初商。改進一位書之。

[illegible]〇[illegible]

以平廉法用籌除餘實。

〇〇五八六六一八一

視籌第一行。一〇五六。小于

一〇一

餘實。次商一尺于初商一百尺

之隔位。所減是〇一〇五六。首位〇。宜進書。然猶與初商隔位。故知為單一尺。　就以次商一尺乘平廉法如故。又以次商一尺自乘以乘長廉法亦如故。就命為平廉長廉積。　又以次商自乘再乘仍得一尺如故。

合計三積共一十萬〇六千一百八十一尺。除實盡。

凡開得臺高一百〇一尺。加縱得方二百四十一尺。

兩縱不同初商圖

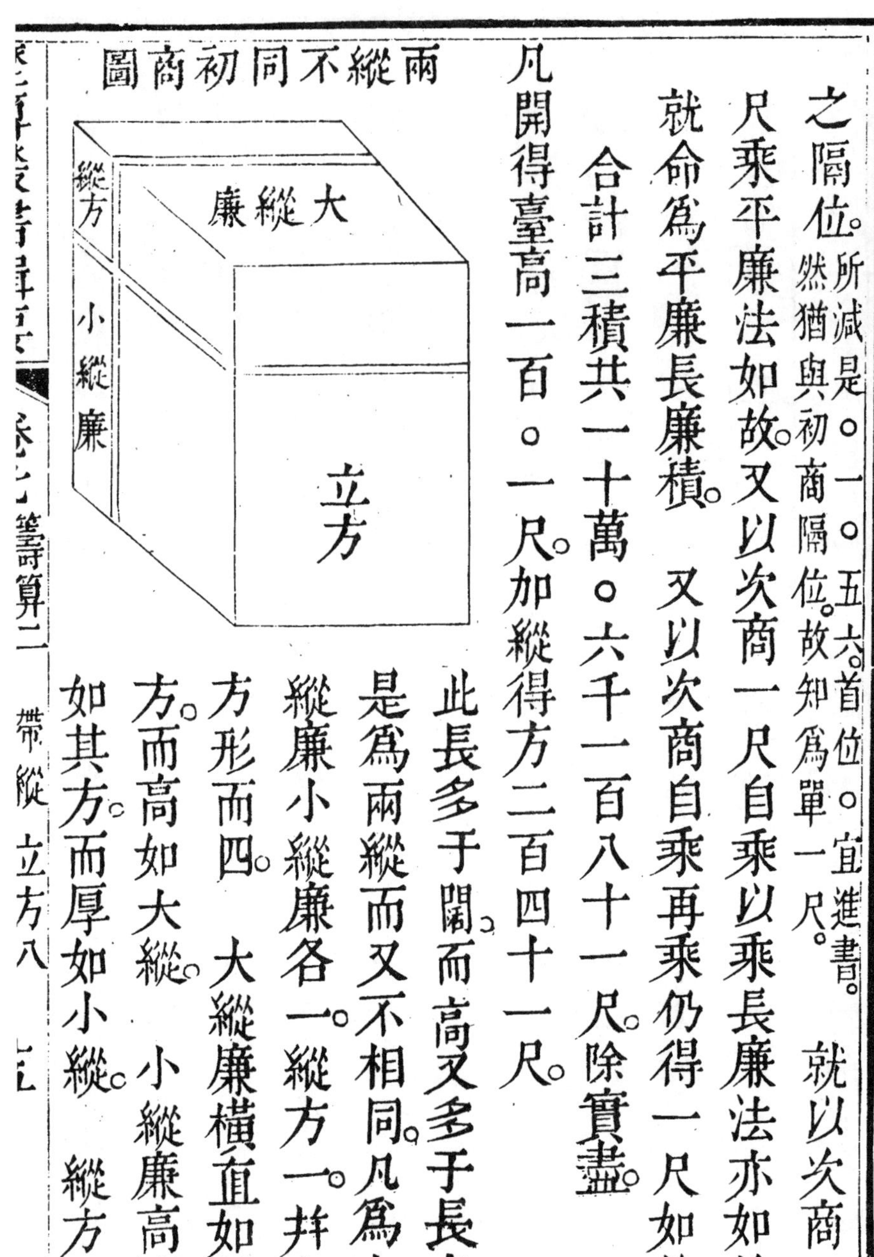

此長多于闊而高又多于長也。是為兩縱而又不相同。凡為大縱廉小縱廉各一。縱方一。幷立方形而四。　大縱廉橫直如其方。而高如大縱。　小縱廉高濶如其方。而厚如小縱。　縱方形之兩頭。高如大縱。厚如小縱。其長也則如立方。大縱小縱以輔立方之兩面。而縱方補其闕。合爲一長立方形。

兩縱不同次商圖

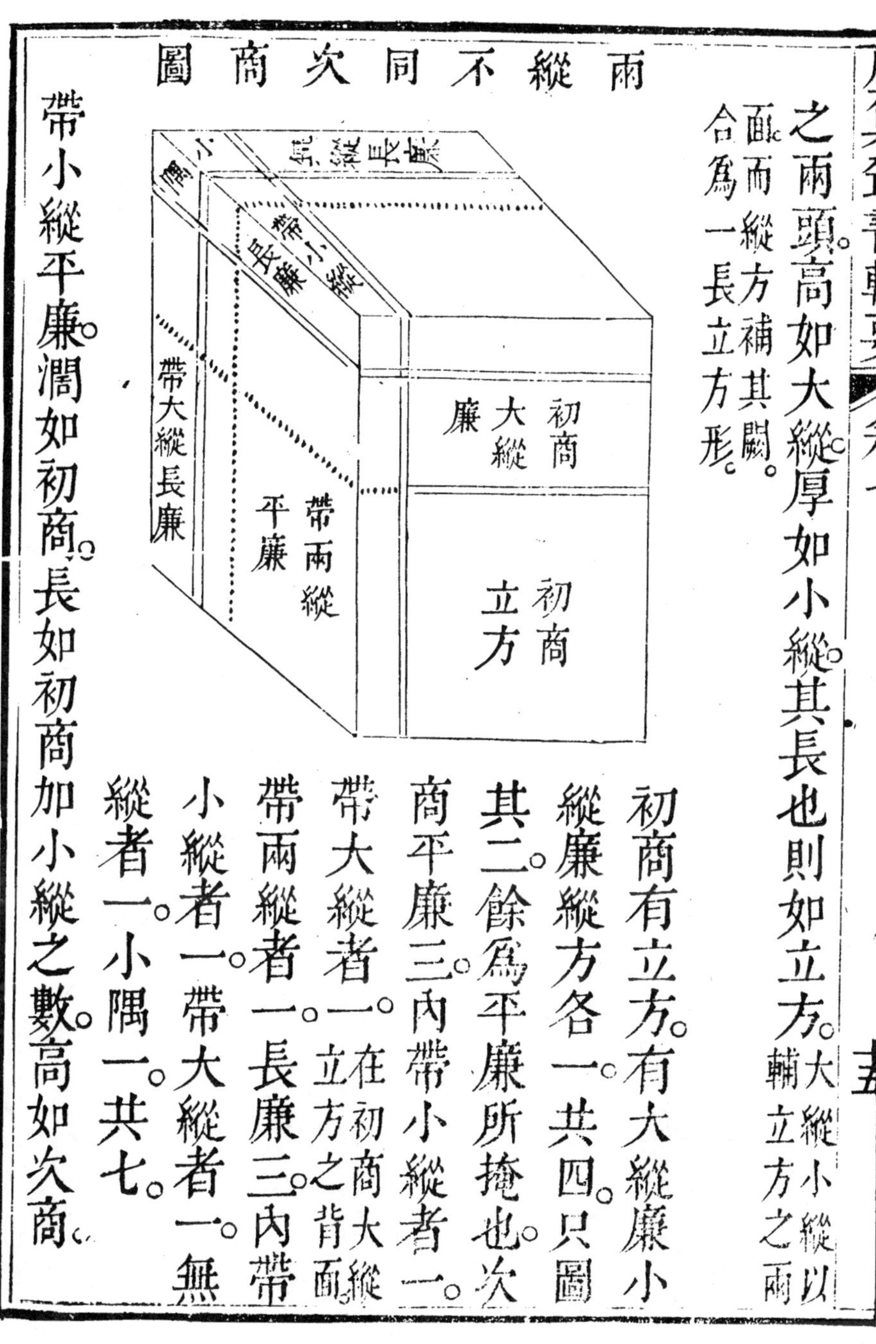

初商有立方。有大縱廉小縱廉縱方各一。共四。只圖其三。餘爲平廉所掩也。次商平廉三。內帶小縱者一。帶大縱者一。在初商大縱立方之背面。帶兩縱者一。長廉三。內帶小縱者一。帶大縱者一。無縱者一。小隅一。共七。

帶小縱平廉。濶如初商。長如初商加小縱之數。高如次商。

帶大縱平廉。濶如初商。高如初商加大縱之數。厚如次商。

帶兩縱平廉。濶如初商加小縱之數。高如初商加大縱之數。厚如次商。

帶小縱長廉。長如初商加小縱之數。　帶大縱長廉。高如初商加大縱之數。　無縱長廉。長如初商數。　其兩頭橫直皆如次商之數。

小隅橫直高皆如次商之數。

帶兩縱不同立方之法。以兩縱相併爲縱廉。　以兩縱相乘爲縱方。　列位作點。求初商之實。　以立方籌求得初商立方積。　以初商求得縱方縱廉兩積。皆如前法。乃以初商爲濶。各加縱爲長爲高。

求次商者。以初商長濶高維乘而併之。爲平廉法。　又以初商長濶高併之。爲長廉法。

乃置餘實列位。以平廉酌定初商之位。　以平廉爲法求次商。及平廉積長廉積隅積以減餘實。乃命所商爲濶。各以縱加之爲高爲長。皆如前法。

不盡者。以所商長濶高維乘併之。如平廉。　又以長濶高併之。如長廉。

又加單一。如隅。爲命分。

假如有長立方形積九十尺。但云高多濶三尺。長多濶二尺。

用帶兩縱不同立方開之。

先以兩縱相併五尺爲縱廉。　以兩縱相乘六尺爲縱方。

列位。　作點。

○九○、

三

視點在第二位合。九。爲初商實。乃視立方籌有。六四。小于。九。。宜商四尺。因有縱改商三尺。得二十七尺爲立方積。次以初商三尺自乘九尺。乘縱廉得四十五尺爲縱廉積。又以初商三尺乘縱方。得一十八尺。爲縱方積。併三積共九十尺。除實盡。

凡開得濶三尺。　長五尺。　高六尺。

假如有立方積一千六百二十尺。但云長多濶六尺。高多濶三尺。用帶兩縱不同立方開之。

先以兩縱相併九尺爲縱廉。　以兩縱相乘十八尺爲縱方。

列位。　作點。

○○一六二○、

㊀九

視點在首位以○○一爲初商實

乃視立方籌有○○一與實同商一十尺得立方積一千尺次以初商一十尺自乘一百尺乘縱廉得九百尺爲縱廉積又以初商一十尺乘縱方得一百八十尺爲縱方積　合計之得二千○八十尺大于實不及減改商九尺得七百二十九尺爲立方積十變爲單則上一點不用第二點故商九書于第二點之上兩位用超進法也

次以初商九尺自乘八十一乘縱廉亦得七百二十九尺爲縱廉積

次以初商九尺乘縱方得一百六十二尺爲縱方積併三積共一千六百二十尺除實盡

凡開得濶九尺。　長一十五尺。　高一十二尺。

假如有長立方積六萬四千尺。但云長多濶五尺。高又多長一尺。以帶兩縱不同立方法開之。

先以長多五尺高多六尺併之得一十爲縱廉。　又以五尺六尺相乘三十爲縱方。解曰。長多濶五尺。高又多長一尺。是高多濶六尺也。

列位。　作點。

二六二

○六四、○○○、

三

視點在第二位。以○六四爲初商實。

視立方籌有○六四與實同。宜商四十尺。因有縱改商三十尺。得二萬七千尺爲立方積。

次以初商三十尺自乘九百尺。乘縱廉得九千九百尺爲縱廉積。

次以初商三十尺乘縱方。得九百尺爲縱方積。併三積共三萬七千八百尺。以減原實。餘二萬六千二百尺。再商之。

初商三十尺。濶也。　加縱五尺。共三十五尺。長也。　又加一尺。共三十六尺。高也。乃以初商長濶高維乘而併之。

濶乘長得一千〇五十尺。　高乘濶得一千〇八十尺。　長乘高得一千二百六十尺。併之共三千三百九十尺爲平廉法。

次以初商長濶高併之。共一百〇一尺爲長廉法。

乃以平廉用籌爲法。以餘實列位除之。

合視籌第六行是二〇三四。小于餘實。次商六尺。所減首位不空。故書二。
三六三　八
六四。。。
三六

本位得二萬。三百四十尺爲平廉積。次商乘平廉法也。次以次商六尺自乘三十六尺。乘長廉法。得三千六百三十六尺爲長廉積。又以次商六尺自乘再乘。得二百一十六尺爲隅積。併三積共二萬四千一百九十二尺。以減餘實。餘二千〇〇八不盡。以法命之。法以初商濶高長各加次商。維乘而併之。濶乘長得一千四百七十六尺。高乘濶得一千五百一十二尺。長乘高得一千七百二十二尺。併得四千七百一十尺。如平廉。又併濶高長得一百一十九尺。如長廉。又加一尺。如隅。共得四千八百三十尺爲命分。不盡之數爲得分。命，四千八

百三十分尺之二千〇〇八〇

凡開得濶三十六尺零　長四十一尺零〇　高四十二尺零〇

歷算叢書輯要卷八

度算釋例自序

同在九州方域之內而嗜好風尚不齊況踰越海洋數萬里外哉要其理數之同未嘗不一今歐邏測量之器步算之式多出新意與古法殊然所測者同此渾圓之天所算者同此一至九之數彼固蔑能自異當其測算精密雖隸首商高復起宜無以易乃或以學之本末非同而并其測算疑之非公論矣古算器資算策近則珠盤舊西算惟筆錄近乃用籌各以所習便用踵事而增非以是相誇詡也至此例規一種用兩尺張翕以差多寡與牙籌之衡縮進退珠盤之上下推移理亦相通而爲製特簡因爲之校註稍發明之屬弟文鼏爲之算例大六什年公博

雅好古尤深於制器尙象之旨兹涖治江邦臨下以簡庶政多暇始得親承緒論觀所藏奇書奇器語及尺算謹以稿本請政謬蒙許可欲爲之流通以資學者甚盛心也爰取舊稿并余弟所作算例重加參校比次整齊而授諸梓人

康熙丁酉仲冬之宣城梅文鼎撰時年八十有五

度算凡例

一西士羅雅谷自序。謂譯書草創。潤色之。增補之。必有其時。今之釋例不嫌小有同異者。所以相成。當亦作書者之所欲得也。

一比例規解。原列十線。爲十種比例之法。今仍之。

一比例既有十種。可各爲一尺。今總歸一尺者。便携也。

一一尺中列十線。則一尺而有十尺之用。恐其不淸。故各線之端書某線以别之。

一各線並從心起數。惟立方線初點最大。割線亦然。又五金線之用近尺末。故俱不到心。以便他線之書字。然其實並從心起算。用者詳之。尺心卽尺端也。兩尺端聯于樞心成一點。故從兹起算。

度算目錄

割線原名表心

五金線 附三線比例

以上十線並如舊式。惟平方立方改從古名。取其易曉。又正弦改附割圓切線分爲時刻。取其便用。割線去表心之目。以正其名。免悞用也。說見各條之下。

又按羅序言此器百種技藝無不賴之。功倍用捷。爲造瑪得瑪第嘉之津梁。然則彼中藉此製器。如工師之用矩尺。則日器等製並其恒業。迺書中圖說反有參錯。非故爲靳秘也。良由做造者衆。未必深知法意。爰致承訛。抑或譯書時語言不能盡解。而强以意通。遂多筆誤耳。今於其似是而非之處。徹底釐清。以合測量正理。起立法之人於九京。必當莫逆。

歷算叢書輯要卷八

宣城梅文鼎定九甫著

弟梅文鼏爾素甫學

孫　瑴成循齋

玕成肩琳　重校輯

曾孫　鈖敬名

鈫用和同校字

鉁二如

度算釋例一

作尺之度

用厚銅片。或厚紙。或堅木。黃楊等木。作兩長股。任長一尺。上下廣如長八之一。兩股等長等廣。股首上角為樞。以樞心為心。從心出各直線以尺大小定線數。今折中作五線。兩股兩面共十線。可用十種比例之法。線行相距之地。取足書字而止。尺首半規餘地以周樞也。用時張翕游移。式如後。

比例尺式即度數尺也。原名比例規。以兩尺可開可合。有似作員之器。故亦可云規。

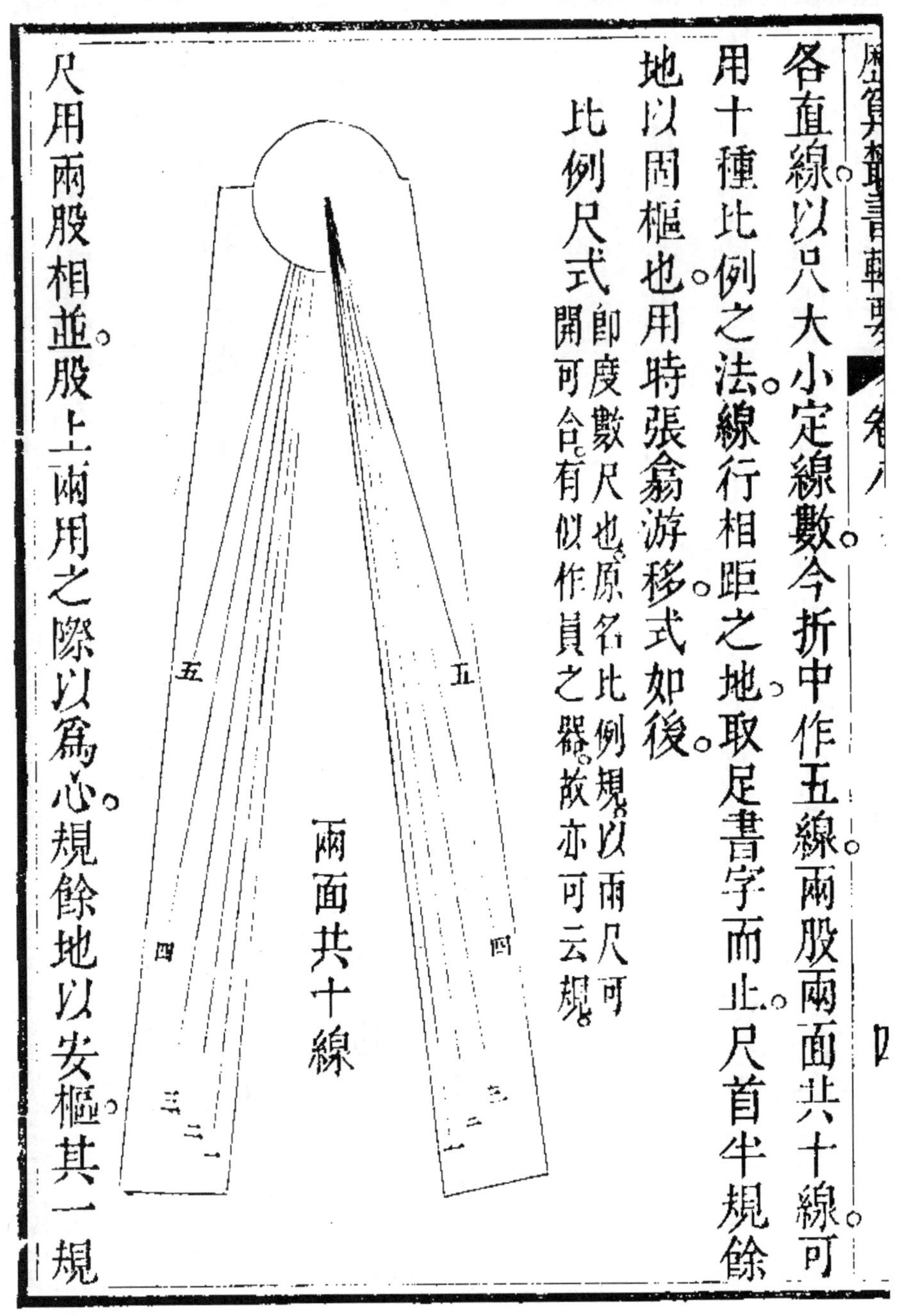

兩面共十線

尺用兩股相並。股上兩用之際以爲心。規餘地以安樞。其一規面與尺面平而空其中。其一刻規而入於彼尺之空。令密無隙也。樞欲其無偏也。兩尺並欲其無罅也。樞心爲心。與兩尺之合線欲其中繩也。張盡令兩首相就。成一直線。可作長尺。或以兩尺橫直相得。成一方角。可作矩尺。

又式兩股相疊

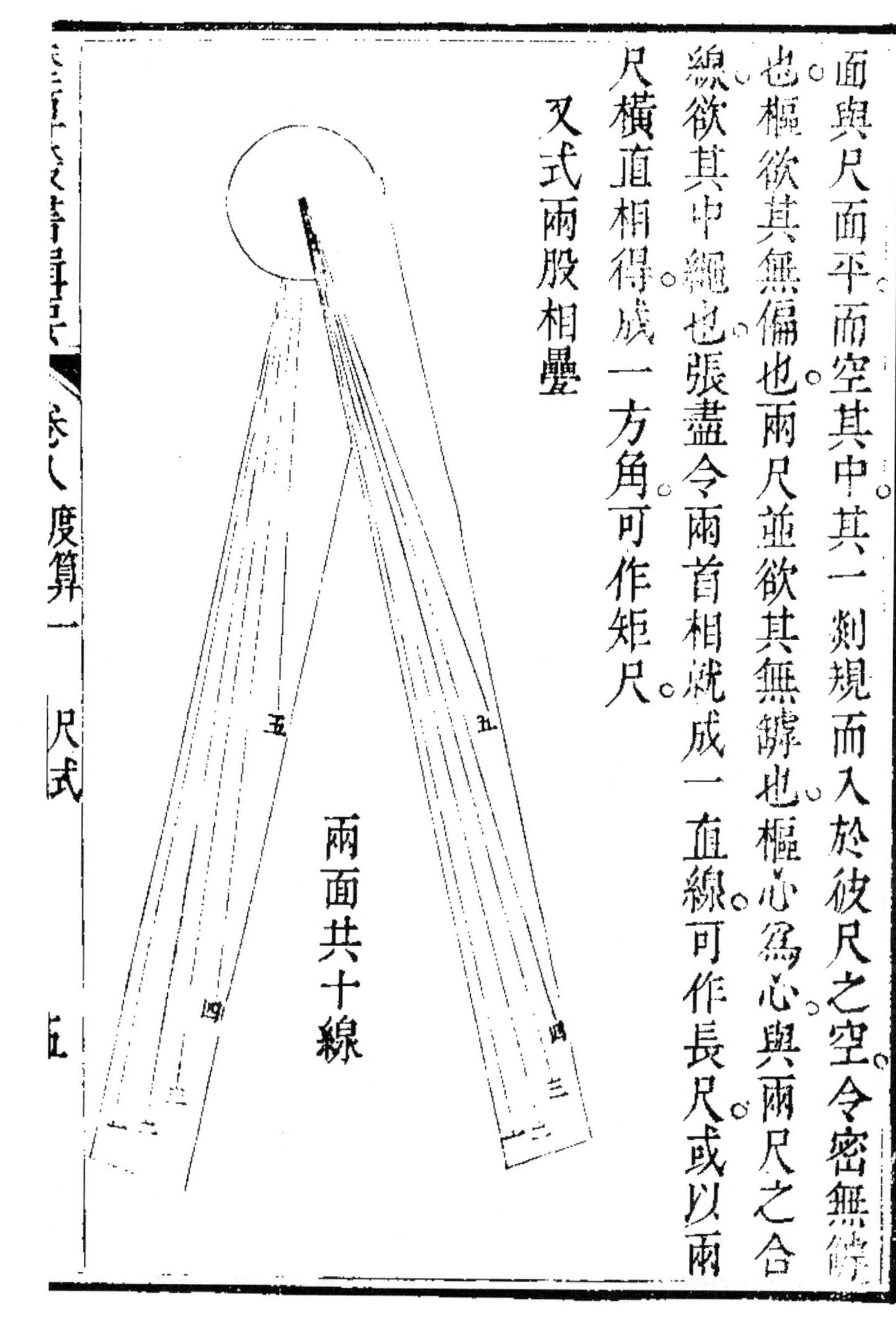

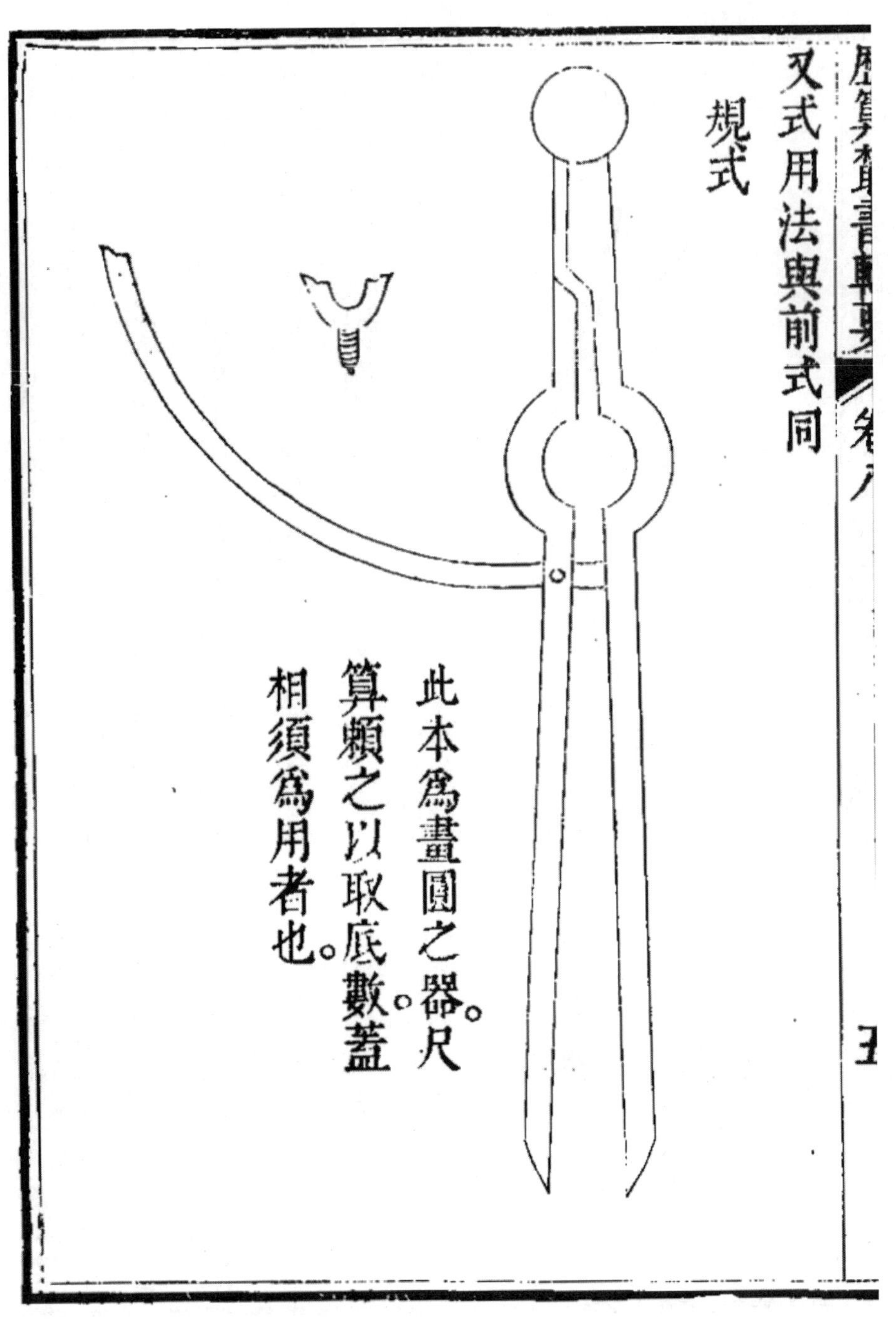

又式用法與前式同

規式

此本爲畫圓之器。尺算賴之以取底數。蓋相須爲用者也。

用銅或鐵。亦如尺作兩股。但尺式扁方。此可圓也。首爲樞。可張可翕。末銳。以便於尺上取數也。當其半腰。綴一銅條橫貫之。勢曲而長。如割圓象限之弧。與樞相應。得數後用螺釘固之。

又式

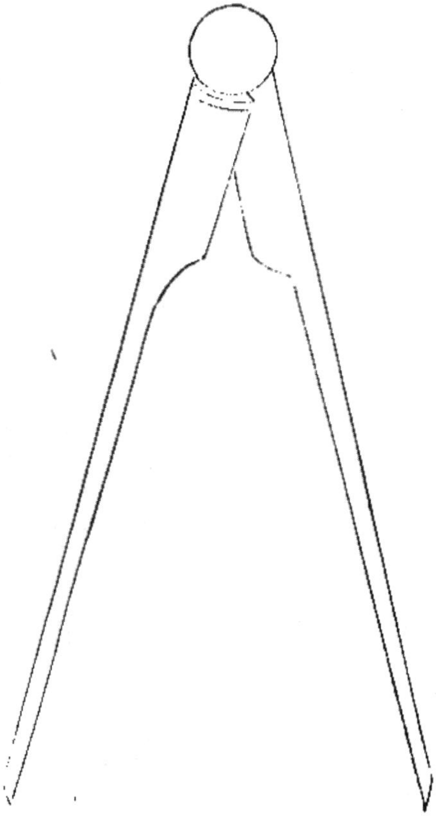

凡算例假如有言取某數爲底線者。並以規之兩鋭于平分線上量而得之。其用底線爲得數者。並以規取兩尺上弦線相等之距。于平分線上量而命之。故規之兩鋭可當橫尺。數度衍以橫尺比量。反不如用規之便利而得數且真也。

第一平分線

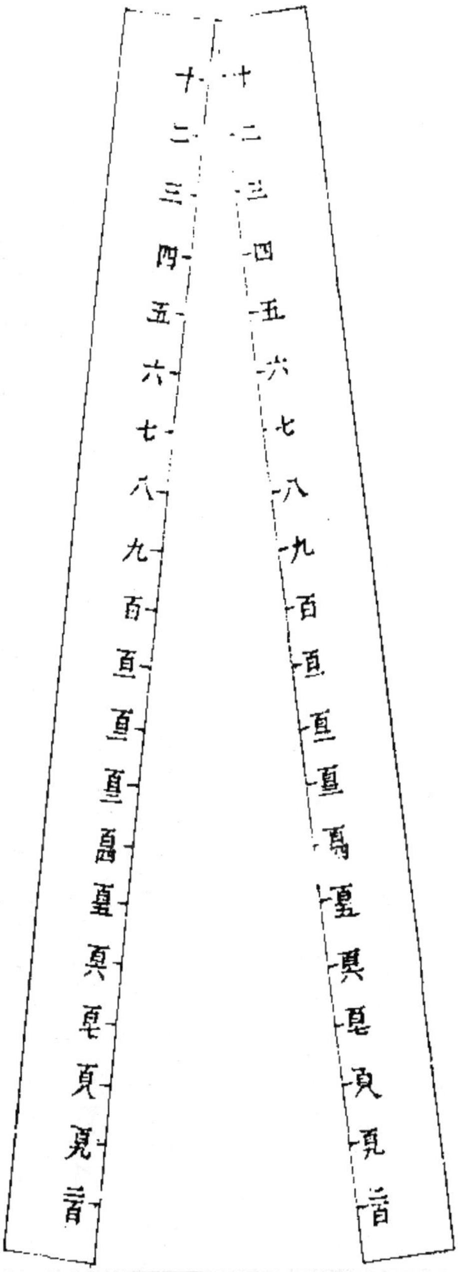

此線爲諸線之根。取數貴多。尺大可作一千。然過密又恐其不清也。故以二百爲率。

分法

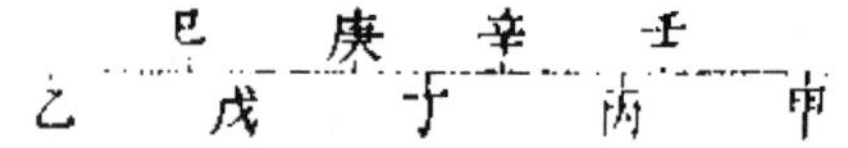

壬　辛　庚　巳
甲　丙　丁　戊　乙

如設一直線。欲作百分。先平分之爲二。又平分之爲四。又於每一分內各五分之。則已成二十分矣。于是用更分法。取元分四改作五分。如甲乙丙有丙丁戊三點是元分之四也。今復匀作五分。加巳庚辛壬四點。則元分與次分之較。如壬丙及巳戊。皆元分五之一。亦即設線百分之一分。準此爲度而周布之。即百分以成。

解曰。元分爲設線百分二十分之一。即每一分內函五分也。今壬丙巳戊既皆五分之一。則甲壬巳乙皆五分之四。亦即百分之四也。又丙辛庚戊皆三。而辛丁丁庚皆二也。任用一度。參差作點。互相考訂。即成百分勻度矣。每數至十至百。皆作字記之。

或取元分六復五分之亦同何則元分一內函五分則元分四共函二十分故可以五分之若元分六即共函三十分故亦可五分之其理一也

用法一　凡設一直線任欲作幾分假如四分即以規量設線爲度而數兩尺之各一百以爲弦乃張尺以就度令設線度爲兩弦之底置尺置尺者置不復動故亦可云定尺下做此數兩尺之各二十五以爲弦斂規取二十五兩點間之底以爲度即所求分數即四分中一分也以此爲度而分其線即成四分　若求極微分如一百之一如上以一百爲弦設線爲底置尺次以九十九爲弦取底比設線其較爲百之一　若欲設線內取零數如七之三即以七十爲弦設線爲底置尺次以三十爲弦斂規取底即設線七之三

謹按尺算上兩等邊三角形。分之即兩句股也。兩句聯爲一線而在下。直謂之底。宜也。若兩尺上數原係斜弦。改而稱腰。於義無取。今直正其名曰弦。

用法二　凡有線求幾倍之。以十爲弦。設線爲底。置尺。如求七倍。以七十爲弦。取底即元線之七倍。若求十四倍。則倍得線。或先取十倍。更取四倍。幷之。

用法三　有兩直線欲定其比例。以大線爲尺末之數。（尺百即百。千即千）置尺。數規取小線度。于尺上進退。就其兩弦等數。如大線爲一百。小線爲三十七。即兩線之比例若一百與三十七。可約者約之。（約法。以兩大數約爲兩小數。其比例不異。如一百與三十。約爲十與三。）

用法四　有兩數求相乘。假如以七乘十三。先以十點爲弦。取十三點爲底。置尺。次檢七十之等弦。取其底。得九十一爲所求乘數。若以十爲弦。七爲底。置尺。而檢一百三十點之底。得數亦同。

論曰。乘法與倍法相通。故以七乘十三。是以十三之數七倍之。是七个十三也。以十三乘七。是以七數十三倍之。是十三个七也。故得數並同。

用法五　有兩數求相除。假如有數九十一。七人分之。即以本線七十爲弦。取九十一爲底。置尺。次檢十點之弦。取底。必得十三爲所求。

又法。以九十一爲弦。用規取七十爲底。置尺。斂規取一十爲底。進退求其等弦。亦得十三如所求。

論曰。算家最重法實。今當以七人爲法。所分九十一數爲實。乃前法以法數七爲弦。實數九十一爲底。又法反之。而所得並同。何也。曰異乘同除。以先有之兩率爲比例。算今有之兩率。雖曰三率。實四率也。微之于尺。則大弦與大底。小弦與小底。兩兩相比。明明四率。較若列眉。故先有之兩率當弦。則今所求者在底。是以弦之比例例底也。若先有之率當底。則今所求者在弦。是以底之例例弦也。但四率中原缺一率。比而得之。固不必先審法實。殊為簡易矣。然則乘除一法乎。曰凡四率中所缺之一率求而得之。謂之得數。乘則先缺者必大數也。故得亦大數。除則先缺者必小數也。故得亦小數。所不同者此耳。是故乘除皆有四率。得尺算而其理愈明。亦諸家所未發也。

假如有銀九十六兩。四人分之。法以人數取四十分為底。置銀數九十六兩為弦。定尺。斂規取一十分為底。進退求其等弦。得二十四兩。為每人得數。

又法取銀數九十六兩為底。置一百分為弦。定尺。斂規于二十五分等弦。取其底。亦得二十四兩。為每人數。

又如有數一百二十三。欲折取三分之一。法以規取三十分為底。置一百二十三等數為兩弦。定尺。斂規取一十數為底進退求其等數爲弦。必得四十一。爲設數三分之一。如所求。

用法六　凡所求數大尺所不能具則退位取之

假如有數一百二十。欲加五倍。卽退一位取一十二爲底。以尺之一十點爲兩弦定尺。取兩弦五十點之底。卽五倍得六十。進一位。命所得爲六百。以一十二當一百二十。是一而當十。故進位命之也。凡用尺數須得此通融之法。爲原數之五倍。

又法。以規取一十數爲底。于尺之一十二點爲兩弦。以一十二當一百二十。是一當十也。或二十四亦可。爲一當五。定尺。展規取五十數以當五倍。爲底。進退求其等數之弦。必得六十。進位成六百。

假如有銀十三兩。每兩換錢一千二百文。法退二位。以規取十二分當一千二百。上一數當一百。以尺爲底。置一十點卽每兩之位。爲弦定尺然後尋一百三十點即十三兩之位。爲弦。展規取其底。得一百五十六分。進二位命之。得共錢一十五千六百。

又如有銀四兩。每兩換錢九百六十文。法作兩次乘。先乘六十。取六數爲底。置一十點爲弦。定尺。展規取四十點之底。得二十四。次乘九百。取九數爲底。置十一點爲弦。定尺。展規取四十點之底。得三十六。進一位併之。得三八四。末增一〇。爲進位得三千八百四十文。

二四

三六

三八四。

千百十文

因每兩是九百六十。故末位增〇。

假如有數一百二十。欲折取三分之一。法以規取六十折半法也。爲底。置九十分爲弦。定尺。然後尋兩弦之三十分點之即三取其底。于本線比之。必二十。命所得為四十。加倍法也。先折半。故得數加倍。

凡所用數在一十點以內。近心難用。則進位取之。如前條所設。宜用六數九數為底。其點近心。取數難清。即進位作六十取數用之。是進一位也。但先進一位者。得數後即退一位。命其數。此可於前假如中詳之。用尺時有退位。得數後進位命其數。用尺時有進位。得數後退位命其數。其理相通。故不另立假如。或先進二位者。得數亦退二位。或先加倍者。得數折半。並同一法

用法七

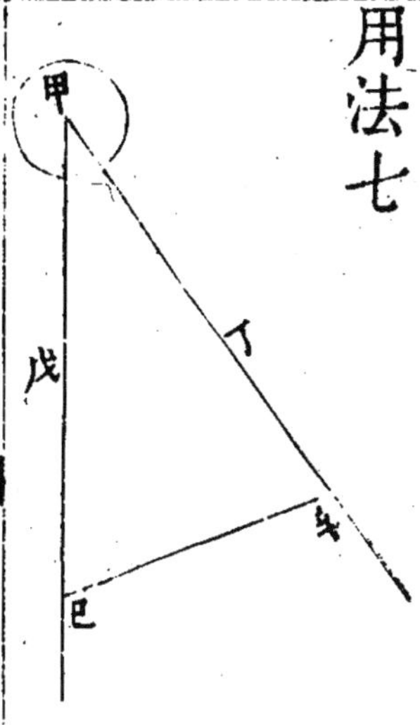

凡四率法。有中兩率同數者。謂之連比例。假如有大數三十六。小數二十四。再求一小數。與此兩數為連比例法。以大數為弦。如甲辛小數為底。如巳辛定尺。

再以辛巳底爲弦。如甲丁。而取其底。如丁戊。其數必十六。則三十六與廿四之比例。若廿四與十六也。其比例爲三分損一。若先有小數。十六。大數。二十四。而求連比例之大數。則以小數爲底。如丁戊。大數爲弦。如丁甲。定尺。再以丁甲弦爲底。如辛巳。取其弦。如辛甲。其數必三十六。則十六與廿四。若廿四與三十六也。其比例爲三分增一。他倣此。

原書有斷比例法。今按斷比例。即古法之異乘同除。西法謂之三率。前各條中用尺取數。皆異乘同除之法。故不更立例。

三十六　第一率

二十四　第二率　若先有小數。則反用其率。

一十六　第三率

用法八　凡句股形。有句有股有弦。共三件。先有兩件而求其不知之一件。法以尺作正角取之。假如有句八尺。股十五尺。欲知

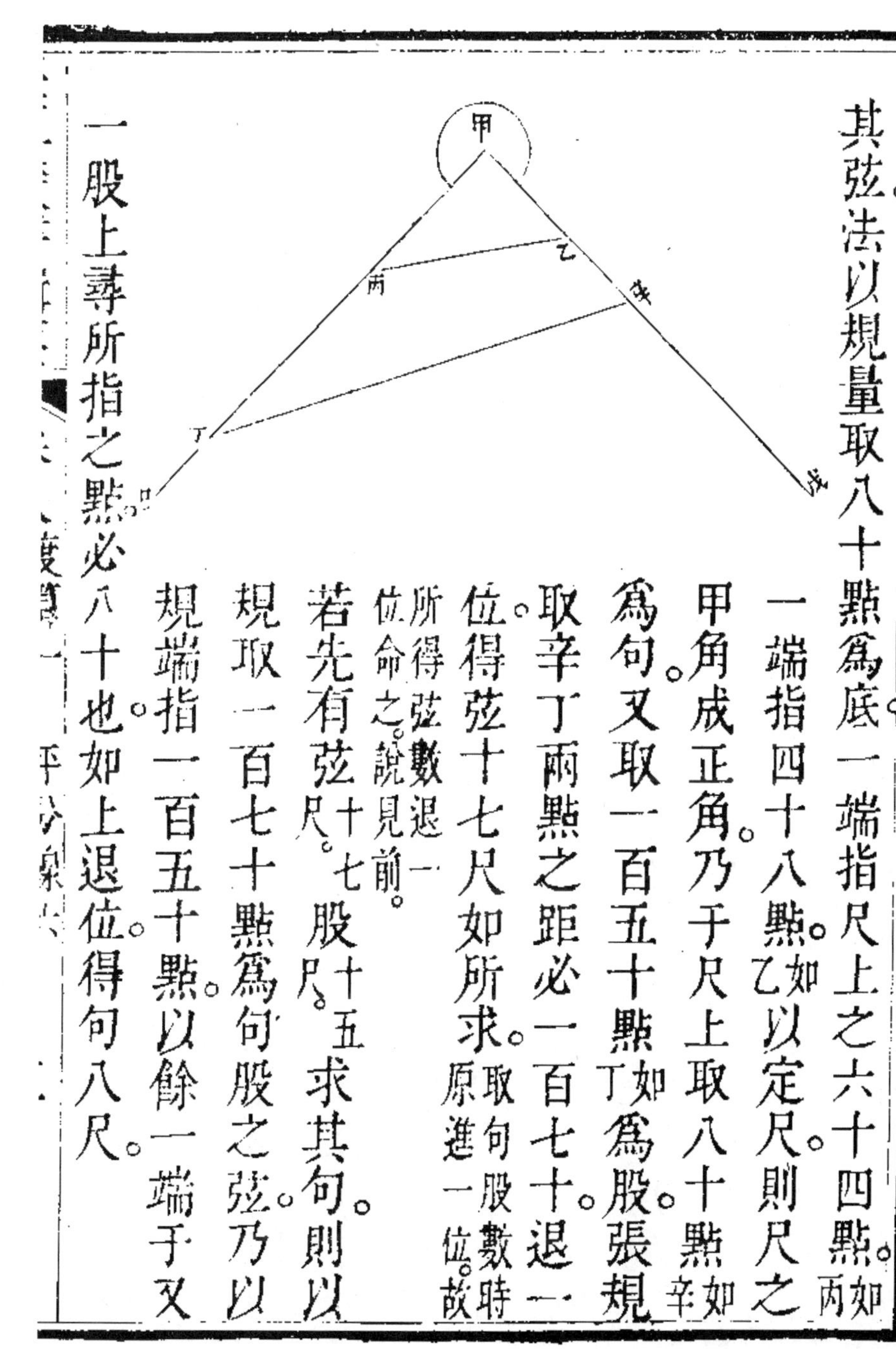

其弦法以規量取八十點爲底。一端指尺上之六十四點。如丙一端指四十八點。如乙以定尺。則尺之甲角成正角。乃于尺上取八十點。如辛爲句。又取一百五十點。如丁爲股。張規取辛丁兩點之距必一百七十。退一位得弦十七尺如所求。取句股數時原進一位。故所得弦數退一位命之。說見前。

若先有弦尺。十七股尺。十五求其句。則以規取一百七十點爲句股之弦。乃以規端指一百五十點。以餘一端于又一股上尋所指之點。必八十也。如上退位。得句八尺。

或先有弦十七尺。句八尺。求其股。亦以規取一百七十。而一端指八十。尋又一端之所指。必得一百五十。命一十五尺為股。如所求

用法九　凡三角形內無正角。不可以句股算法先作角。假如先有一角及角旁之兩邊。求餘一邊。法于平分線任用一邊如甲乙。取數為底。於分圓線十六度定尺。以規取所設角之底。移於平分線上。如所設甲乙邊度定尺。則尺間角如所設。如乙角。乃于尺上。依所設角旁兩邊之數各作識。如甲乙丙乙。遂用規取斜距之底。如甲丙。即所求餘一邊。

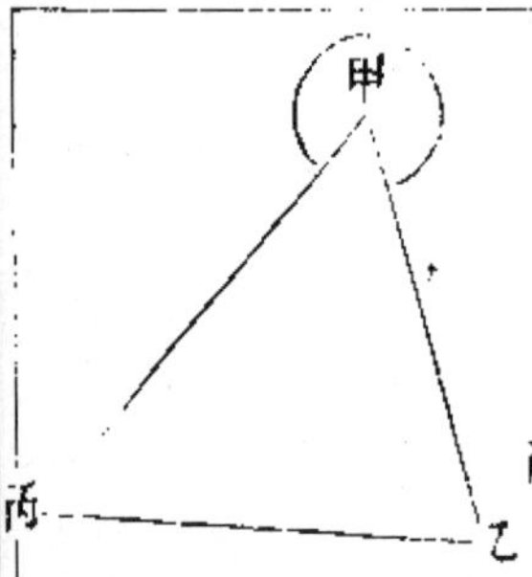

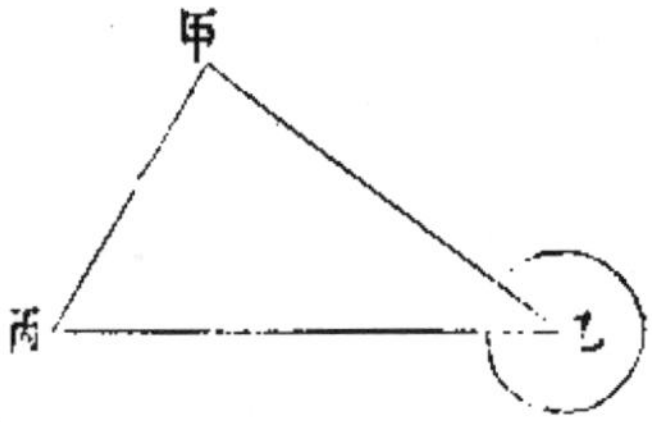

又法　假如乙甲丙三角形有甲角。五十三度七分。甲乙邊。五十六尺。甲丙邊。七十五尺。而求乙丙邊法以規

取一百分爲分圓線上六十度之底。斂規取五十三度强之底。移於平分線上作百分之底。定尺。乃于尺上取五十六點。如甲乙。及七十五點。如甲丙。乃以規取兩點斜距之底于尺上較之。即得六十一尺。如乙丙。命爲所求邊。分圓線見後

用法十　有小圓。欲改作大幾倍之圓。用前倍法。假如有小圓濶一尺二寸。今欲展作五倍。即取十二爲十點之底。定尺。展規取五十點之底。必得六十。命爲六尺。如所求。

用法十一　平圓形周徑相求法。于平分線上作兩識。以一百八十八半弱上爲周。六十爲徑。各書其號。假如有徑一七十求周。法以規取七十一加于徑點爲底。定尺。展規取周點之底。即得周二百二十三。如所求。以周求徑。反此用之。

用法十二　求理分中末線法。于線上定三點。于九十六定全分。五十九又三之一爲大分。三十六又三之二爲小分。假如有一直線。一百四十四。欲分中末線。即以設線加于全分點爲底。取其大小分點之底。即得。八十九強爲大分。五十五弱爲小分。按平分線上既作周徑之號。若又作此則太繁。不如另作一線。其上可寄五金線也。又按原書全分七十二。大分四十二又三之一。小分二十七又三之二。大有訛錯。今改定。

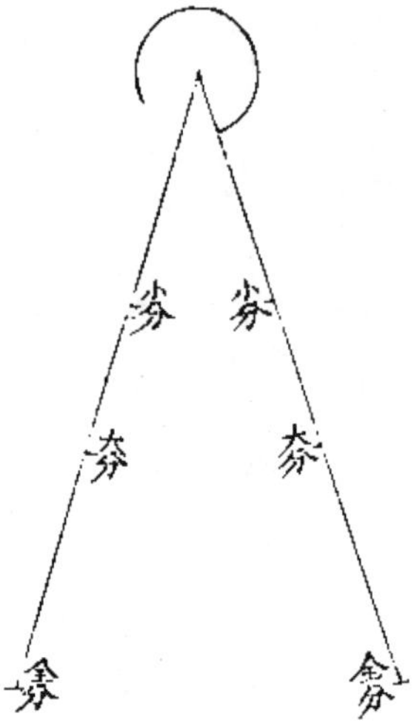

以上十二用法。姑舉其概。其實平分線之用不止于是。善用者自知之耳。

第二平方線舊名分面線。凡平方形有積有邊。積謂之冪。亦謂之面。邊線亦謂之根。即開平方法也。

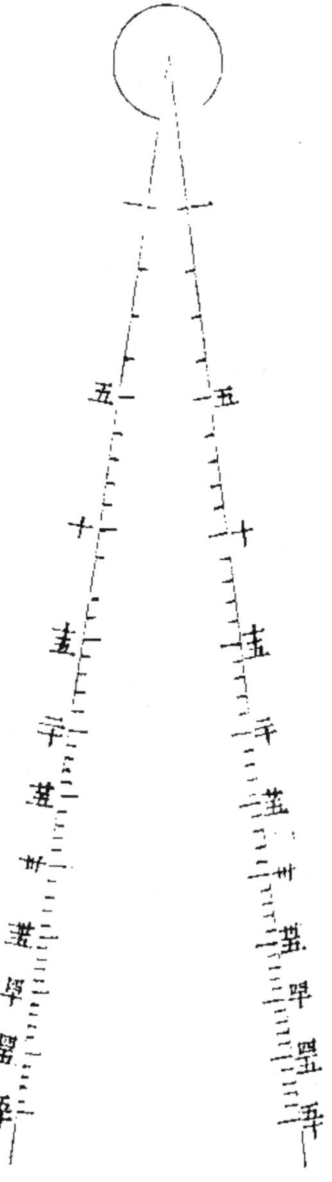

原爲一百不平分。今按若尺小欲其清。則但爲五十分亦可。

假如有積六千四百。則以平分線之二十自之得四百于積爲十六倍之一。若置二十分于一點爲底。求十六點之底則得方根八十。或置于二點爲底。則求三十二點之底。或置于三點爲底。則求四十八點之底。皆同。

分法有二。一以算。一以量。

以算分

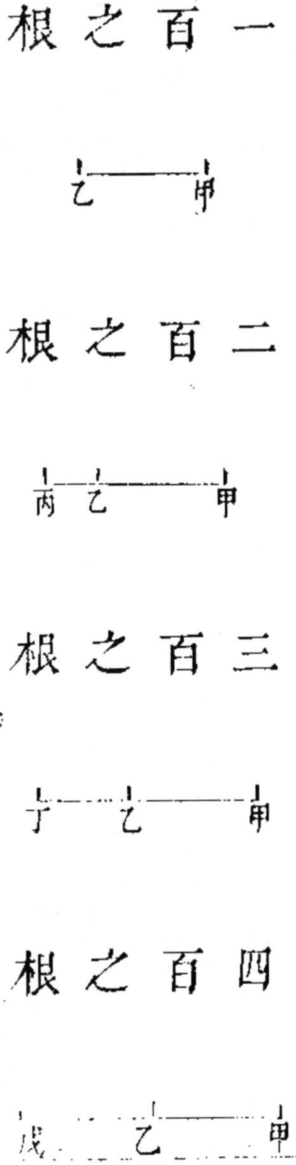

一百之根　甲——乙

二百之根　甲——乙——丙

三百之根　甲——乙——丁

四百之根　甲——乙——戊

算法者。自樞心甲任定一度命爲十分。如甲乙。卽平方積一百分之根。今求加倍平方二百分之根。爲十四又廿九之四。卽于甲乙線上加四分強。如甲丙。命甲丙爲倍積之根求三倍。則開平方三百分之根。得十七又三十五之十一。卽又于甲乙線上加七分半弱。如甲丁。卽甲丁爲三倍積之根。求四倍。則平方四百之根二十。即以甲乙倍之。得甲戊爲四倍積之根。五六七以上並同。按用方根表甚簡易。

以量分

以任取之甲乙度作正方形。如丙乙甲。乃于乙甲橫邊引長之以當積數。丙乙直邊引長之作垂線以當根數。如求倍積之根。即于橫線上截丁乙爲甲乙之倍。次平分甲丁于戊。戊爲心。甲爲界作半圜。截垂線於巳。即巳乙爲二百分之邊。求三倍則乙丁三倍于甲乙。四倍以上並同。

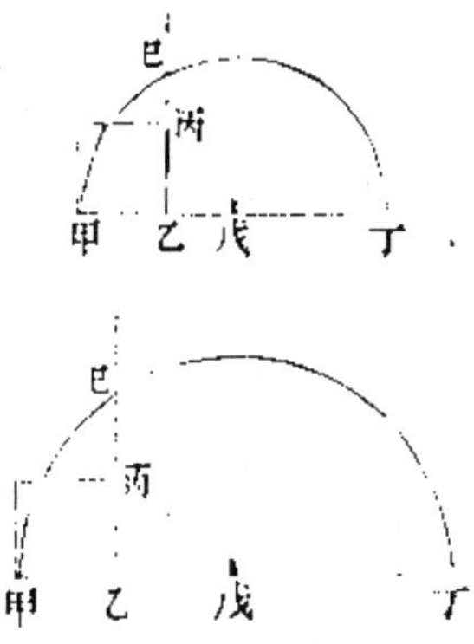

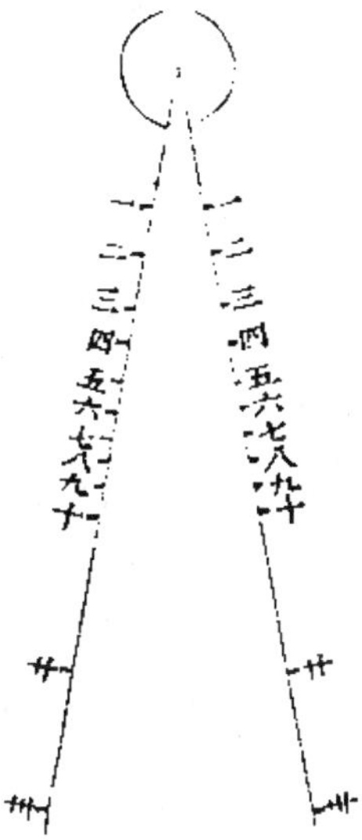

又捷法　如前作句股形法。定尺兩股成正方角。如甲。乃任于一股上取甲乙。命爲一點。而又于一股取甲丙度與甲乙相等。即皆爲一百之根。次取乙丙底加于甲乙上爲二百之根。如甲丁。又取丁丙底加于甲乙上爲三百之根。如甲戊。又取戊丙底加于甲乙上爲四百之根如甲己。如此遞加。即得各方之根。其加法俱從尺心起。如求得丙乙。即以丙加甲。乙加丁。成甲丁。他皆倣此。

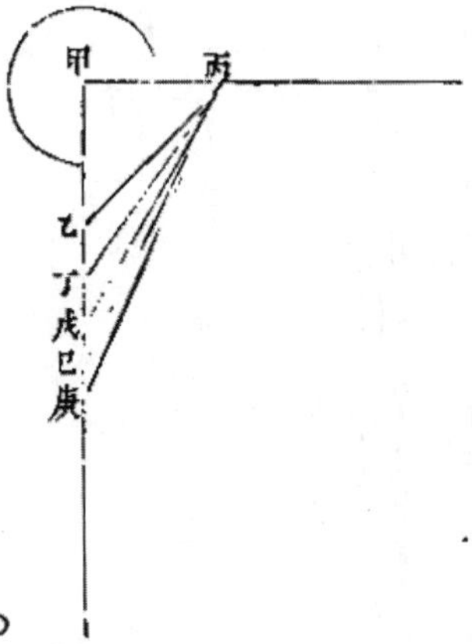

試法　甲乙爲一正方形之邊。倍其度即四倍方積之邊。否即不合。三倍得九倍方積之邊。四倍得十六。五倍得二十五。又取三倍之邊倍之。即十二倍之邊。四其三也。再加一倍得二十七倍之邊。九其三也。再加倍。得四十八倍之邊。十六其三也。再加倍。得七十五倍之邊。廿五其三也。若以五倍之邊倍之。得二十倍之邊。四其五也。再加倍。得四十五倍之邊。九其五也。再加倍。得八十倍之邊。十六其五也。

凡言倍其度者。線上度也。如正方四百分之邊二十分。甲乙正方一百分之邊十分。其大爲一倍也。言幾倍方積者。積數也。如邊二十者積四百。即尺上所書。

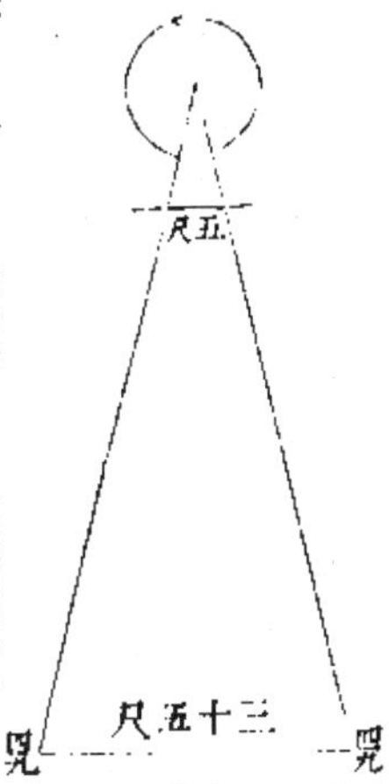

用法一　有平方積求其邊。即開平方。法先求設數與某數能相爲比例得幾倍。如法求之。假如有平方積一千二百二十五尺。欲求其根。以約分法求得二十五爲設數四十九之一。即以規于平分線取五點爲平方線上一點之底。定尺展規于

五尺

三十五尺

四十九點取其底。即得一邊三十五尺爲平方根。積二十五。方積五。加因十九倍。爲積一千二百二十五。方根三十五。或用四十九爲設數。一千二百二十五尺二十五之一。即以規取七點爲平方一點之底。而取平方二十五點之底。亦得方根三十五。如所求。積四十九。其方根七。加二十五倍爲積一千二百二十五。則其方根三十五。又法若無比例可求者。但以十分爲一點之底定尺。有假如在用法七。

用法二　凡同類之平面形。可併爲一大形。或方或圓。或三角多邊等形。但形相似。即爲同類。假如有平面正方四形。求作一大正方形與之等積。其第一形之冪積爲二。第二形之積爲三。第三形之積四有半。第四形之積六又四之三。　法先併其積得十六又四之一乃任取第一小形之邊爲底。二點爲弦定尺。若用第二形之邊爲底定尺。即用三點爲弦。而于十六點又四之一取其底。爲大形邊。其面積與四形總數等。

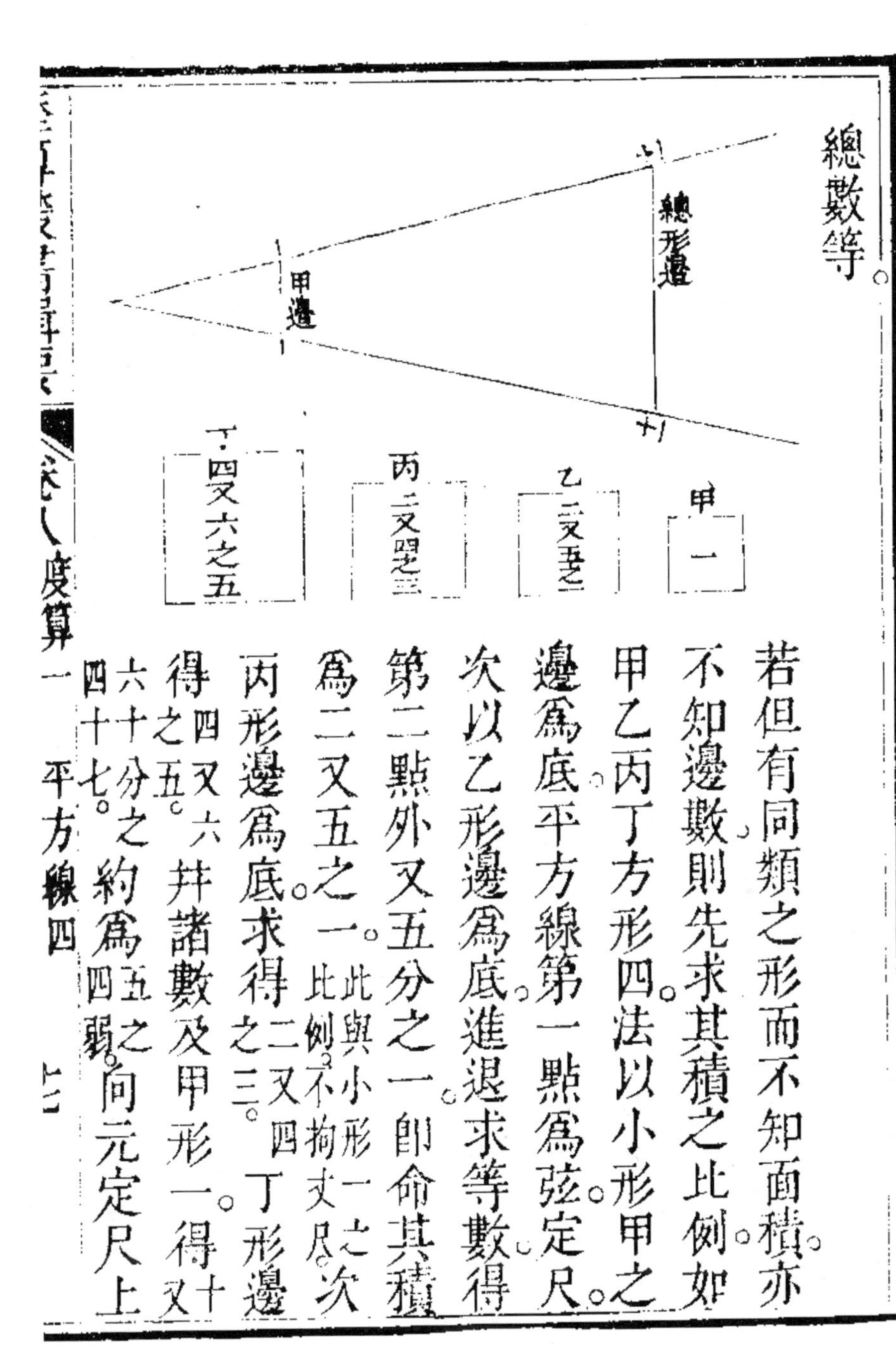

若但有同類之形而不知面積。亦不知邊數。則先求其積之比例。如甲乙丙丁方形四。法以小形甲之邊爲底。平方線第一點爲弦定尺。次以乙形邊爲底。進退求等數。得第二點外又五分之一。即命其積爲二又五之一。此與小形一之比例。不拘丈尺。次丙形邊爲底。求得二又四之三。丁形邊得之四又六之五。幷諸數及甲形一。得十又六十分之四十七。約爲五之四弱。向元定尺上尋十一點弱〔十又五之四卽十一弱。〕為兩弦。取其底為大方形邊。其面積與四形併數等。

此加形法也。圓面及三角等面。凡相似之形。並可相併。其法同上。

用法三

平面形求作一同類之他形。大于設形幾倍。〔以設形之邊為一點之底定尺。〕　假如有正方形面積四百。其邊二十。今求別作一方形。其容積大九倍。法以設形邊二十為平方線一點之底。定尺。而取平方九點等數之底。得六十。如所求。〔邊六十。其方積三千六百。〕以比設形積。為大九倍。

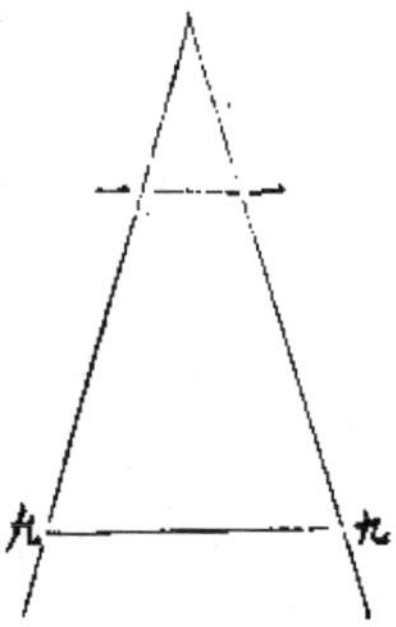

用法四　平面形求別作一同類之形。為設形幾分之幾。〔以設形之

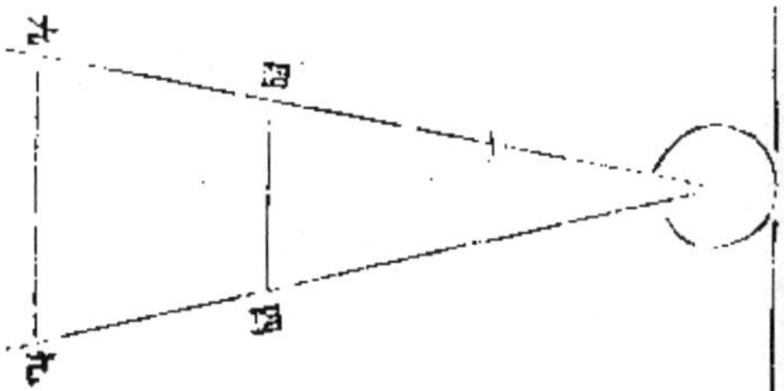

邊爲命分定尺。而於得分取數。假如有平方形積三千六百。其邊六十。今求作小形爲設形九之四。法以設形邊十六爲平方第九點之底定尺。而取第四點之底得十四如所求。邊四十。其積一千六百。以比設形積。爲九之四也。九爲命分。四爲得分。

此減積法也。員面三角等俱一法。

用法五　有兩數。求中比例。即三率連比例之第二率。

假如有二與八兩數。求其中比例。法先以大數爲平方線八點之底。而取二點之底。得四如所求。

二與四。如四與八。皆加倍之比例。故四爲二與八之中率。

用法六　有長方形。求作正方形。　假如長方形橫二尺直八尺。如上法求得中比例之數爲四尺。以作正方形之邊。則其積與直形等。

直八尺。橫二尺。 其積一十六尺。

方形各邊並四尺。 其積亦十六尺。

用法七 有設積求其方根。而不能與他數爲比例。則以一十數爲比例。

假如平積二百五十五。用十數比之爲二十五倍半。即取十數爲平方線一點之底。而取二十五點半之底。得十六弱爲方根。十六自乘。積二百五十六。今只欠一小數。故命之爲十六弱。

第三更面線

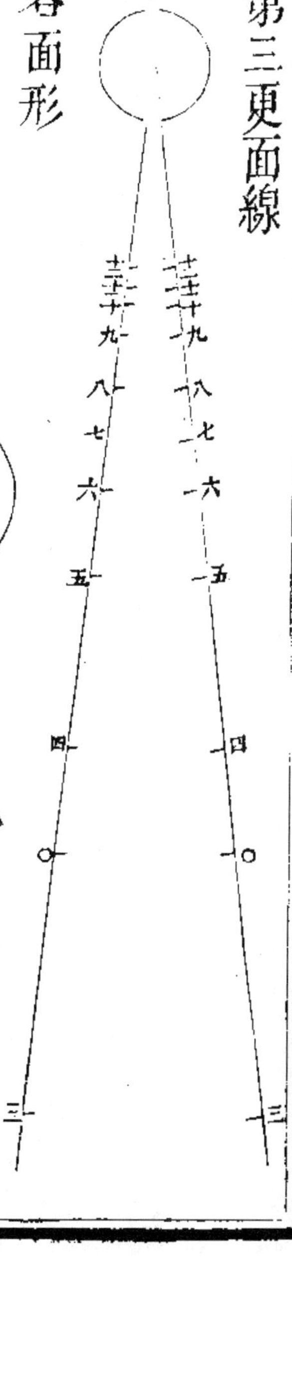

三　四　五　六　七　八　九　十　十一　十二

各面形

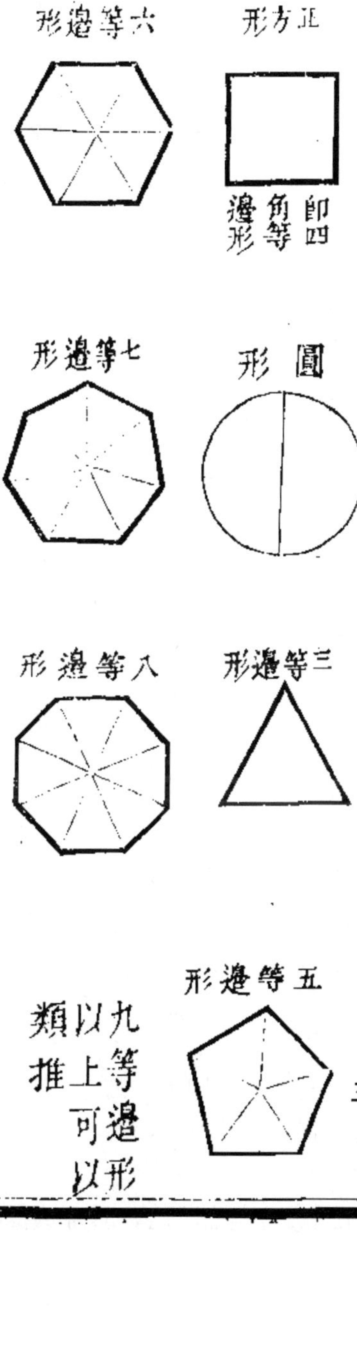

正方形　卽四等角邊形

圓形

三等邊形

五等邊形

九等邊形以上可以類推

六等邊形

七等邊形

八等邊形

分法

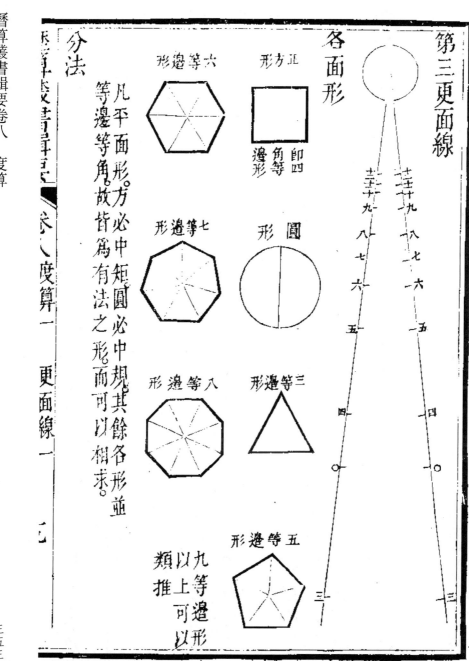

凡平面形。方必中矩。圓必中規。其餘各形並等邊等角。故皆爲有法之形。而可以相求。

置公積四三二九六四。以開方。得正方形之根六五八。三邊形之根一千。五邊形之根五〇二。六邊形之根四〇八。七邊形之根三四五。八邊形之根二九九。九邊形之根二六〇。十邊形之根二三七。十一邊形之根二一四。十二邊形之根一九七。圜徑七四二。以本線爲千平分而取各類之數從心至末取各數加本類之號。

用法一　有平面積求各類之根凡三角及多邊各平面形其邊既等故並以形之一邊爲根。圜形則以徑爲根法先以設數。于平方線上求其正方根。以此爲度。于更面線之正方號爲底定尺。次于各形之號取底。卽得所求各形邊。

假如有平面三等邊形積二千七百七十一寸欲求其邊法。

以設積。于平方線上如法求其平方根。依前卷用法七。以設數爲十數之二百七十七倍强。各降一位。命爲一數之二十七倍。又十之七强。乃以一數爲平方一點之底。底定尺。而于其二十七點十之七强取底數。得五寸二六。進一位。作五尺二寸半强。以所得方根。爲更面線正方號之底。定尺。而取三等邊號之底。得八尺。爲三等邊形根。如所求。

用法二　有平面形不同類。欲相併爲一大形。法先以各形邊爲更面線上各本號之底。定尺。而取其正方號之底。作線。爲所變正方形之邊。次以所變方邊。于分面線上求其積數。而併之。爲總積。

假如有甲三角乙五邊丙平圜三形。欲相併。先以甲邊爲三角號之底。定尺。而取其正方號之底。作線于甲形內。如此則甲形已變爲正方。下同。書其數曰十。次以乙邊爲五邊號之底。如前取其平方底。向

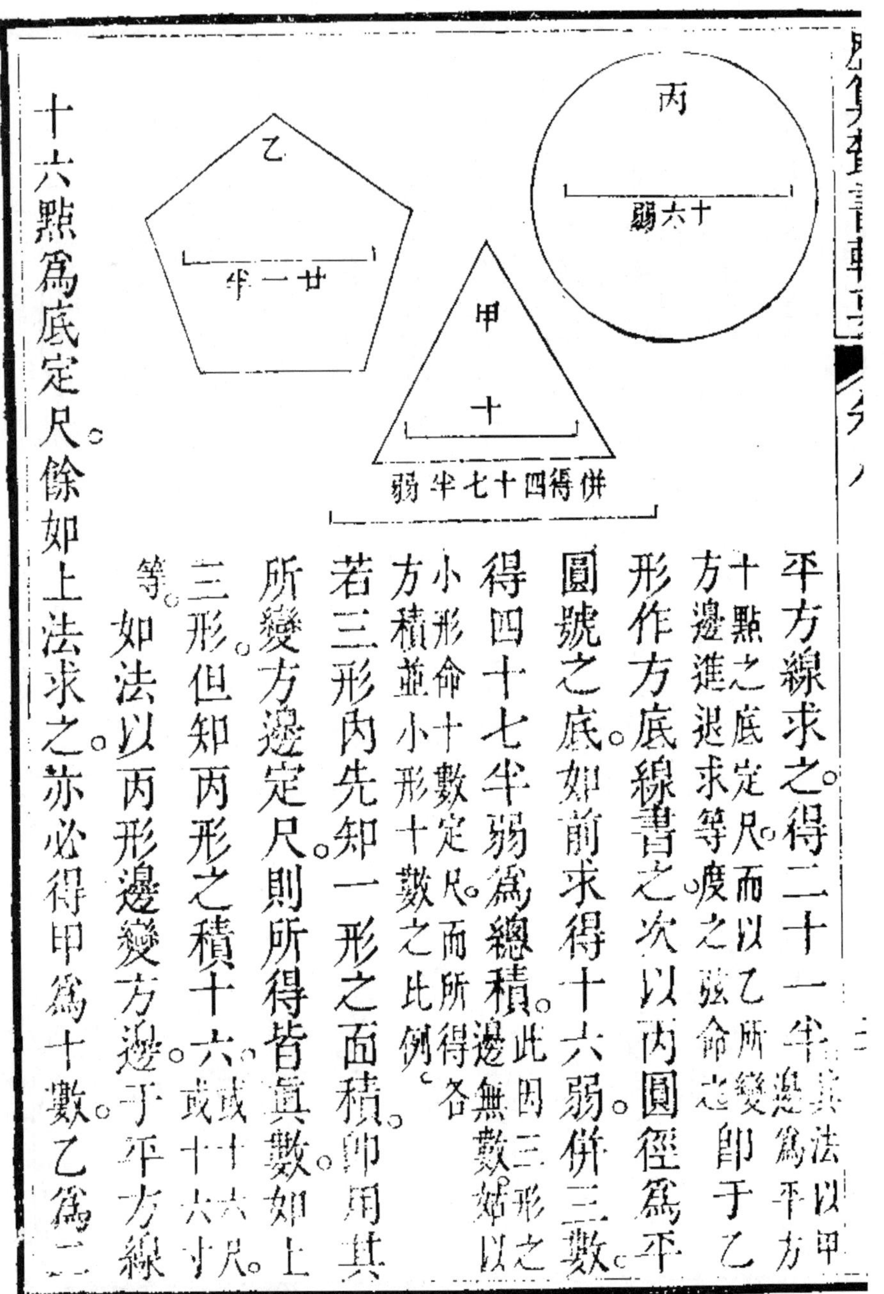

平方線求之。得二十一半。其法以甲邊爲平方十點之底定尺。而以乙所變即于乙方邊進退求等。度之弦命之形作方底線書之。次以丙圓徑爲平圓號之底。如前求得十六弱。併三數。得四十七半弱爲總積。此因三形之邊無數。姑以小形命十數定尺。而所得各方積並小形十數之比例。若三形內先知一形之面積。即用其所變方邊定尺。則所得皆眞數。如上三形。但知丙形之積十六。或十六尺。或十六寸等。如法以丙形邊變方邊。于平方線十六點爲底定尺。餘如上法求之。亦必得甲爲十數。乙爲二十一半。總積四十七半。但前條所得是比例之數。比例雖同。而尺有大小。故以此所得爲眞數也。

末以總數。于原定尺上尋平方線四十七點半處。取其底度爲平方邊。則此大平方形與三形面積等。

若欲以總積爲五邊形。則以所得大平方邊爲更面線正方號之底。定尺。而于五邊形之號取其底。卽所求五邊形之一邊。若欲作三角或圓形。並同一法。

用法三　有平面形。欲變爲他形。如上法。以本形邊爲本號之底。定尺。而取所求他形號之底。

假如有三角形。欲改平圓。則以所設三角形之邊。加于本尺三角形之號爲底。定尺。而取平圓號之底。求其數。命爲平圓徑。所作平圓。必與所設三角形同積。

用法四　有兩平面形不同類。欲定其相較之比例。如前法。各以所設形變爲平方。

假如有六邊形有圓形相較。即如法各變爲平方。求其數。平圓數二十。六邊數三十六。即平圓爲六邊形三十六之二十。以二十減三十六。得十六爲兩形之較。

第四立方線舊名分體線

凡平方形如棊局。其四邊橫直相等。而無高與厚之數。立方則如方櫃。有橫有直。又有高。而皆相等。平方之積曰平積。亦曰面積。亦曰冪積。如棊局中之細分方罫。立方之積曰體積。亦曰立積。並如骰子之積累成方。

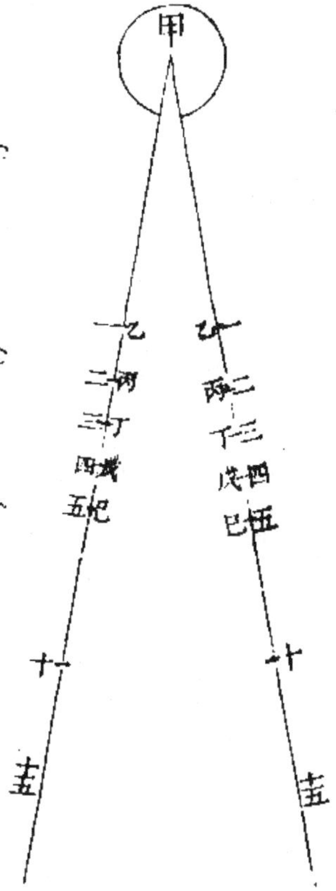

舊圖誤以尺樞心甲書于一點上。今改正。甲乙一。亦即一十。則其內細數亦不平分。舊圖作十平分。亦誤。今刪去。

分法有二。一以算。一以量。

以算分　從尺心甲任定一點爲乙。則甲乙之度當十分邊之積爲一千。十分自之再自之。即成一千。假如立方一尺。其積必千寸。紀其號曰一。次加一倍爲立積二千。開立方求其根得十二又三之一。即于甲

乙上加二又三之一爲甲丙紀其號曰二再加一倍立積二千開立方得數紀三以上並同

捷法 取甲乙邊四分之一加甲乙成甲丙卽倍體邊又取甲丙七分之一加甲丙成甲丁卽三倍體邊又取甲丁十之一加甲丁成甲戊卽四倍體邊再分再加如圖

元體甲乙	倍甲丙	三倍甲丁	四甲戊	五甲己	六甲庚	七甲辛	八甲壬	九甲癸	十甲子
一	加四之一	七之一	十之一	十三之一	十六之一	十九之一	廿二之一	廿五之一	廿七之一

右加法與開立方數所差不遠但尾數不清難爲定率姑存其意

又捷法用立方表

以量分 如後圖作四率連比例而求其第二蓋元體之邊與倍體之邊爲三加之比例也假如邊爲一倍之則二若求平方面則復倍之爲四是再

加之比例也。今求立方體。必再倍之爲八。故曰三加。三加者。卽四率連比例也。

幾何法曰。第二線上之體。若四率連比例之第四與第一。第一線上之體。第一爲元邊線。第二爲加倍之邊線。第三以邊線自乘。爲加倍線上之面。第四以邊線再自乘。爲加倍線上之體。今開立方。是以體積求邊線。卽是以第四率求第二率也。

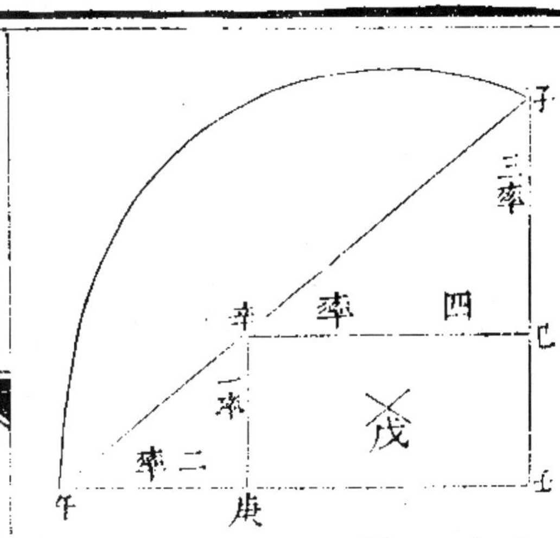

子　三率　四率　辛　巳　一率　戊　二率　午　庚　壬

假如有立方體積。又有加倍之積。法以兩積變爲線。元積如辛庚。倍積如辛巳。作壬巳辛庚長方形。次于壬巳壬庚兩各引長之。以形心戊爲心。作圜分截引長線于子于午。作子午直線。切辛角。如不切辛角。漸試之。今正相切乃止。卽辛庚一率。午庚二率。子巳三率。巳辛四率。爲四率連比例。末用第二率午庚爲倍加之比例也。今求立方體，必再倍之爲八。故曰三加。三加者，即四率連比例也。

幾何法曰：第二線上之體與第一線上之體，若四率連比例之第四與第一。第一爲元邊線，第二爲加倍之邊線，第三以邊線自乘，爲加倍線上之面，第四以邊線再自乘，爲加倍線上之體。今開立方是以體積求邊線，即是以第四率求第二率也。

假如有立方體積，又有加倍之積，法以兩積變爲線。元積如辛庚，倍積如辛巳。作壬巳辛庚長方形，次于壬巳、壬庚兩各引長之，以形心戊爲心，作圜分截引長線于子于午。作子午直線，切辛角。如不切辛角，必漸試之，令正相切乃止。即辛庚一率，午庚二率，子巳三率，巳辛四率。爲四率連比例。末用第二率午庚爲倍積之一邊。其體倍大于元積。

若辛巳為辛庚之三倍四倍。則午庚邊上體積。亦大于元積三倍四倍。以上倣此。

解四率連比例之理

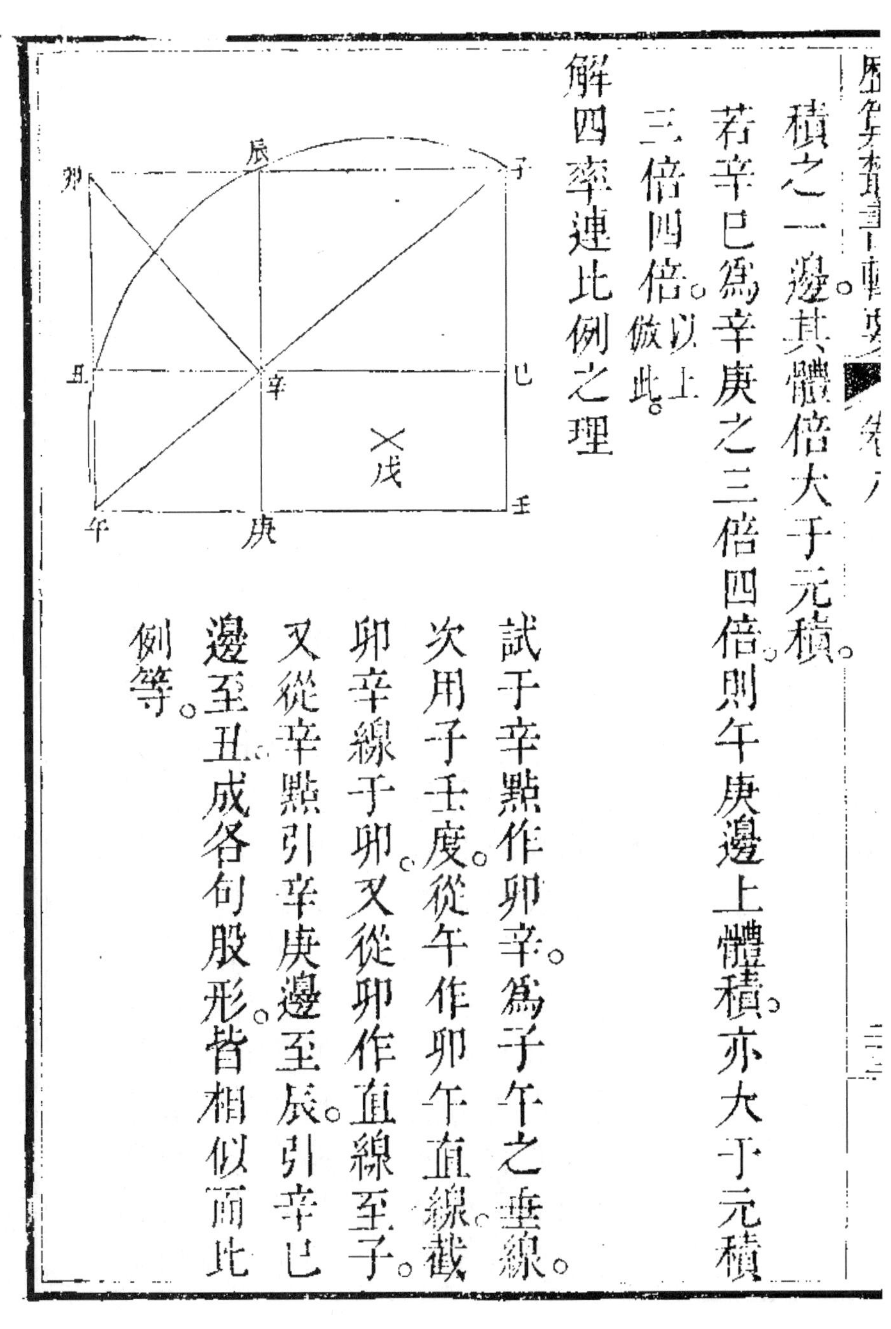

試于辛點作卯辛。為子午之垂線。次用子壬度。從午作卯午直線。截卯辛線于卯。又從卯作直線至子。又從辛點引辛庚邊至辰。引辛巳邊至丑。成各句股形。皆相似而比例等。

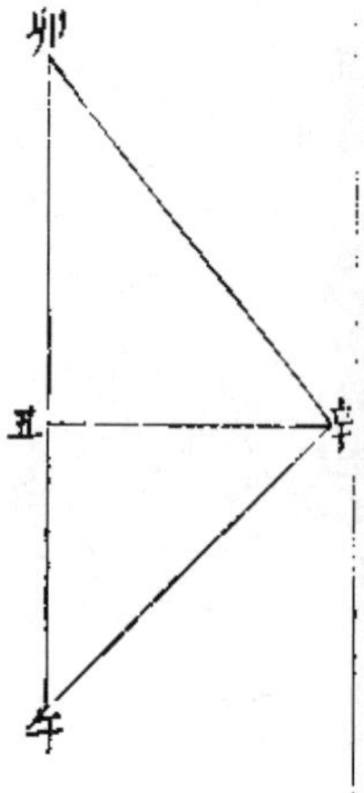

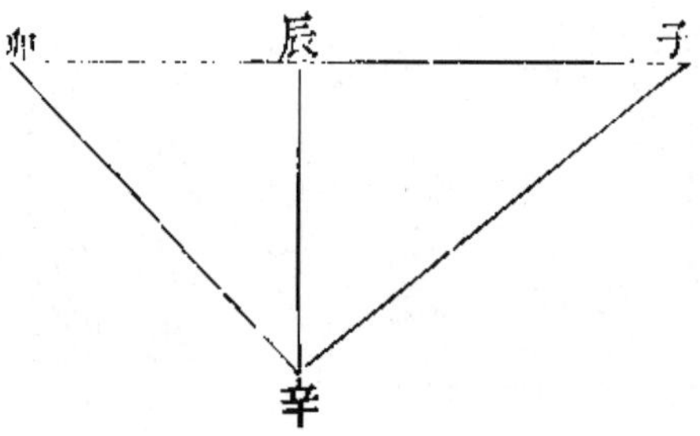

卯辛午句股形。從辛正角作垂線至丑。分為兩句股形。形則形相似而比例等。

午丑辛形。以午丑為句。丑辛為股。辛丑卯形。以丑辛為句。丑卯為股。則午丑與丑辛。若丑辛與丑卯也。連比例也。

卯辛子句股形。從辛正角作垂線至辰。分兩句股形。亦形相似而比例等。卯辰辛形。卯辰為句。辰辛為股。辛辰子形。辰辛為句。辰子為股。則卯辰與辰辛。若辰辛與辰子也。亦連比例也。而辰辛即丑卯。故合之成四率連比例。

一率　辛庚　即午丑

二率　午庚　即丑辛　亦即辰卯

三率　子巳　卽辛辰　亦卽丑卯

四率　巳辛　卽辰子

試法　元體邊倍之。卽八倍體積之邊。若三之。卽二十七倍體積之邊。四之卽六十四倍體積之邊。五之卽一百二十五倍體積之邊。

又取二倍邊倍之。得十六倍體積之邊。其八二也再倍之。得一二八倍體積之邊。其六十四二也

三加比例表 平方立方同理卽連比例

第一率	第二率	第三率	第四率
元數	一加線	再加面羃	三加體積
一	二	四	八
一	三	九	二十七

一	四	十六	六十四
一	五	二十五	一百二十五
一	六	三十六	二百一十六
一	七	四十九	三百四十三
一	八	六十四	五百一十二
一	九	八十一	七百二十九
一	十	一百	一千

按第一率爲元數。第二率爲線。卽根數也。第三率爲面。平方冪積也。第四率爲體。立方積也。開平方開立方並以積求根。故所用者皆二率也。比例規解乃云。本線上量體。任用其邊其根其面其對角線其軸皆可。其說殊不可曉。今刪去。

用法一　有立積求其根。卽開立方

假如有立方積四萬。法先求其與一千之比例。則四萬與一千若四十與一。即取十數爲分體線上一點之底定尺。而取四十點之底。得三十四强。即立方之根。說見平方。

用法二　有兩數。求其雙中率。謂有連比例之第一與第四。而求其第二第三。

法以小數爲一率。用作本線一點之底。而取大數之底爲二率。既有二率。可求三率。

假如有兩數爲三與二十四。欲求其雙中率。法約兩數之比例爲一與八。即以小數三爲本線一點之底定尺。而于八點取底。得六爲第二率。末以二率四率依法求中率。得十二爲三率。

一率三　二率六　三率十二　四率二十四

用法三　設一體。求作同類之體大于設體爲幾倍。此乘體之法。

假如設立方體八千。其邊二十。求作加八倍之體。爲六萬四千。問邊若干。法以設體根二十爲本線。一點之底定尺而取八點之底得四十。即大體邊如所求。

用法四　有同類之體。欲併爲一。法累計其積而併之。爲總積。求其根。即得。

甲十

乙十三又四之三

丙十七又四之二

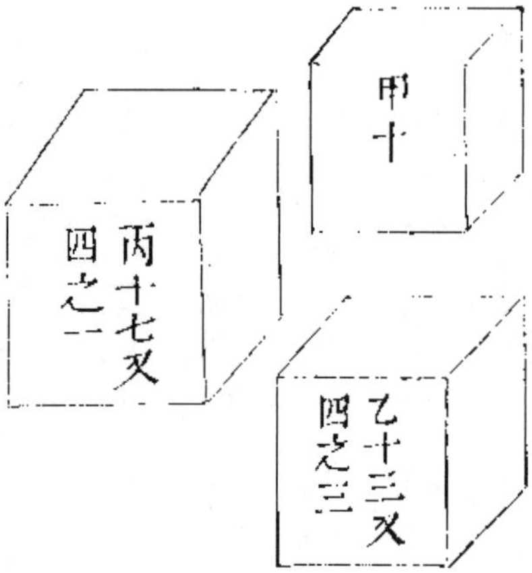

假如有三立方體。甲容一十。乙容十三又四之三。丙容十七又四之一。併得四十一。即以甲容一十爲本線一點之底定尺而取四十一點之底爲總體邊。如所求。　若設體無積數。則以小體命爲一十而求其比例。然後併之。

用法五　有兩同類之體。求其比例與其較。此分體之法

假如甲丙兩立方體。欲求其較而不知容積之數。法以甲小體邊為一。點之底定尺。而以丙邊為底進退求其等數。如所得為九。即其比例為九與一。以一減九其較八。即于八點取底為較形之邊。

用法六　有立方體。欲別作一體為其幾分之幾。

假如有立方體。欲另作一體。為其八之五。則以設體邊為本線八點之底定尺。而于五點取底為邊作立方體。即其容為設體八之五。

第五更體線舊名變體線

體之有法者曰立方。曰立圓。曰四等面。曰八等面。曰十二等面。曰二十等面。凡六種。外此皆不能爲有法之體。

六等面體

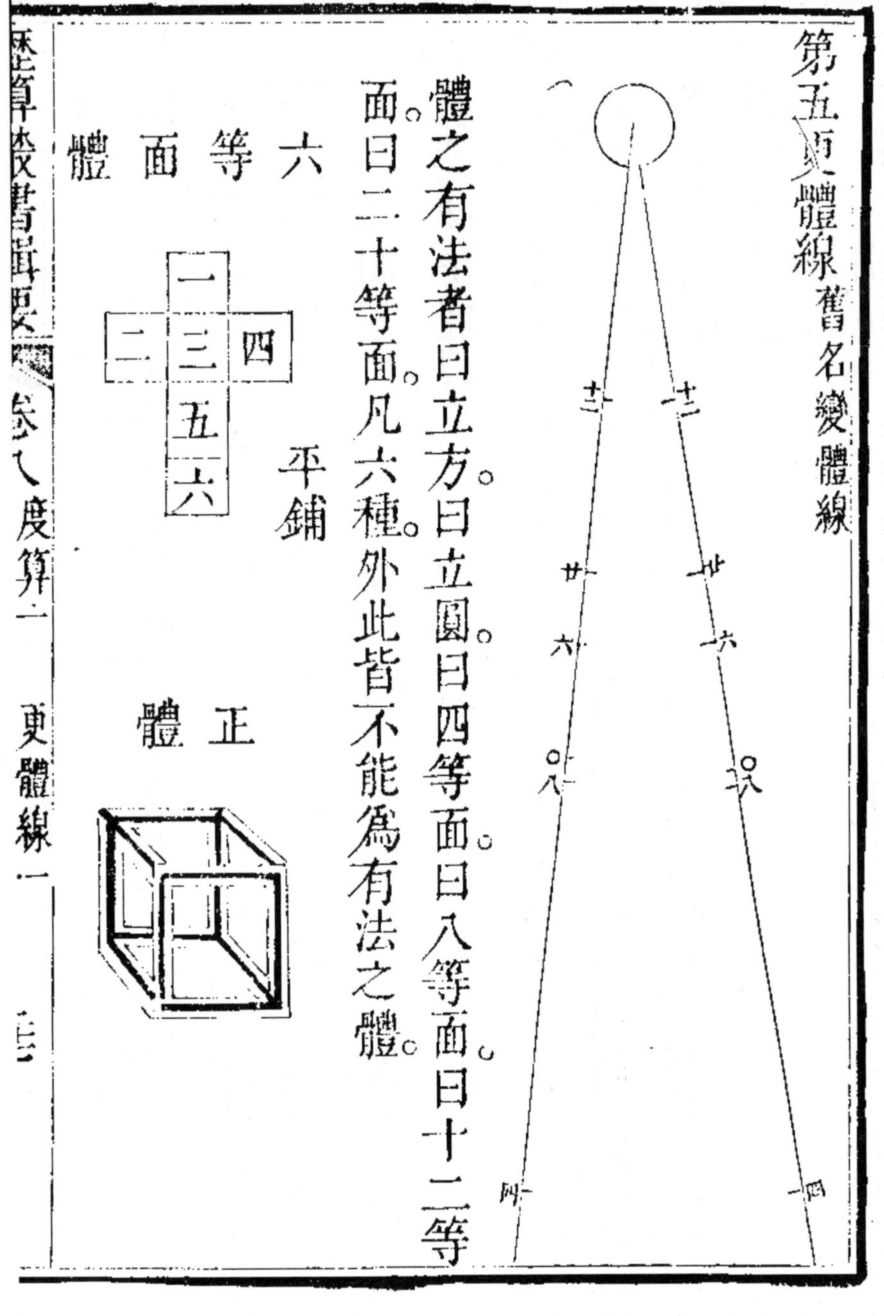

六等面體。各面皆正方。卽立方也。有十二稜。八角。測量全義曰。設邊一百。求其容。爲一〇〇〇〇〇〇。

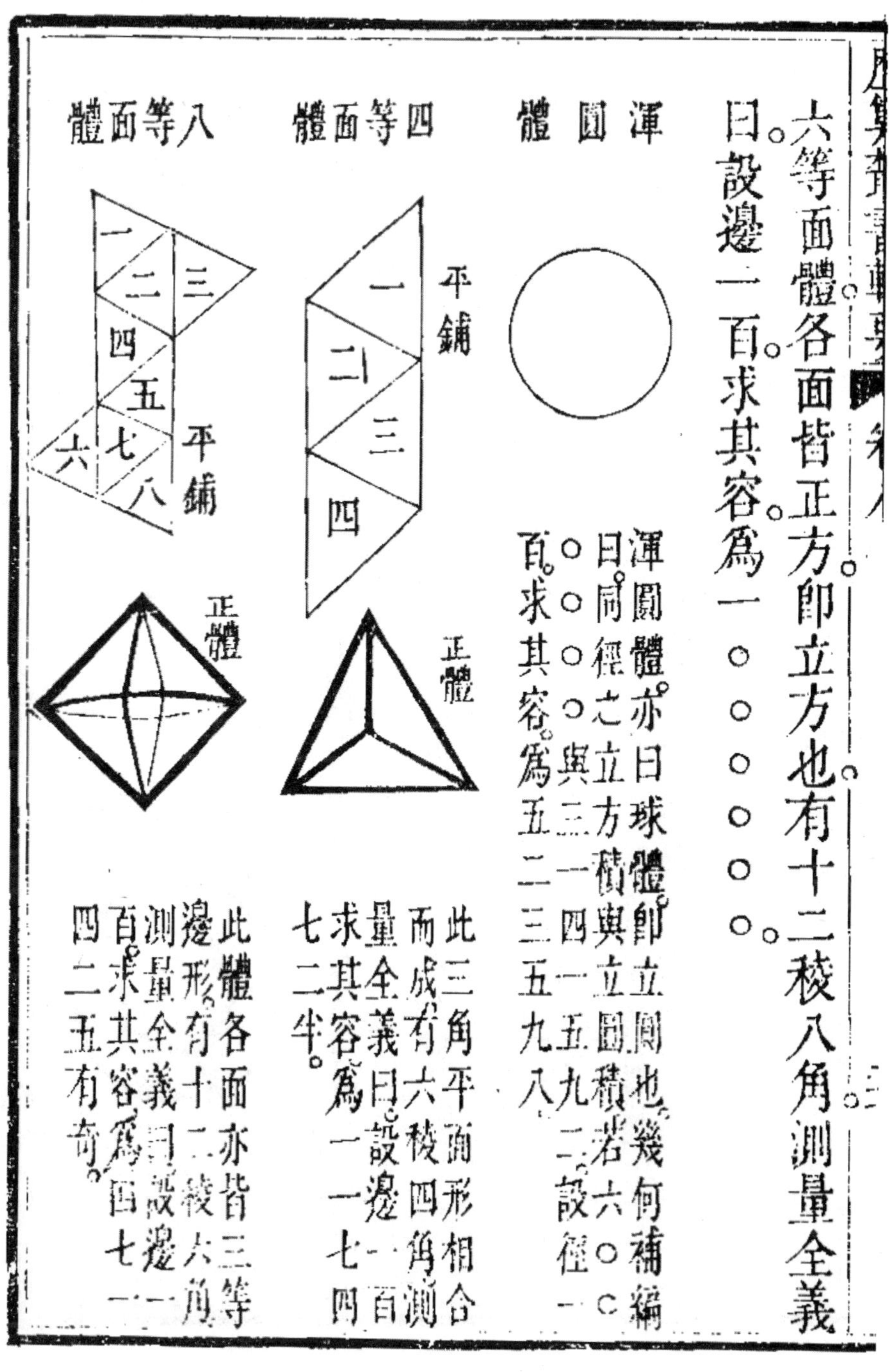

渾圓體亦曰球體。卽立圓也。幾何補編曰。同徑之立方積與立圓積。若六〇〇〇〇〇〇與三一四一五九二。設徑一百。求其容。爲五二三五九八。

此三角平面形相合而成。有六稜。四角。測量全義曰。設邊一百。求其容。爲一一七四七二半。

此體各面亦皆三等邊形。有十二稜。六角。測量全義曰。設邊一百。求其容。爲四七一四二五有奇。

十二等面體

平鋪

正體

此體各面皆五等邊有三十稜二十角測量全義曰設邊一百求其容爲七六八六三八九。

二十等面體

平鋪

正體

此體各面亦皆三等邊有三十稜十二角按幾何補編二十等面體設邊一百其積二百一十八萬一八二八測量全義作邊一百容五二三八〇九相差四倍故今不用

分法

羅公積百萬依算法開各類之根。則立方六等面體之根爲一百四等面體之根爲二。四。八等面體之根爲一二八半。十二等面體之根爲五。半强二十等面體之根爲七七。圓球之徑爲一二四。原本十二等面根五。二十等面根七六。圓徑一二六。今並依幾何補編改定。因諸體中獨四等面體之根最大。故本線用二。四平分之。從心數各類之根至本數加字。

用法一　有各類之立體。以積求根。卽開各類有法體之方。法皆以設積于立方線求其根。乃移置更體線求本號之根。卽得。

假如有十二等面體。其積八千。問邊若干。法以一千之根十爲立方一點之底。定尺。而取八點之底。得二十爲所變立方

之根。次以二十爲本線上立方號之底。而取十二等面號之底。得一十。强。卽十二等面之一邊。此。他倣

用法二　有各類之立體。以根求積　法先以所設根變爲正方根。乃于立方線求其積。

假如有二十等面體。其邊三十一弱。問積。法以根三十一弱爲本線二十等面號之底。定尺。而取立方號之底。得四十弱。爲所變立方之邊。次于立方線以一十爲一點之底。而以四十進退求等數。得十六點。命其積一萬六千。如所求。邊一十。其積一千。則邊四十。積一萬六千。

用法三　有不同類之體。欲相併爲一。此以體相加之法。並變爲正方體積。卽可相併。

假如有三立體。甲渾圓體徑一百二十四。乙二十等面體邊

七十七。丙十二等面體邊五十。半。欲相併。用前條法各以積變爲立方積。則三體之積皆一百萬。併之得三百萬。如所求。

用法四　有不同類之兩體。求其比例與其較。此以體相減之法。法各變爲立方體。即可相較以得其比例。並同更面線法。

終

歷算叢書輯要卷九

度算釋例二

第六分圓線即各弧之通弦也舊名分弦線亦曰分圓。

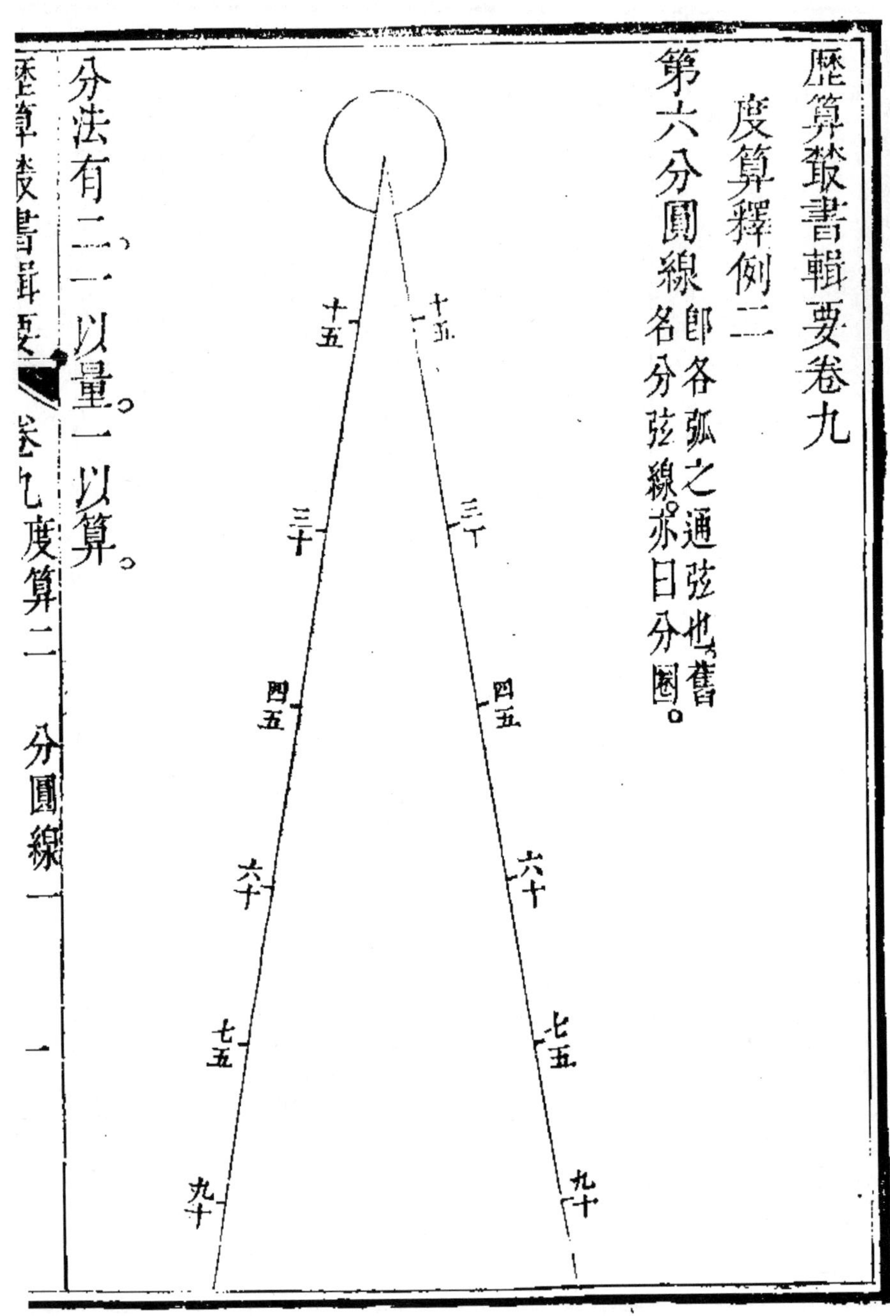

分法有二。一以量。一以算。

以量分　法作半方形如甲乙丙。令甲丙斜弦與本線等長。以乙方角爲心。甲爲界。作象限弧如甲丁丙。乃匀分之爲九十度。各識之。次從甲點作直線至各度。移入斜弦上。識其號。若尺小可作六十度。即本線之長爲六十度號。若尺大可作一百八十度。即本線之半爲六十度號。

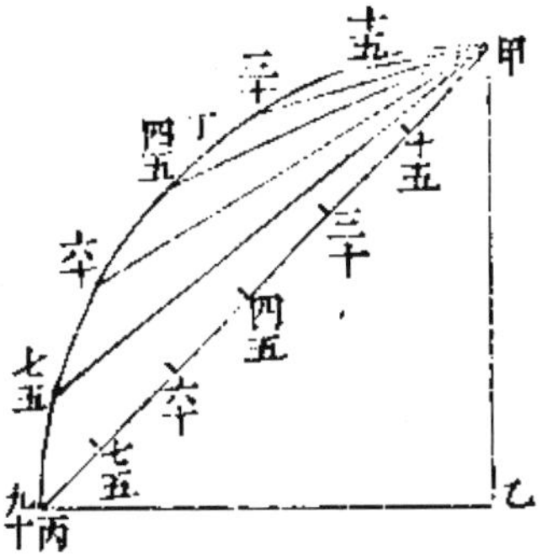

以算分　法查八線表正弦數倍之。爲倍度之通弦。　假如求六十度通弦。即以三十度之弦五〇〇〇〇倍之。得一〇〇〇〇〇。即六十度之通弦。他皆若是。

試法。十八爲半周十之一。即全圜二十之一也。三十六爲半周五之一。即全圈十之一。四十五爲半周四之一。卽全圈八之一。七十二爲半周五之二。卽全圈五之一。九十爲半周之半。卽全圈四之一。謂一象限百二十度爲半周三之二。卽全圈三之一。

用法一 有圜徑求若干度之弧。以半徑當六十度取之。

假如有甲乙丙全圈。有甲丙徑。求五十度之弧。

卽以甲丙徑半之于丁。以甲丁半徑爲本線六十度之底定尺。而取五十度之底。如甲乙直線。

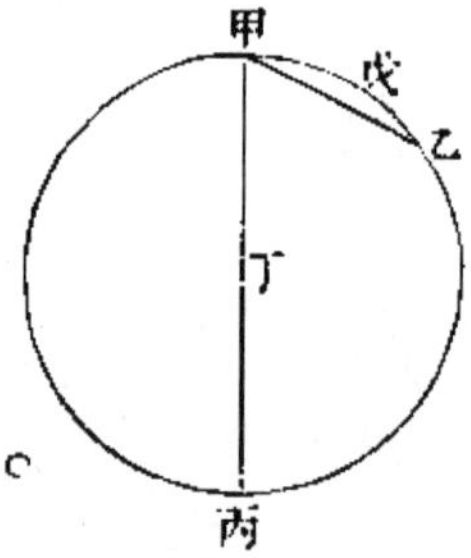

以切圜分。卽得甲戊乙弧爲五十度。如所求。

用法二 若以弧問徑。則反之。

如先有弧分如甲戊乙爲五十度。而問全徑。法從弧兩端聯之作直線。如甲乙用爲本線五十度之底定尺。而取六十度之底爲半徑丁甲倍之得全徑甲丙。

用法三　直線三角形。求量角度。

法以角爲心。任用規截角旁兩線作通弦。如法得角度。

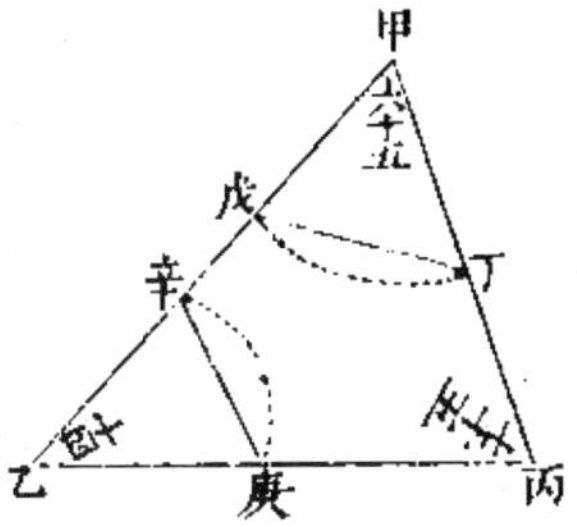

假如甲丙乙三角形。不知角。法任用甲丁度。以甲爲心。作虛圜截甲丙線于丁。截甲乙線于戊。次作丁戊直線。次卽用甲丁原度。以乙爲心。如法截甲乙于辛。截丙乙于庚。作辛庚直線。末以甲丁爲六十度之底定尺。乃用丁戊爲底進退求其等度之號。得甲角之度。用辛庚爲底。亦得乙角之度。合兩角減半周。得丙角度。

如甲角六十五。乙角四十。則丙角必七十五。

用法四　平面等邊形求其徑。

假如有五等邊平面形。欲求徑作圖。即對角輳心直線。法以設邊爲分圓線七十二度之底。而取其六十度之底爲半徑。以作平圓。末以原設邊爲度。分其周爲五平分。即成五等面如所求。他等邊形並同。

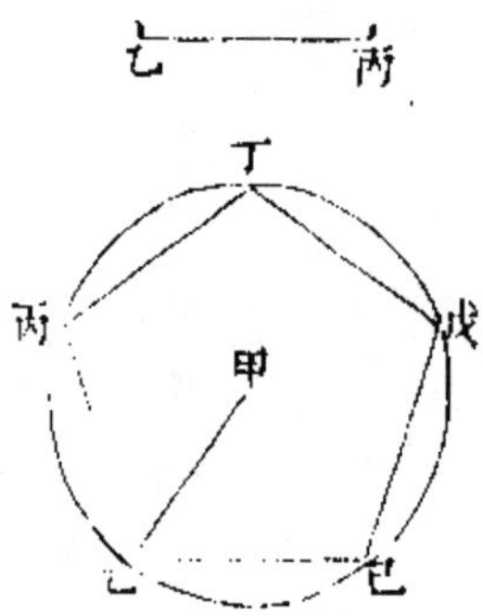

五等邊形。有一邊如丙乙。如法求得乙甲半徑。以甲爲心。乙爲界。作平圓。而以丙乙邊度分其圓。得丁戊。已等點。作線聯之。即成五等邊形。而所作圓即外切之圓。

第七正弦線舊名節氣線。然正弦為用甚多。不止節氣一事。不如直言正弦以免掛漏。

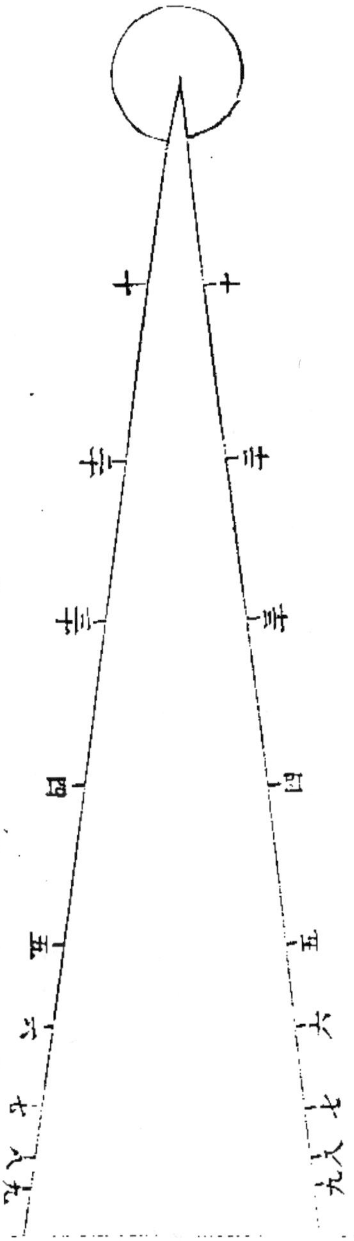

正弦線不平分。亦近樞心大。而漸遠漸小。與分圜同。

分法　全尺為一百平分。尺大可作一千。于正弦表取數。從樞心至各度分之。每十度加號。

簡法　第一平分線可當此線。其線兩旁一書平分號。一書正弦號。

又法　分圓線可當此線。以分圓線兩度當正弦一度。紀其號。假如分圓六十度。齡即紀正弦三十。但分圓之號直書。則正弦橫書以別之。

解曰。凡正弦皆倍度分圓之半。故其比例等。然則分圓之一度即正弦之半度。而半度亦可取用。爲尤便也。

如圖。甲乙爲通弦。甲丙乙丙皆正弦。

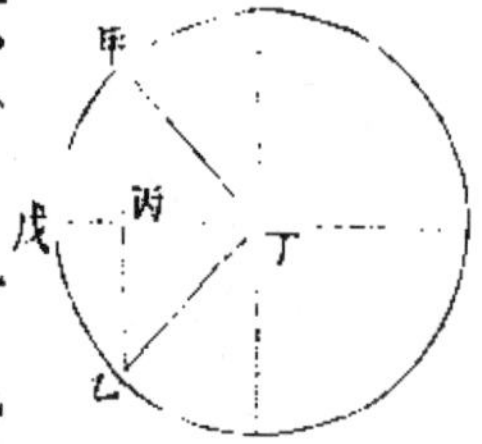

用法一　有設弧求其正弦。法以九十度當半徑。

假如有七十五度之弧。求正弦。即以本圈半徑爲九十度之底定尺。而取七十五之底爲正弦。如所求。

用法二　有弧度之正弦數。求徑數。則以前條反用之。

假如有七十五度之正弦數。卽用爲本線七十五度之底定尺。而取其九十度之底。得半徑數。

用法三　句股形有角度有弦。求句求股。法以弦當半徑正弦當句與股。

股一丈七尺三三
三十度
弦二丈
六十度
句一丈

假如句股形之弦二丈。有對句之角三十度。卽取平分線之二十當弦數爲正弦線九十度之底。而取三十度之底。得一十。卽其句一丈。

又于其角之餘弦卽六十度正弦。取底。得一十七又三之二弱。卽其股爲一丈七尺三寸二分。

若以句求弦則反之。如句一丈。其勾與弦所作之角爲六十度。其餘角三十度。卽取一十數爲三十度之底。定尺而取九十度之底。得二十。命其弦二丈。

用法四　三角形以邊求角。　假如三角形。有乙甲邊。甲丙邊。及丙角度。而求乙角。法以乙甲邊數爲丙角正弦之底定尺。而以甲丙邊數爲底。進退求其等度。取正弦線上號爲乙角度。如所求。

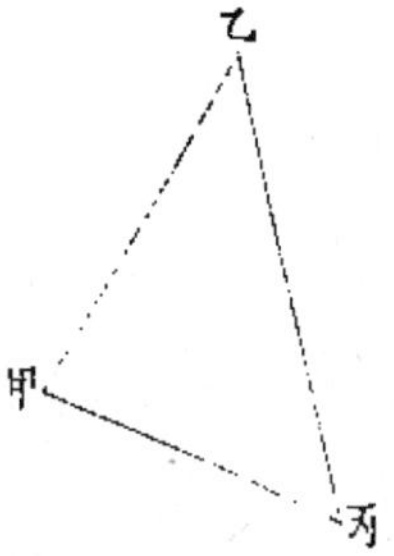

用法五　三角形以角求邊。

假如三角形。有戊角度。已角度。及庚已邊。而求庚戊邊。法以庚已邊爲戊角正弦之底定尺。而取已角正弦之底。得數卽爲庚戊邊。如所求。　餘詳三角法舉要。

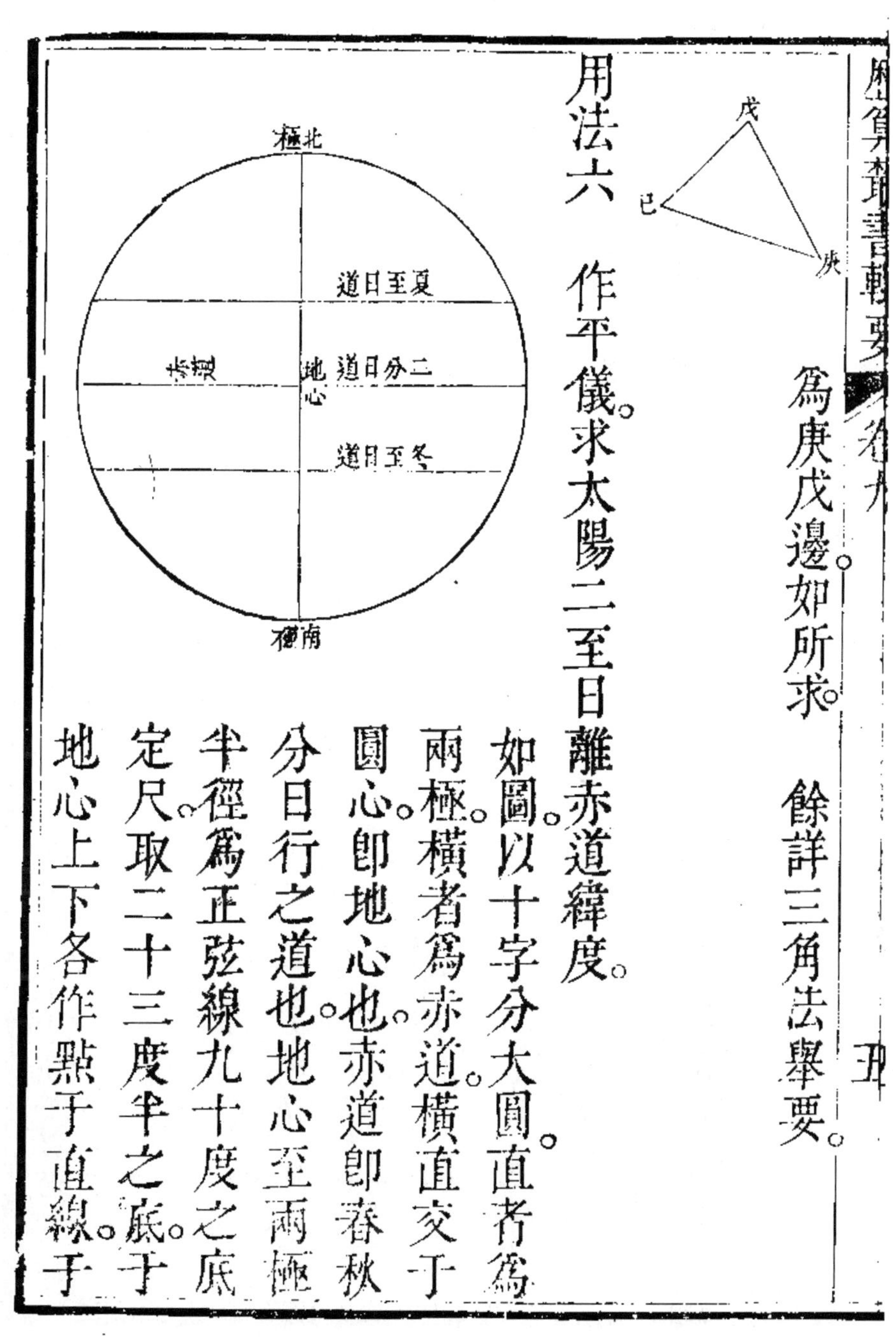

用法六　作平儀。求太陽二至日離赤道緯度。

如圖。以十字分大圓。直者爲兩極。橫者爲赤道。橫直交于圓心。卽地心也。赤道卽春秋分日行之道也。地心至兩極半徑爲正弦線九十度之底定尺。取二十三度半之底。于地心上下各作點于直線。于此點作横線與赤道平行。即爲二至日道。近北極者夏至。近南極者冬至也。

又求作各節氣日道。法先求黄道線。

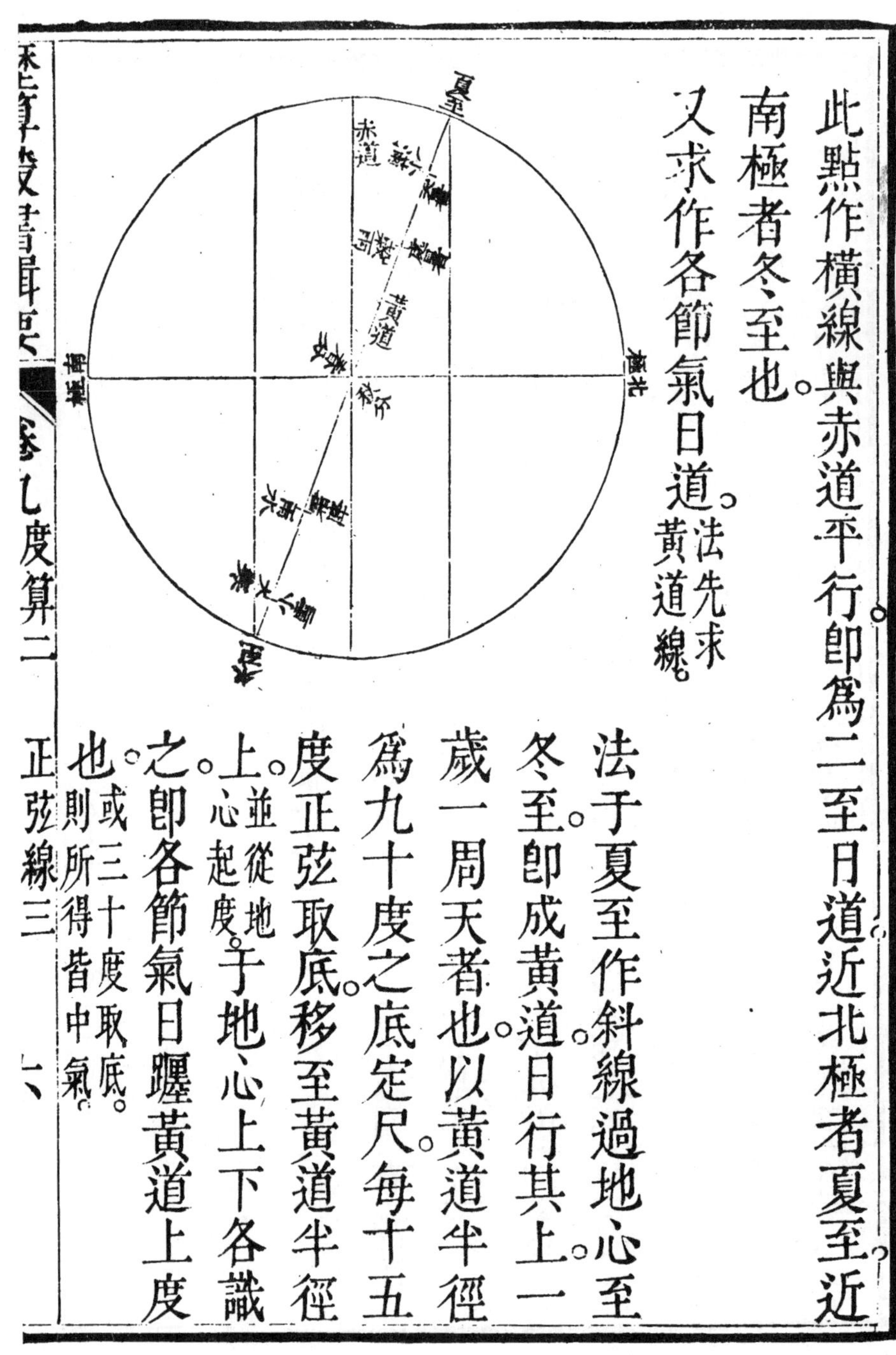

法于夏至作斜線過地心至冬至。即成黄道。日行其上一歲一周天者也。以黄道半徑爲九十度之底。定尺每十五度正弦取底。移至黄道半徑上。並從地心起度。于地心上下各識之。即各節氣日躔黄道上度也。或三十度取底。則所得皆中氣。

乃自黄道上各點作直線並與赤道平行。即各節氣日行之道。此與分至日道皆東升西沒一日一周者也。其各線兩端抵大圓處。即各節氣赤道緯度也。春分以後在赤道北。秋分以後在赤道南。

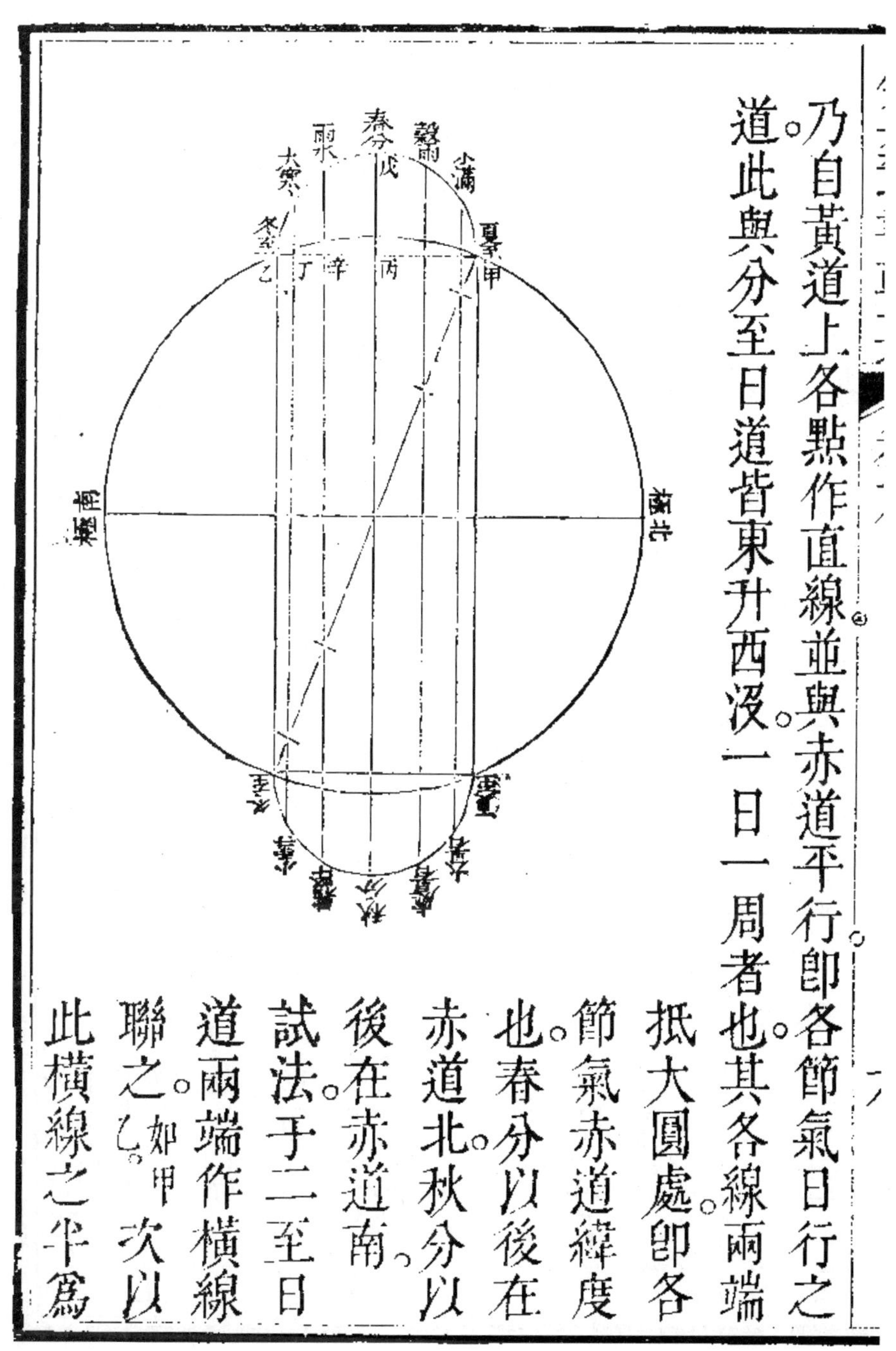

試法。于二至日道兩端作横線聯之。如甲乙。次以此横線之半為

度。如乙丙過赤道處。如丙為心。作半圈于大圓之上。如乙戊甲半圈。亦如法作半圈于下。兩半圈各匀分十二分。作識。若但求節氣。可分六分。上下相向作直線聯之。即必于先所作日行道合為一線。又以甲丙為正弦九十度之底。定尺。而于其各正弦取底。亦即與原定日道緯度線合。如丙午三十度之正弦也。與赤道旁第一緯線合。丙丁六十度之正弦也。與第二緯線合。左右上下考之並同。

用法七　定時刻仍用平儀

法以平儀上赤道半徑為正弦線九十度之底。定尺。而于各時刻距卯酉之度。取其正弦于赤道作識。過兩極軸線處。即卯正酉正也。距此而上三十度。午前為辰正。午後為申正。距此而下三十度。子前為戌正。子後為寅正。距此而上六十度。午前為巳正。午後為未正。距此而下六十度。子前為亥正。子後為丑正。至圓周處。上為午正。下為子正。即春秋分之時刻

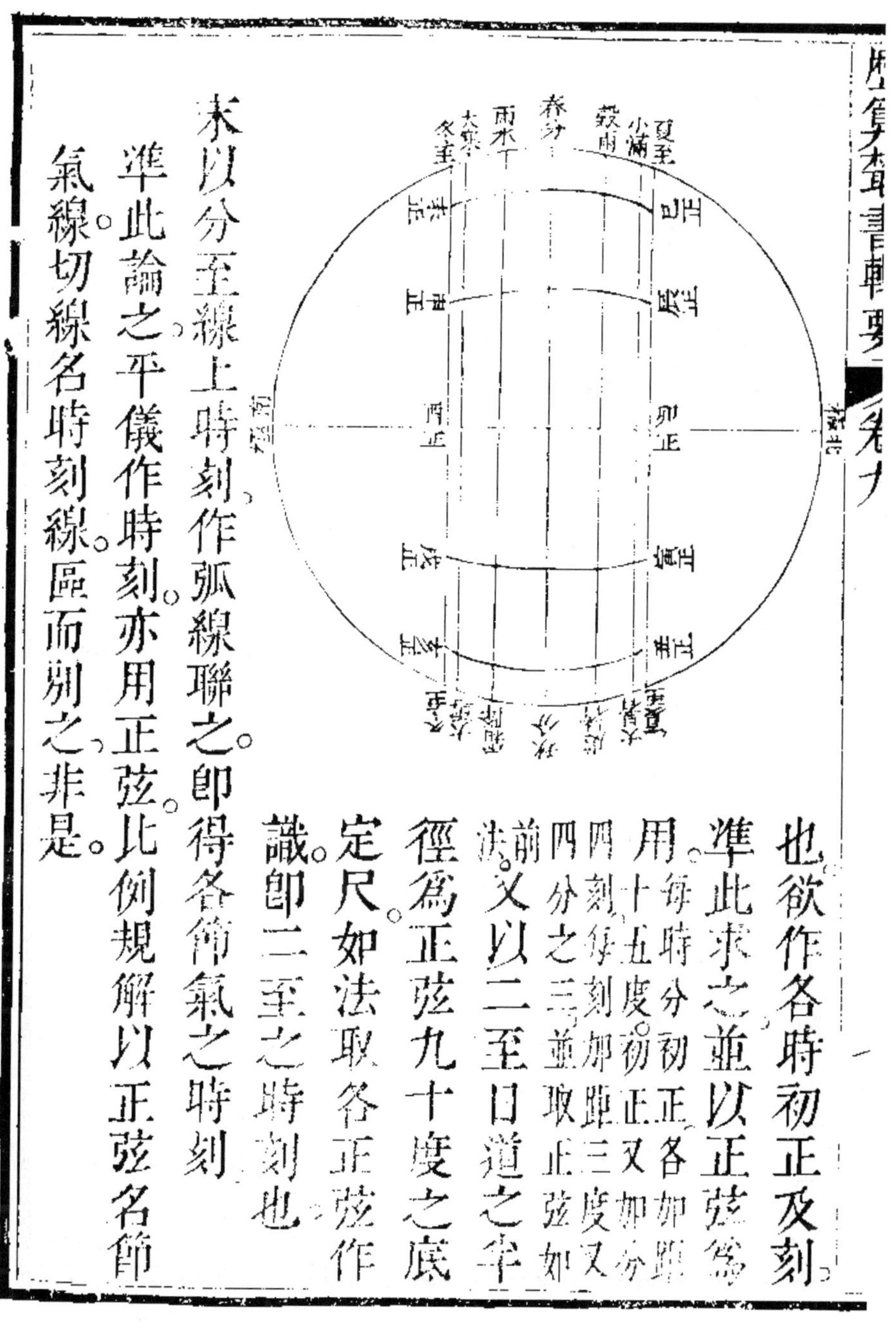

也。欲作各時初正及刻。準此求之。並以正弦爲用。每時分初正。各加距十五度。初正又加分四刻。每刻加距三度又四分之三。並取正弦如前法。又以二至日道之半徑爲正弦九十度之底。定尺如法取各正弦作識。即二至之時刻也。

末以分至線上時刻。作弧線聯之。即得各節氣之時刻。準此論之。平儀作時刻。亦用正弦。比例規解以正弦名節氣線。切線名時刻線。區而別之。非是。

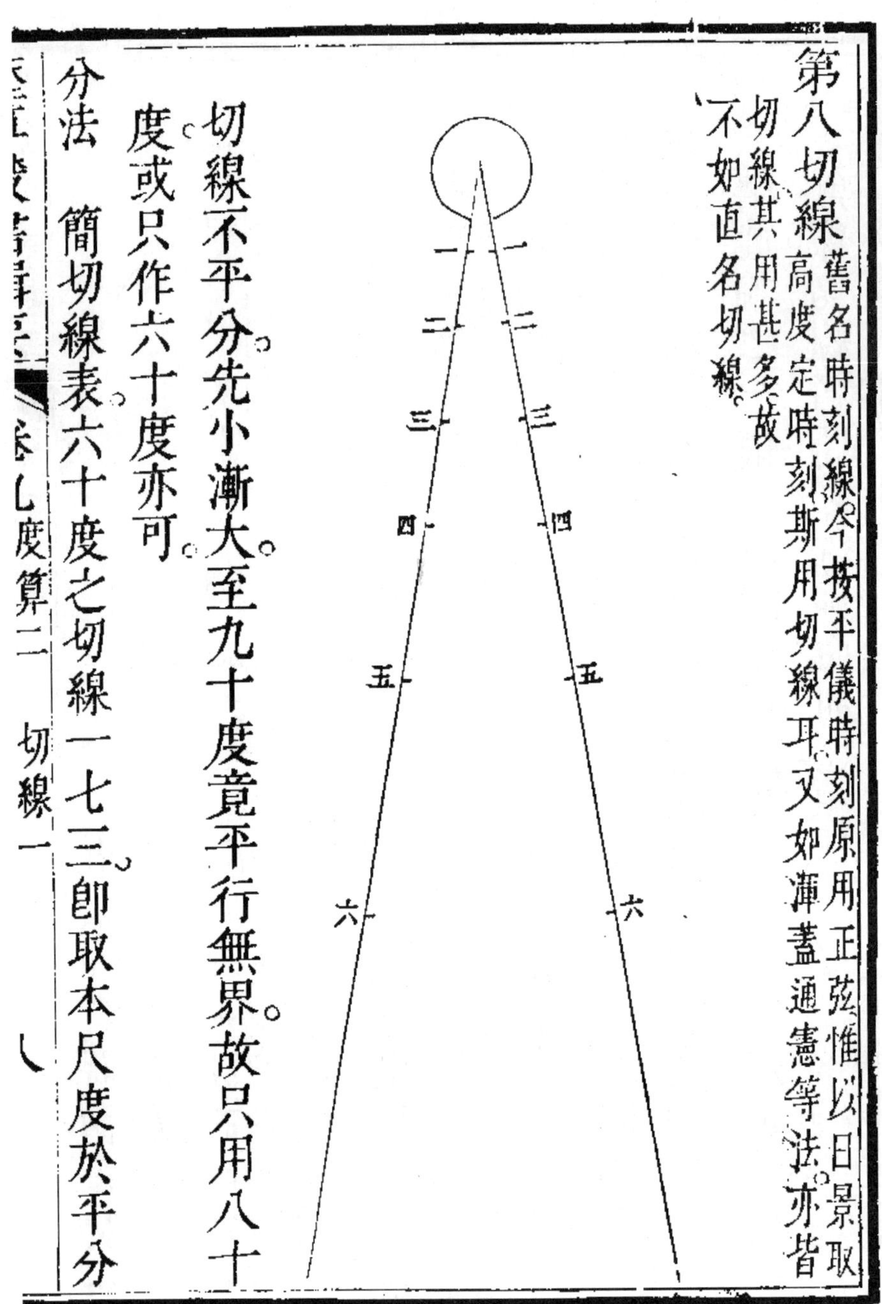

第八切線舊名時刻線。今按平儀時刻原用正弦，惟以日景取高度定時刻，斯用切線耳。又如渾蓋通憲等法，亦皆切線，其用甚多，故不如直名切線。

切線不平分。先小漸大，至九十度竟平行無界。故只用八十度。或只作六十度亦可。

分法　簡切線表六十度之切線一七三。即取本尺度於平分線上一七三定尺爲底。次簡切線表各十度之數取底加識。

用法一　三角形求角。

假如乙甲丁三角形。求乙角。任截角旁線于丙。得乙丙十寸。自丙作垂線戊丙。量得七寸。次用十數爲切線四十五度之底定尺。而以戊丙七數爲底。進退求等度。得三十五度爲乙角。

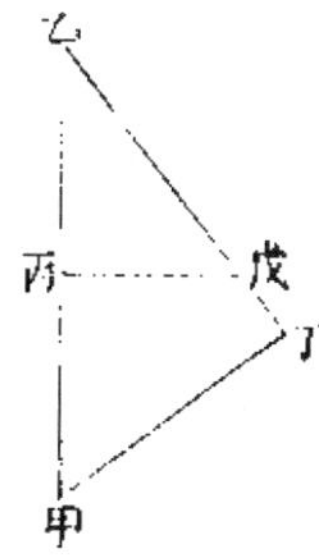

用法二　求太陽地平上高度。用直表。

法曰。凡地平上植立之物。皆可當表。以表高數爲切線四十五度之底定尺。而取表影數爲底。進退求等度。得日高度之餘切線。

假如表高一丈。影長一丈五尺。法以一丈作十數當表高爲切線四十五度之底定尺。次以一丈五尺作十五數當影長爲底進退求等度。得五十六度十九分。爲日高之餘度以減九十度。得日高三十三度四十一分。

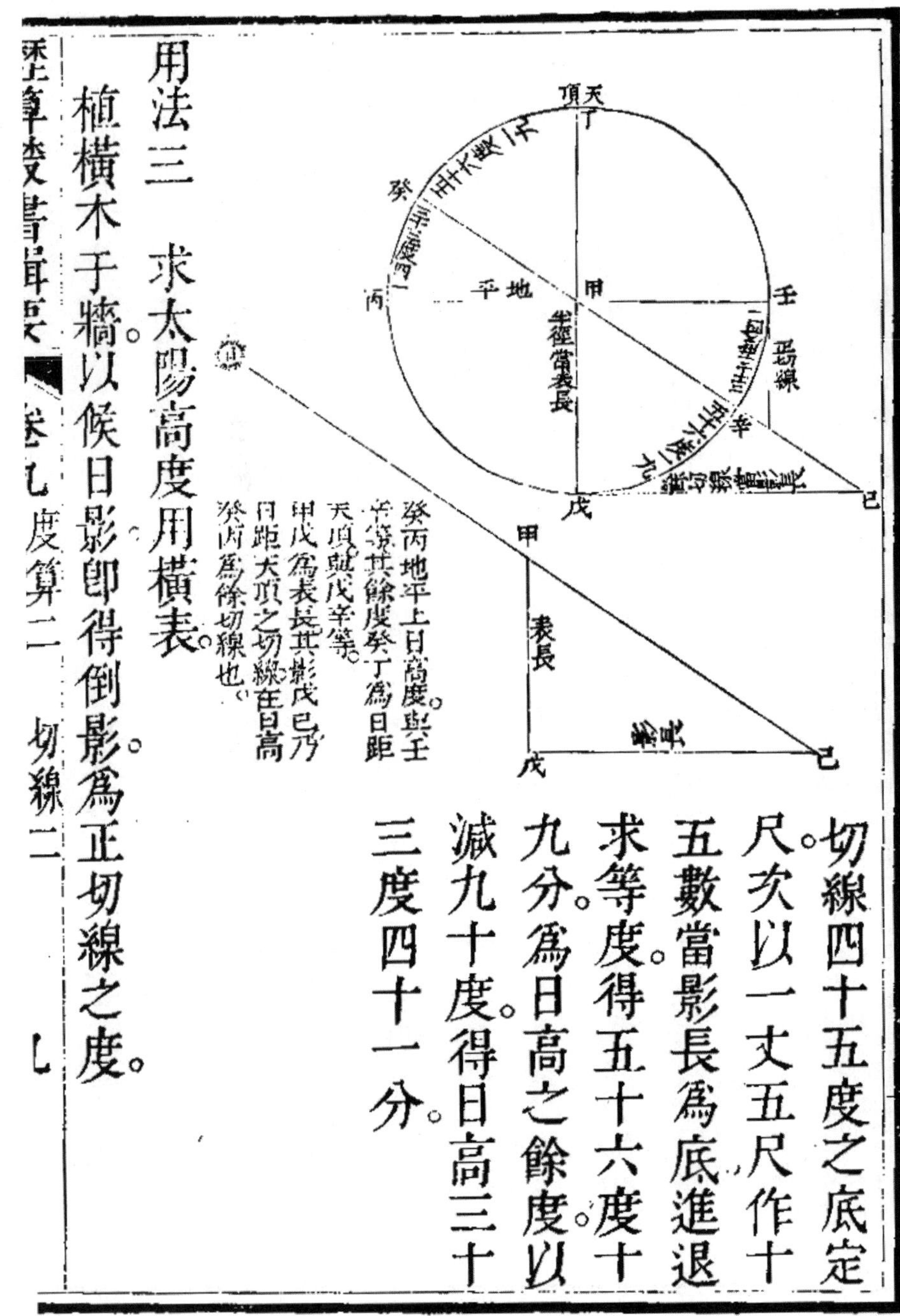

癸丙地平上日高度。與壬辛等其餘度癸丁爲日距天頂與戊辛等。甲戊爲表長其影戊巳乃日距天頂之切線在日高癸丙爲餘切線也。

用法三　求太陽高度用横表。

植横木于牆。以候日影即得倒影爲正切線之度。

假如橫表長六尺。倒影在牆壁者長一尺五寸。法用橫表爲四十五度之底。定尺。次以十五數當影長。進退求等度。得五十六度十九分。卽命爲日高之度。

凡亭臺之內。日影可到者。量其簷際之深。可當橫表。

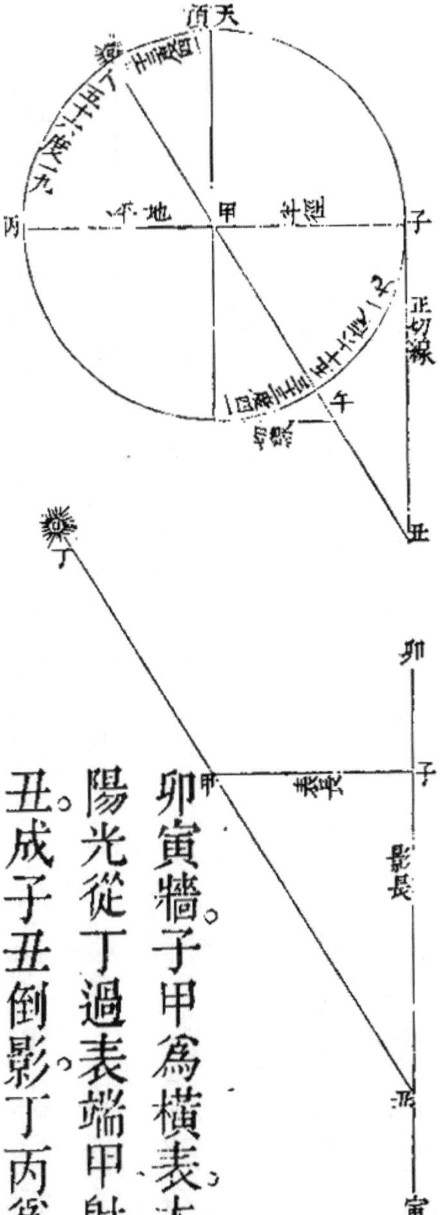

卯寅牆。子甲爲橫表。太陽光從丁過表端甲射丑。戌子丑倒影。丁丙爲日在地平上高度。與午子度等。故以子丑倒影爲日高度之

正切線也。

按直表之影。低度則影長。高度則漸短。日度益高。則影極短。故以餘切當直影。前圖是也。橫表之影。低度則影短。高度則漸長。日度益高則影極長。故以正切線當倒影。後圖是也。比例規解乃俱倒說。今正之。

用法四　求北極出地度分。

假如江寧府立夏後九日午正。立表一丈。測得影長爲二尺四寸。法以一百數當表高爲切線。四十五度之底定尺。而以二十四數爲底進退求等數。得一十三度半。如法以減九十度。得七十六度半。爲日出地平上

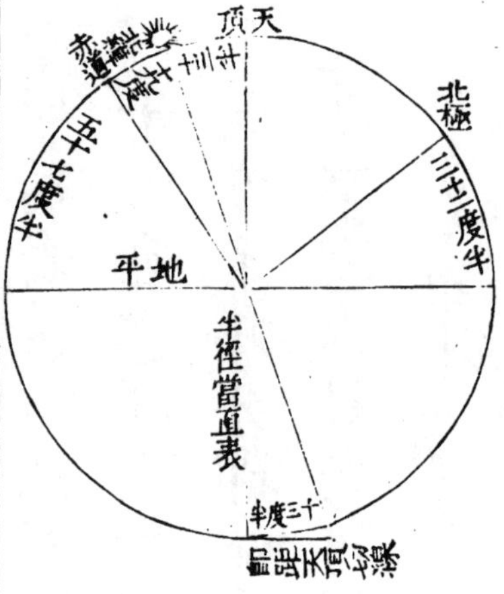

高度簡黄赤距度表。是日太陽北緯一十九度。以減日高度。得赤道高五十七度半。轉減九十度。得北極高三十二度半。捷法以直表所得一十三度半。加太陽北緯十九度。即得三十二度半。爲北極高度。　解曰。直表所得。太陽距天頂度也。加北緯。即赤道距天頂度。亦即北極出地度。

又如順天府立春後四日。如法用横表三尺。得倒影二尺一寸。依切線法求得日高三十五度。簡表得本日太陽南緯一十五度。以加日高度。得赤道高五十度。以減九十度。得北極高四十度。

第九割線舊名表心線。今按割線之用甚多。非只作日晷一事。故直名割線爲是。

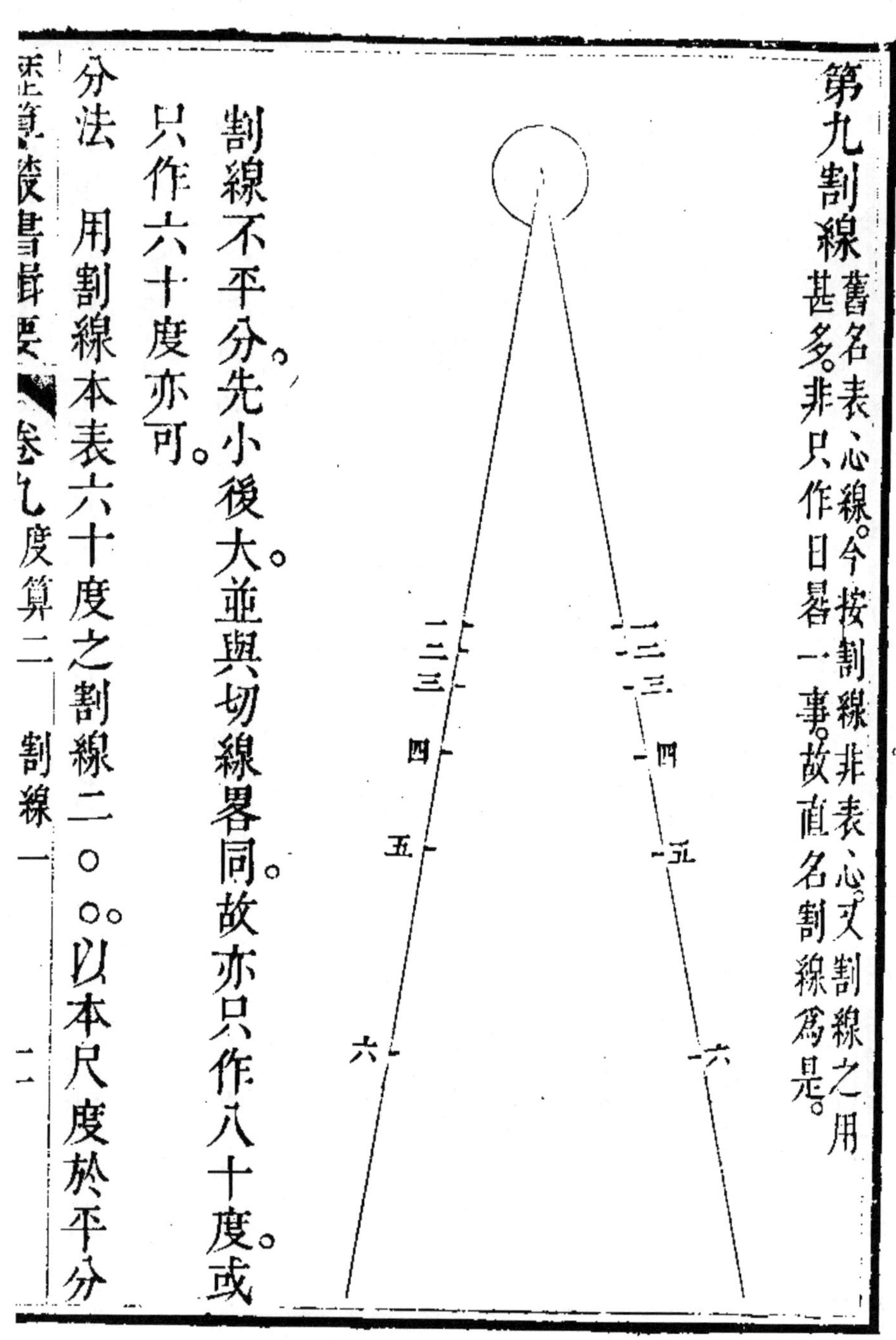

割線不平分。先小後大。並與切線畧同。故亦只作八十度。或只作六十度亦可。

分法　用割線本表六十度之割線二○。○○以本尺度於平分線上二〇〇定尺爲底次取每十度之底加識與切線同。

用法一　三角形以割線求角。

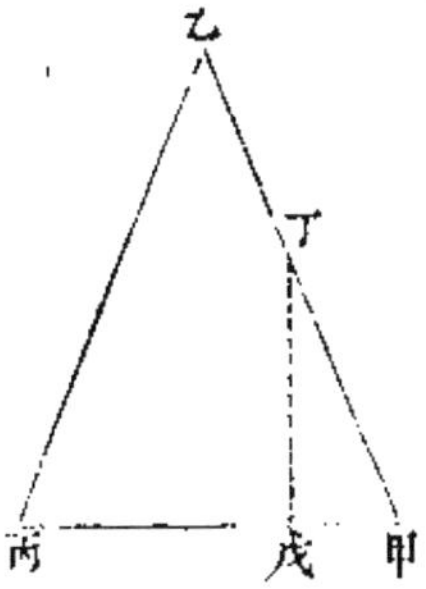

假如有甲乙丙三角形。求甲角。法任于甲角旁之一邊。截戊甲十寸。作垂線如戊丁截又一邊于丁。得丁甲十九寸。次以十數爲割線初點之底。定尺。而以十九數爲底。進退求等數。得五十八度一十七分。爲甲角之度。

用法二　作平面日晷。兼用割切二線。

法曰。先作子午直線。卯酉橫線。十字相交于甲。以甲爲午正時。從甲左右儘橫線盡處爲度。于切線八十二度半爲底定尺。次于本線七度半取底。向卯酉橫線上識之。自甲點起爲

日晷圖

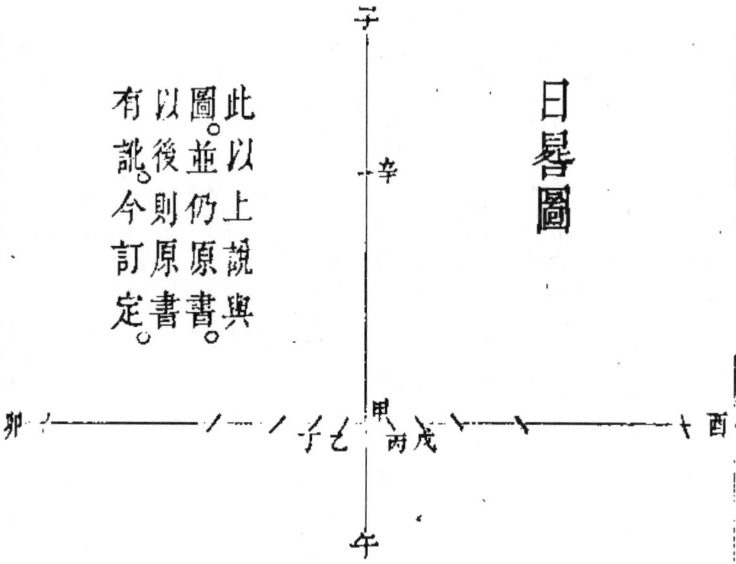

此以上說與圖。並仍原書。以後則原書有訛。今訂定。

第一時。如甲丙申乙次每加七度半取底。如前作識。爲各時分。如七度半加之成十五度。即第二時。又遞加。如二十二度半。三十度。三十七度半。四十五度。五十二度半。六十度。六十七度半。七十五度至八十二度半。合線末元定之點。若遞加三度四十五分而取底作識。即每時四刻全矣。按每七度半加點。乃二刻也。今每三度四十五分。則一刻加點。

訂定法曰。橫線上定時刻訖。次取甲交點左右各十二刻之度。即元定四十五度之切線。亦即半徑全數。爲割線上北極高度之底定尺。而取割線初點之底爲表長。如壬庚。次以表長當半徑爲切線四十五之底定尺。而檢北極高度之正切取底。自甲點向南截之。如甲壬以壬爲表位。　又于北極高度之餘切線取底。自表位壬向南截之。如壬辛。以辛爲晷心。　末自晷心辛向橫線上原定時刻作斜直線。引長之。得時刻。

訂定日晷全圖

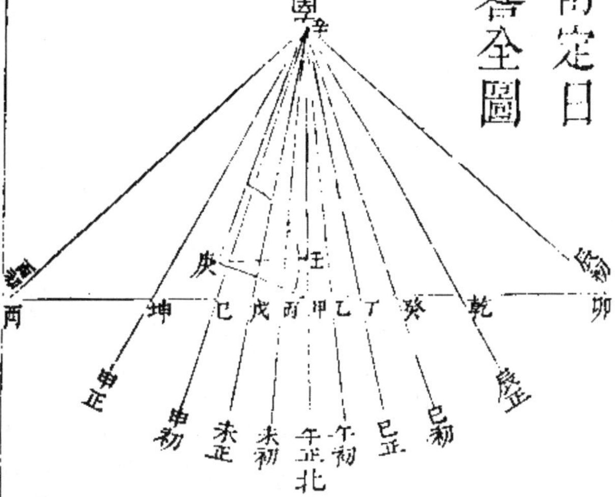

時刻在子午線西者。乙爲午初。丁爲巳正。癸爲巳初。又加之。卽辰正。又加之。卽辰初。在子午線東者。丙爲未初。戊爲未正。己爲申初。又加之。卽申正。

又加之卽酉初。並遞加四刻。

謹按卯酉線。卽赤道線也。二分之日。日躔赤道。日影終日行其上。庚甲割線正對赤道。正午時日影從庚射甲。成庚甲影弦。若巳未午初。則庚點之影不射甲而射乙。而庚甲影弦如半徑。乙甲如切線矣。以庚甲爲切線上半徑。而遞取各七度半之切線。以定左右各時刻之點。並用影從庚所射也。然此時庚甲之度無所取。故卽用赤道線四十五度之切線代之。用切線。實用庚甲也。庚甲既爲切線之半徑則必與四十五度之切線同長。以四十五度當半徑。而取切線以定時刻。此天下所同也。然赤道高度。隨各方北極之高而變。庚甲割線何以能常指赤道則必于表之長短及表位之遠近別之。故以庚甲當北極高度之割線。而取其初點爲表長。初點者半徑也。本宜以半徑求割線。今先有割線。故轉以割線求半徑也。既以庚壬表長爲半徑。庚甲爲割線。則自有壬甲切線。而表位亦定矣。表位既定。則庚甲影弦能指赤道矣。何以言之。表端壬庚甲角既爲極高度。則甲角必赤道高度。而庚甲能指赤道也。故北極度高。則庚角大。甲角小。而庚壬表短。壬甲之距遠。北極度低。則赤道高。甲角大。而庚壬表長。壬甲之距近。比例規解乃以表位定于甲點。失其理矣。遂復誤以割線爲表長。餘割線爲晷心。而強以割線名爲表心線。名實盡乖。貽誤來學。此皆習其業者原未深諳。強爲作解。而即有毫釐千里之差。立法

者之精意亡矣故特爲闡明之

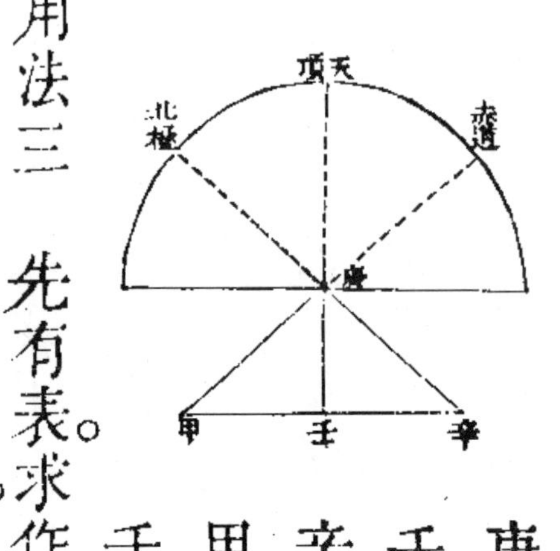

庚壬表上指天頂下指地心爲半徑

壬表位壬甲爲正切線

辛晷心辛壬爲餘切線

甲角即赤道高度

壬庚甲角即北極高度與辛角等

用法三　先有表求作日晷　借用前圖可解

法先作子午直線任于線中定一點爲表位如壬乃以表長數壬庚爲切線四十五度之底定尺而取本方北極出地度之底得壬甲正切度于表位北作點如甲次于甲點作卯酉横線與子午線十字相交即赤道線春秋分日影所到也又取

極高餘度之底。得壬辛餘切線。于表位南作點。如辛。即晷心也。若自表端庚作直線至晷心辛。即為兩極軸線。辛指南極。庚指北極也。次以表長壬庚與壬甲正切相連。作正方角。則庚壬如句。壬甲如股。而取其弦線庚甲。即極出地正割線也。次以庚甲為切線四十五度之底。定尺。而各取七度半之底。累加之。于甲點左右作識。于卯酉橫線上。末自晷心辛作線向所識點。即得午前後時刻並如前法。

用法四　有立面。向正南作日晷。並同平面法。但以北極高度之餘切線定表位。以正切線定晷心。則自晷心作線至表端。能上指北極。為兩極軸線。又立晷書時刻並逆旋。與平面反。然以立晷正立于北。與平晷相連成垂線。則其時刻一一相

術

用法五　用橫表作向東向西日晷。

假如立面向正東。法于近南作直線。上指天頂。下指地心。近上作橫線。與地平相應。兩線相交于甲。以甲爲心。與兩線間作象限弧。自下起數至本方北極出地度止。自此向甲心作斜直線以分弧度。此線卽爲赤道。次以甲爲表位。用橫表乙甲之長數爲切線四十五度之底。定尺遞取十五度切線。從心向赤道線累加之。作識定時。卽春秋

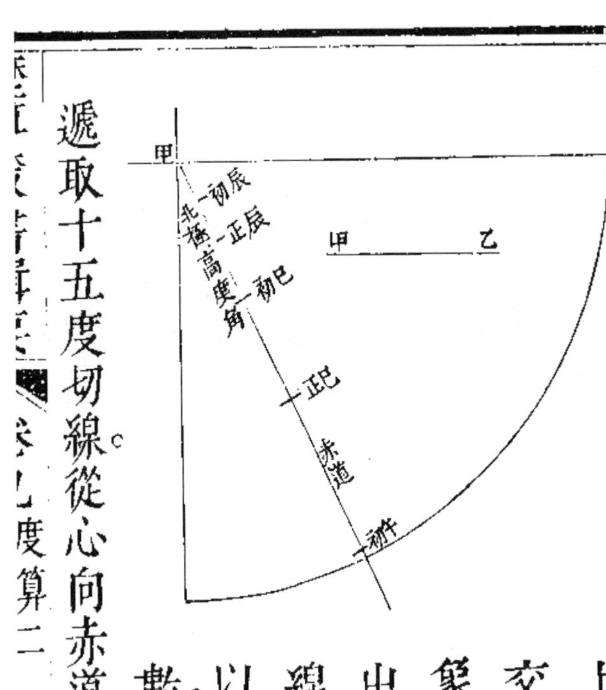

分日影所到也。若分二刻。則遞取七度半。細分每刻。則遞取三度四十五分。次于甲心作橫斜線如丁戊。爲赤道之垂線。其餘時刻點各作線與丁戊平行。亦並與赤道十字相交。次于元定尺上。卽以表長爲四十五度所定。取二十三度半之切線爲度。于甲左右截之爲界。如丁甲。如戊甲。卽二至卯正時日影所到也。二分日卯正。則乙甲表正對日光無影。分前後則有緯度。而影亦漸生。日日不同。然不離丁戊線。至二至而極。冬至影在北如丁。夏至影在南如戊。以此爲界。向西酉正時亦然。仍用元尺取十每五度之黃赤距緯。切線作于丁戊線內。從甲點左右作識。得各節氣卯正日影。或取三十度切線。則所得每月中氣。酉正亦然。

次以乙甲表長爲割線初點之底定尺。而取十五度之割線爲二分日在辰初刻之影弦。如乙辛。卽天元赤道上日離午線十五度。其光過乙至辛所成也。就以乙辛割線爲切線四

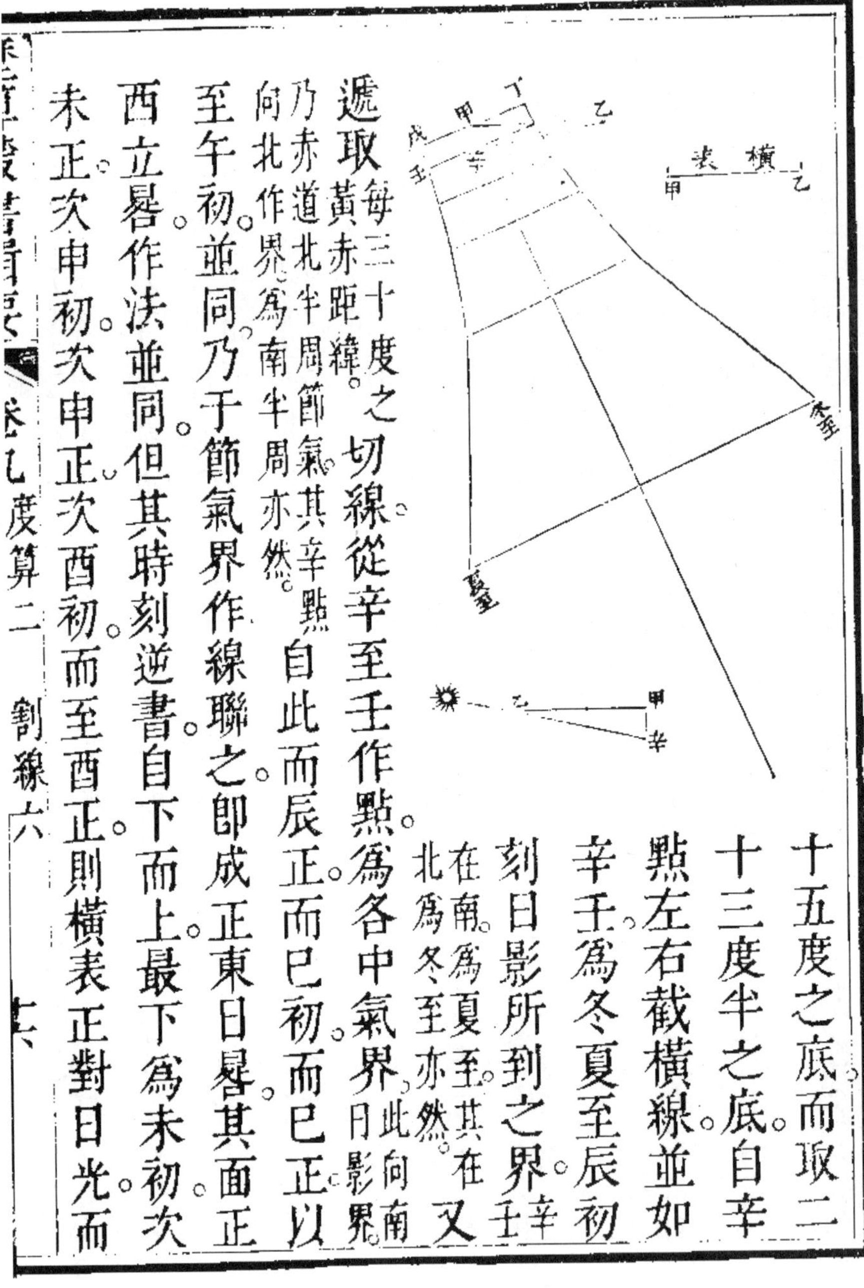

十五度之底。而取二十三度半之底。自辛點左右截橫線。並如辛壬為冬夏至辰初刻日影所到之界。辛壬在南。為夏至。其在北為冬至亦然。又遞取每三十度之切線。從辛至壬作點。為各中氣界。此向南日影界。乃赤道北半周節氣。其辛點向北作界。為南半周亦然。自此而辰正。而巳初。而巳正。以至午初。並同。乃于節氣界作線聯之。即成正東日晷。其面正西立晷。作法並同。但其時刻逆書。自下而上。最下為未初。次未正。次申初。次申正。次酉初。而至酉正。則橫表正對日光而無影矣。此亦二分日酉正也。其餘節氣亦有短影而不出本線。與卯正同。

新增時刻線　以切線分時刻。本亦非誤。但切線無半度。取度難淸。今另作一線。得數既易。時刻尤眞。

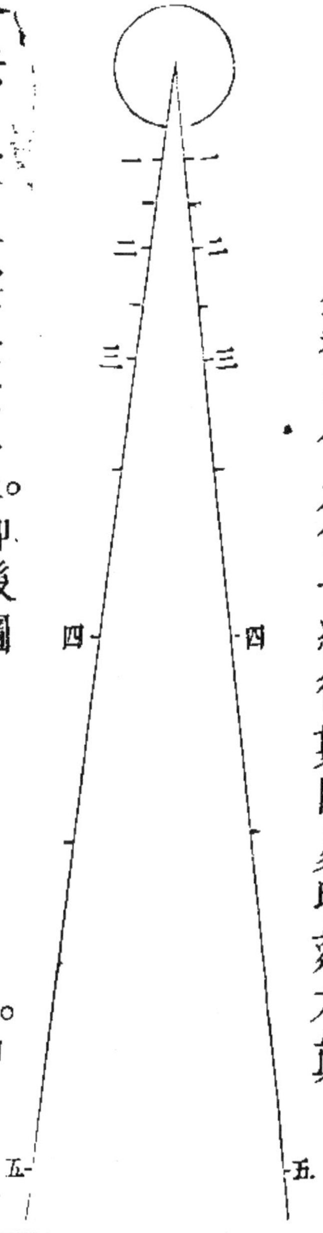

分法　依尺長短作直線。如後圖乙丙。于線端作橫垂線。如乙甲為乙丙垂線。又作直線略短。與設線平行。交橫線如十字。如甲己線交橫線于甲。以甲為心。作象限弧。六平分之。為時限。各一分內四平分之。為刻限。次于甲心出直線。過各時限至直線。成六時。過各刻限者戌刻。乃作識紀之。並如後圖。尺短。移直線近甲心取之。移進線並與原直線平行。以遇第六時第二刻爲度。如庚戌虛線。遇丁戌線于戌。即戌爲第六時之二刻。

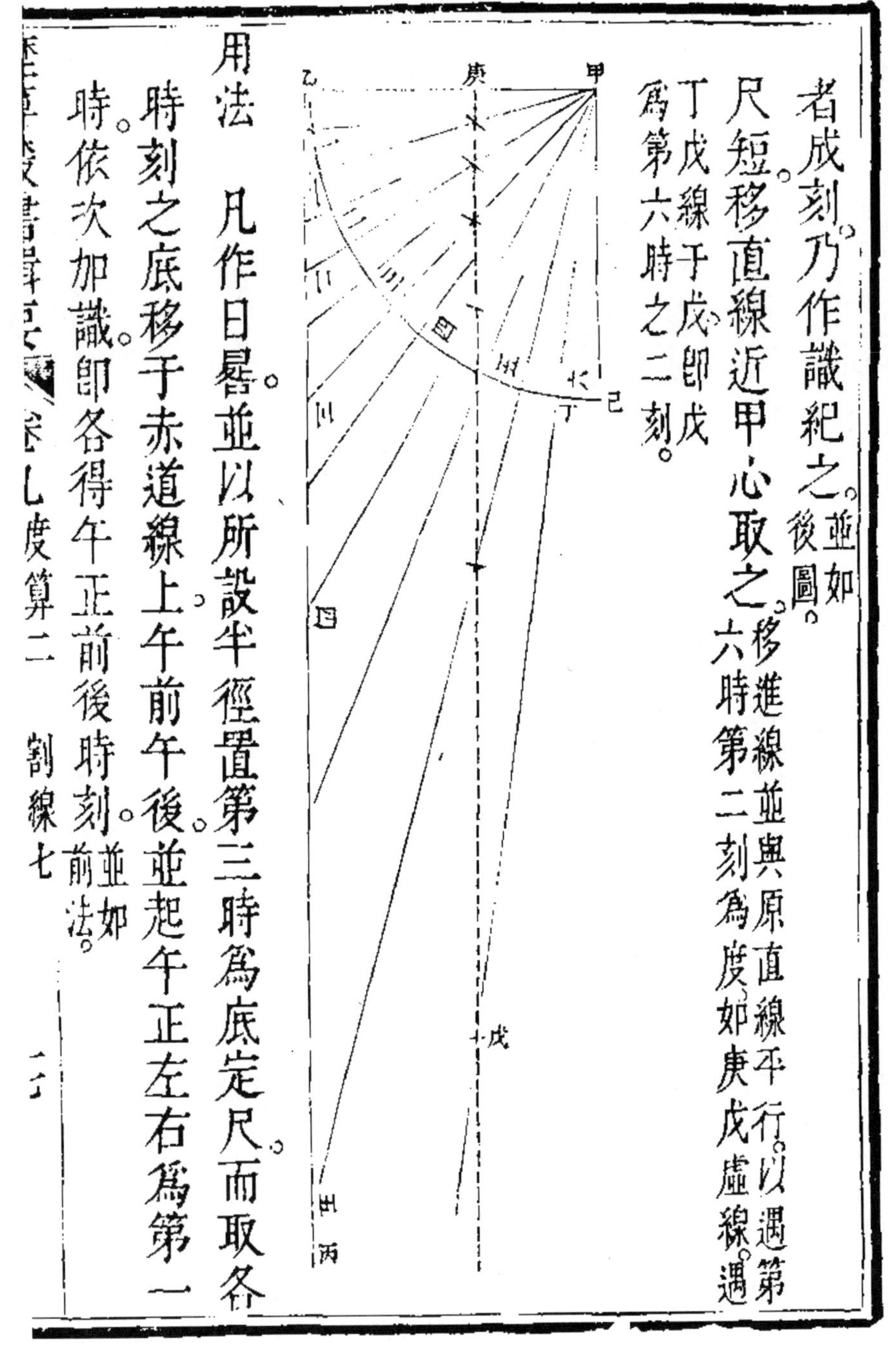

用法　凡作日晷。並以所設半徑置第三時爲底。定尺而取各時刻之底。移于赤道線上午前午後。並起午正左右爲第一時。依次加識。即各得午正前後時刻。並如前法。

第十五金線卽輕重之學。

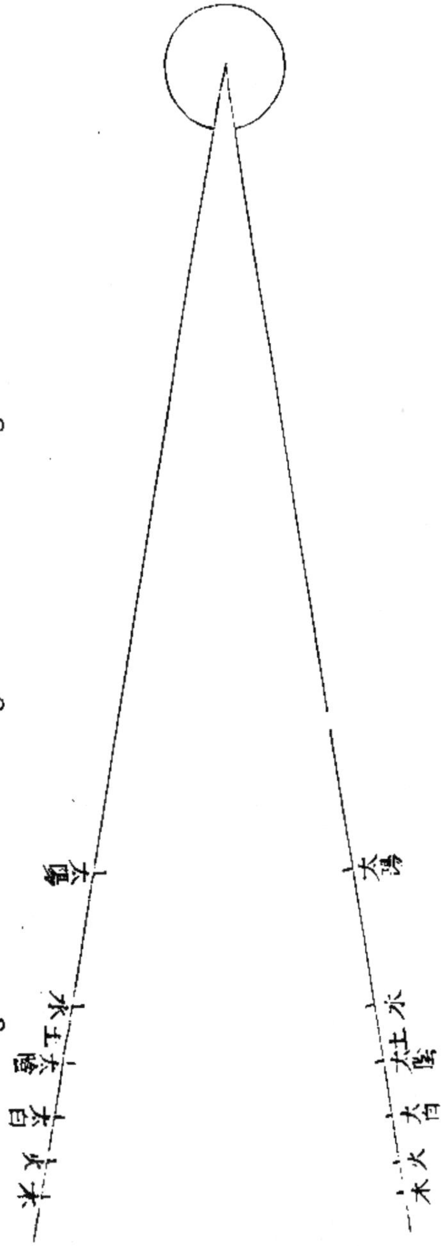

物有輕重以此權之。獨言五金者。以其有定質也。

五金之性情。有與七政相類者。因以爲識。

金太陽　水銀水星　鉛土星　銀太陰　銅太白　鐵火星　錫木星

分法　用各分率及立方線

比例率　先取諸色金造成立方體，其大小一般無二。乃權其輕重以爲比例。

黃金一

水銀一又七十五分之三十八　儀象志作九十五分之三十八

鉛一又二十三分之一十五

銀一又三十一分之二十六

銅二又九分之一

鐵二又八分之三

錫二又三十七分之二十一　比例規解原作三十七分之一。則錫率反小于銅鐵，而輕重之序乖。今依儀象志。

金體最重，故以爲準。自尺心向外任定一度，爲金之根率。自此依各率增之，並以金度爲立方線上十分之底定尺，次依各率爲底。進退求等數。取以爲各色五金之根率。自心向金率點外作識。

解曰。此同重異積之率也。于立方線上求得方根作識于尺。則同重異根之率也。金體重。則其積最少。謂立方體積。各色之金謂銀鉛等。體並輕于金。故必體積多。而後能與之同重。然立積雖有多少。非開方不得其根之大小。故必于立方線求之也。

又解曰。先以同大之立方權之得各率者同根異重之率也。而即列之爲同重異根之率何也。蓋以根求重。則金最重而他率輕。以重求根則金最小而他率大。其事相反。然其比例則皆等。假如金與銅之比例爲一與二強。若體同大則金倍重于銅矣。若其重同者。則銅之體必倍大于金。其理一也。

又法　用立方根比例率

黄金一六六弱

水銀一九一弱

鉛二○二

銀二○四

銅二一三

鐵二二二

錫二二八

若金立方根一百六十六。銀立方根二百○四。則其重相等。他色倣此。今本線用此以二二八爲末點。依各色之根作識。

用法一　有某色金之立方體。求作他色金之立方體與之同重。或立圓及各種等面體並同。

假如有金球之徑。又有其重。今作銀球與之等重。求徑若干。

法以金球徑數置本線太陽號爲底定尺而取太陰號之底數作銀球之徑即其重與金球等

用法二　若同類之體其根同大求其重

假如有金銀兩印章體俱正方而其大等既知銀重而求金重法以銀圖章之根數置太陰號爲底定尺而取太陽號底數次于分體線上以銀章重數爲兩弦太陽號底數爲底定尺而轉以太陰底數即銀章根數進退求等弦得數即金章之重

附輕重比例三線法

重學爲西法一種其起重運重諸法以人巧補天工實宇宙有用之學五金輕重又重學中一種蓋他物難爲定率可定者獨五金耳然比例規解雖載其術而數多牴牾未可全據愚參以

靈臺儀象志其義始確因廣之爲三線曰重比例曰重之容比例曰重之根比例既列之矩算復爲之表若論以發其凡康熙壬戌長夏

重比例 異色之物。體積同。輕重異。

水與蠟若廿二與廿一	一九八	一八九
與蜜若二十與廿九	一二〇	一七四
與錫若五與三十七	〇二五	一八五
與鐵若一與八	〇二四	一九二
與銅若一與九	〇二一	一八九
與銀若三與三十一	〇一八	一八六
與鉛若二與廿三	〇一六	一八四

與須若七與九十五　〇一四　一九〇
與金若一與十九　〇一〇　一九〇

解曰。重比例者。同積也。積同而求其重。則重者數多。輕者數少。若反其率。則爲容積比例矣。

用法　假如有金一件。不知重。法以水盛器中令滿。權其重。乃入金其中。則水溢。溢定出金。乃復權之。則水之重必減于原數矣。乃以所減之重。變爲線。于比例尺。置于水點爲底。乃于金點取大底。即金重也。　又如有玉刻辟邪。今欲作銅者與之同大。問用銅幾何。法如前以玉器入水。取水減重之數。置水點爲底。取銅點大底。即得所求。若作諸器用蠟爲模亦同。或作蠟輕難入水者。竟以蠟重于蠟點爲底。而取銅點大底。更妙也。

重之容比例輕重同。則容積異。亦謂異色之物。

蠟與水若廿一與廿二	一八九	一九八
水與蜜若廿九與廿	一七四	一二〇
與錫若卌七與五	一八五	〇二五
與鐵若八與一	一九二	〇二四
與銅若九與一	一八九	〇二一
與銀若三十一與三	一八六	〇一八
與鉛若卅三與二	一八四	〇一六
與澒若九十五與七	一九〇	〇一四
與金若十九與一	一九〇	〇一〇

解曰。容比例者同重也。同重而求其積。則重者積數少。輕者積

數多反其率亦即為輕重之比例矣。

又解曰。容積比例以立方求其根。則為根比例矣。故輕重當為三線也。

用法　假如有木若干重。盛器中滿十分。有須與水同重。盛此器中。問幾何滿。法以水滿十分之數。作水點之底。而取須點小底。則知須在器中得幾分。

用法二　有同重之兩色物。欲知其立方根。法以容比例求其同重之積。兩十分體線求其根。

用法三　有金或銅錫等不知重。法如前入水。求得水溢所減之重。變為線。乃以水重置金點為底。若銅錫。亦置銅錫點。于水點取大底。此借容比例求重。故反用其率。若用蠟模鑄銅器。亦以蠟重置銅點為底。

而于蠟點取大底即得合用銅斤

解曰有二法三法則只須容比例一線足矣葢反用之可以求重既得容可以求根用三線者取其便用一線者取其簡可任意為之也

又容比例 附

金與滇若五與七
與鉛若廿三與三十八
與銀若三十一與五十七
與銅若九與十九
與鐵若八與十九
與錫若三十七與九十五
與蜜若廿九與三百八十。

與水若一與十九

與蠟若廿一與四百一十八

又容比例

金	澒	鉛	銀	銅	鐵	錫	甆
○一○○○○○○	○一四○○○○○	○一六五二一七三	○一八三八七○九	○二一一一一一一	○二三七五○○○	○二五六七五六七	一三一○三四四八

水	一九○○○○○○
蠟	一九九○四七六一

解曰：容比例有三率也，其實一率而已。第一率以水爲主，取其便用也；第二率以金爲主，取其便攜也；第三率平列，乃立方之積數也。其作線于尺，則皆一率而已矣。

此外仍有通分之法，亦愚所演。然其理皆具原表中，故仍載原表而附之如後。

輕重原表

	蠟	水	蜜	錫	鐵	銅	銀	鉛	澒	金
金	十九又廿一之十九	十九	十三又廿九之三	二又卅七之廿一	二又八之三	二又九之一	一又卅一之廿六	一又廿三之十五	一又九十五之卅八	一
澒	十四又一百四十七之卅二	十三又七之四	九又二百○三之七十三	一又二百五十五之二百卅一	一又五十六之卅九	一又六十三之卅二	一又二百七之六十八	一又一百六十一之廿九	一	

	鉛	銀	銅	鐵	錫	蜜	水	蠟
	十二又廿一之一	十又六十三之五十二	九又廿一之九	八又廿一之八	七又一百〇五之八十九	一又二百十〇之二百〇九	一又廿一之二	一
	十一又二之一	十又三之一	九	八	七又五之二	一又廿分之九	一	
	七又廿九之廿七	七又八十七之十一	六又廿九之六	五又廿九之十五	五又廿九之三	一		
	一又七十四之四十一	一又二百十一之四十四	一又廿七之八	一又廿七之三	一			
	一又十六之七	一又廿四之七	一又八之一	一				
	一又十八之五	一又廿七之四	一					
	一又六十二之七	一						
	一							

右表靈臺儀象志所引重學一則也。其法同重者以直推見容積。同積者以橫推見重。重比例容比例皆在其中矣。既得容可以求根。則根之比例亦在其中矣。比例規解五金線蓋

原于此原書金與蠟之比例訛廿一爲廿九今改定

通分法亦容比例之率。

分母

湏九五

鉛廿三乘得二一八五

銀三十一又乘得六七七三五

銅。九又乘得六。九六一五

鐵。八又乘得四八七六九二。

錫三十七又乘得一八。四四六。四。爲金率

以湏分母九十五除金率得一八九九四三二。以乘分子三十

。八得七二一七八四一六。加金率得二五二六二四四五六

爲須率

以鉛母廿三除金率得七八四五四八○以乘子十五得一一七六八二二○○加金率得二九八一二八二四○爲鉛率

以銀母卅一除金率得五八二○八四○以乘子廿六得一五一三四一八四○加金率得三三一七八七八八○爲銀率

以銅母九除金率得二○○四九五六○以乘子一得如原數加金率二得三八○九四一六四○爲銅率

以鐵母八除金率得二三五五七五五以乘子三得六七六六七二六五○加金率二得四二八五五九三四五爲鐵率

以錫母卅七除金率得四八七六九二○以乘子卅一得一○二四一五三二○○加金率二得四六三三○七四○○爲錫

率。

金一八○四四六○四○	一八強	各取首三位	日	三六強加倍
汞二五二六二四四五六	二五少強		水	五○半強
鉛二九八一二八二四○	二九太強		土	五九半強
銀三三一七八七八八○	三三少弱		月	六六少強
銅三八○九四一六四○	三八強		太白	七六少弱
鐵四二八五五九三四五	四二太強		火	八五太弱
錫四六三三○七四○○	四六少強		木	九二太弱

按自古歷算諸家。于尾數不能盡者多不入算。故曰半已上收爲杪。已下棄之。其有不欲棄者則以太半少強弱收之。假如一百分則成一整數。九十爲一弱。一十爲一強。百二十五爲少卽四

分之一也。若二十爲少弱。三十爲少強。五十爲半。四十爲半弱。六十爲半強。七十五爲太即四分之三也。七十爲太弱。八十爲太強。

重之根比例異色同重之立方。

		折半	四之三
金	一〇〇	五〇	〇七五
澒	一一二弱	五六	〇八四弱
鉛	一一九半強	六〇	〇八九半強
銀	一二二半	六一	〇九二弱
銅	一二八少強	六四	〇九六少弱
鐵	一三三半弱	六七	一〇〇少弱
錫	一三六太強	六八	一〇二半強
蜜	二三五太強	一一八	一七六太強

水二六六太強	一三三	二〇〇
蠟二七三弱	一三六	二〇四太弱

附求重心法〇

乙甲癸子形求重心〇先作甲乙線〇分為乙子甲 乙癸甲 兩三角形〇次用三角形求心術〇求得乙子甲形之心在丙〇乙癸甲形之心在丁〇作丙丁線聯之〇　又作子癸線〇分為癸乙子 癸甲子 兩三角形〇求癸乙子形之心在庚〇癸甲子形之心在辛〇作庚辛線聯之〇　此二線相交于壬〇則壬為本形心即重心也〇

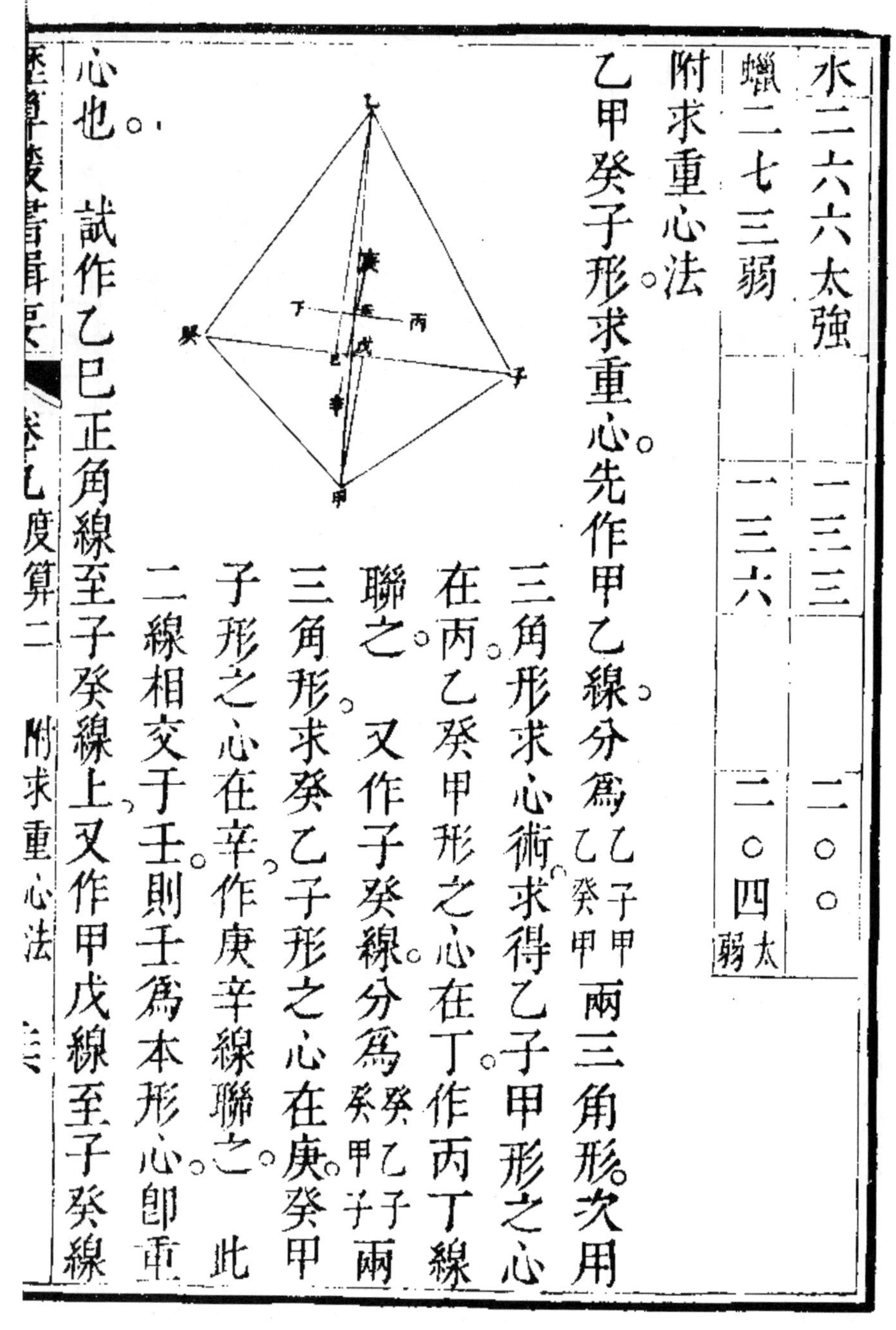

試作乙巳正角線至子癸線上〇又作甲戊線至子癸線

上。此兩線之比例卽兩形大小之比例也。法為癸乙子形與癸巳與甲戊也。甲子形之比例若乙

以此比例于庚辛兩心距線上求得壬點為全形之重心。法為乙巳線與甲戊。若辛壬與庚壬。

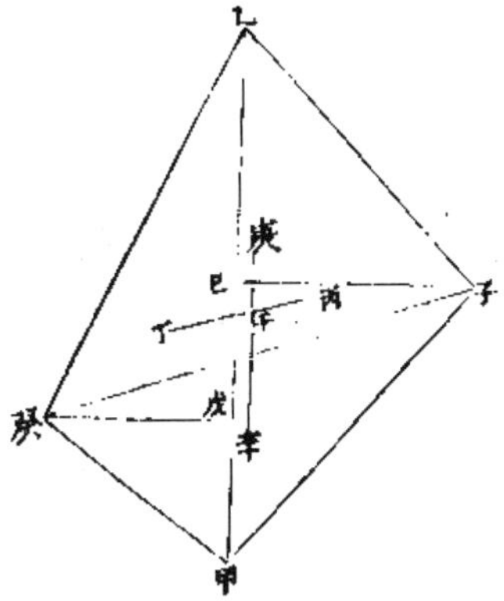

如圖子巳與癸戊之比例。若丁壬與丙壬也。餘並同前圖。

一　子巳與癸戊二線幷

二　子巳

三　丁丙

四　丁壬

終

歷算叢書輯要卷十

宣城梅文鼎定九甫著

男以燕正謀甫學

孫　瑴成循齋　玕成肩琳　重校錄

曾孫　鈖敬名　釴用和　同校字

少廣拾遺

少廣爲九章之一。其開平方法爲薄海内外測量家所需。非隸首不能作也。平方而外有立方。以爲鑿築土方之用。課工作者猶能言之。若三乘方以上。知之者蓋已尠矣。嘗見九章比類、歷宗算會、算法統宗俱載有開方作法本原之圖。而僅及五乘並無算例。同文算指稍變其圖。具七乘方算法而不適于用。詮釋不無譌誤。西鏡錄演其圖爲十乘方。而舉數僅詳平立三乘一式而已。餘皆未及。康熙壬申。余在都門。有友人傳遠問屬。詢四乘方十乘方法。蓋諸乘方法。獨此二端不可以借用他法。而問者及之。竊喜朋儕中固自有留心學問之人。遂稍取古圖紬繹。發其指趣。爲作十二乘方算例。頗覺詳明。然後知今日所用開平方法。洒算數家徑捷之用。而不及古圖之簡括精深也。

開方求廉率作法本原圖 自開平方至開八乘方

右爲隅算

本積

左爲積數

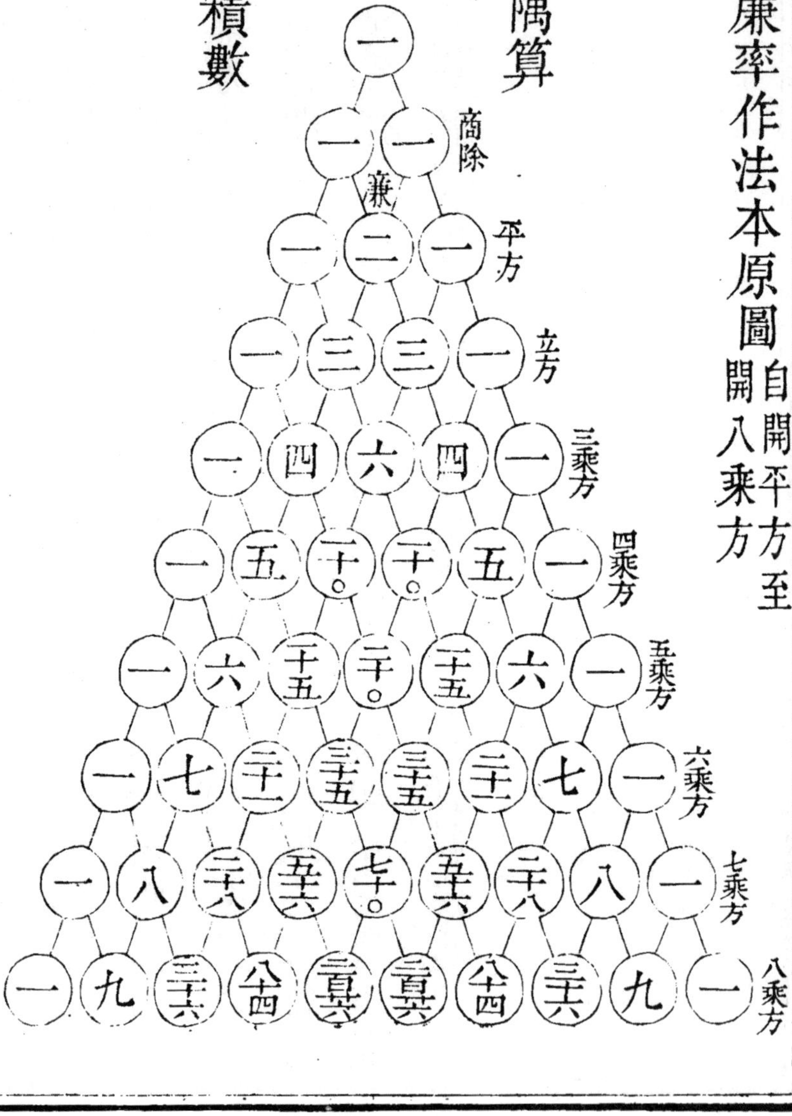

一
一　一　商除
廉
一　二　一　平方
一　三　三　一　立方
一　四　六　四　一　三乘方
一　五　一十〇　一十〇　五　一　四乘方
一　六　一十五　二十〇　一十五　六　一　五乘方
一　七　二十一　三十五　三十五　二十一　七　一　六乘方
一　八　二十八　五十六　七十〇　五十六　二十八　八　一　七乘方
一　九　三十六　八十四　一二六　一二六　八十四　三十六　九　一　八乘方

圖最上書一者本數也。本數者卽大方也。大方無隅。無乘除之可言。而數從此起也。次並列一一者方邊也。西法謂之根數。卽一十一也。左一卽本數。因有次商而進位成一十爲初商之根。右單一爲次商之根。既有根數。卽有平冪。故第三層一二一者冪積也。西法謂之面。卽一百二十一也。左一百爲初商自乘之冪。卽大方積也。右單一爲次商自乘之冪。卽隅積也。小平方也。中二十則兩廉積也。並長方也。

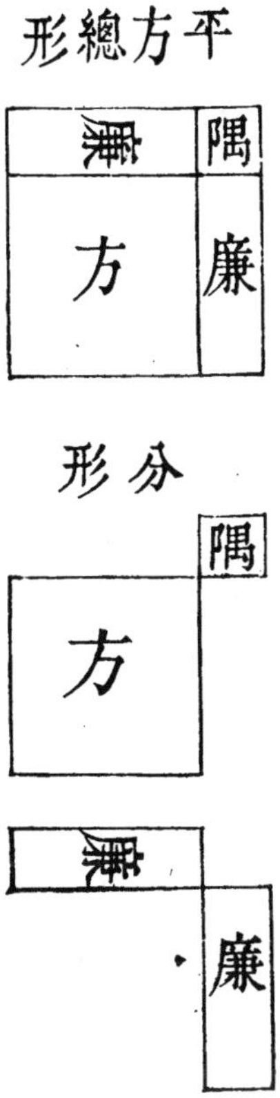

平方總形

廉	隅
方	廉

分形

隅

方

廉

廉

如圖。大小兩方冪以一角相聯。必得兩廉以輔之而其方始全。故平方廉積二也。

第四層三三者立方積也。西法謂之體積。即一千三百三十一也。左一千初商再乘之積。大立方也。右單一爲次商再乘之積。隅積也。小立方也。中三百三十皆廉積也。三百爲三平廉積。扁立方也。三十爲三長廉積。長立方也。

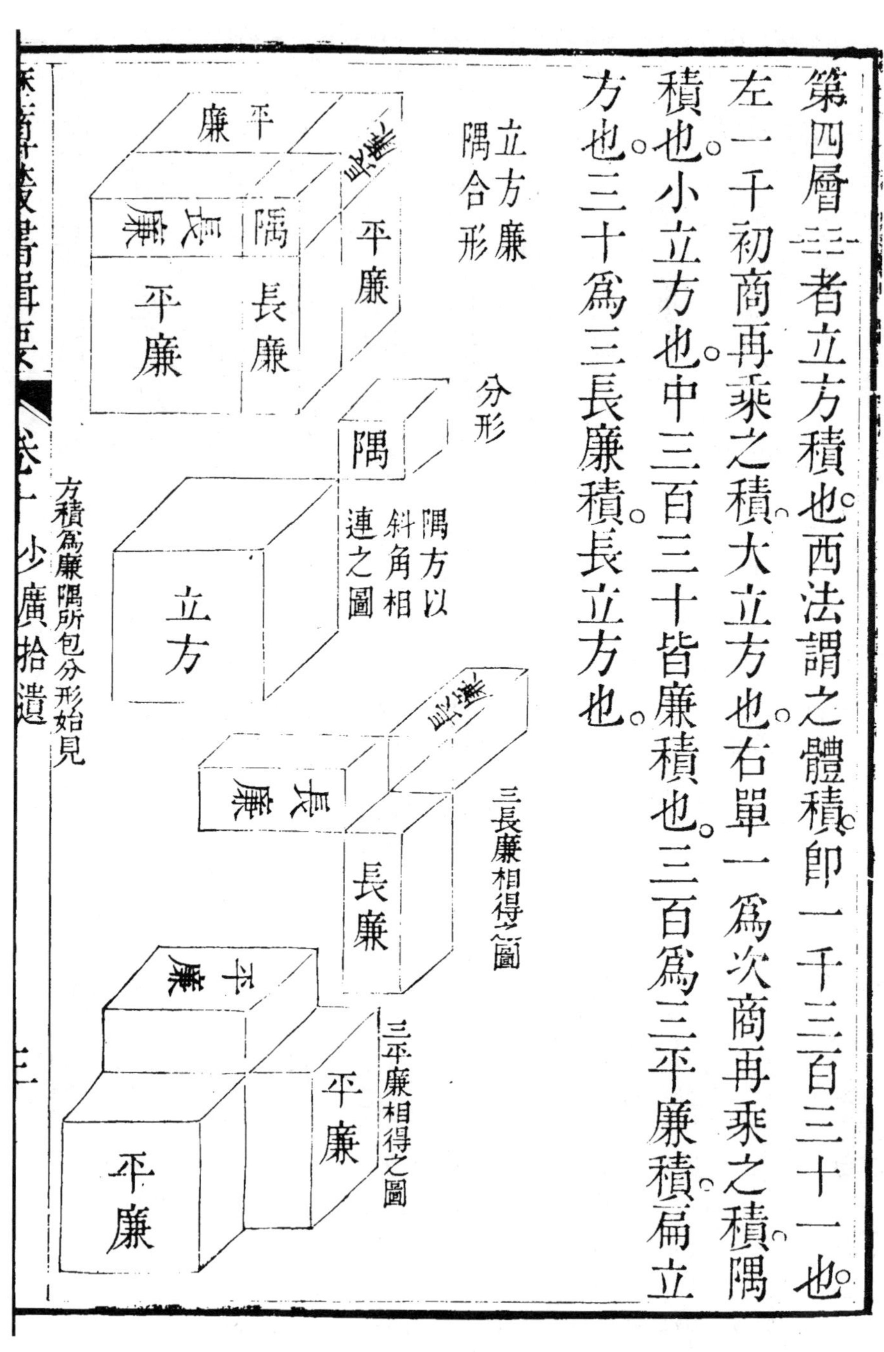

如圖。析觀之則初商大立方體。與次商隅積小立方體相連于一角。必得三平廉之扁立方體。補于大立方之三面。又有三長廉之長立方體。補于小立方之三面及三平廉之隙。而方體始全。故立方之廉積有二等。而其數各三也。

第五層一四六四一者三乘方也。即一萬四千六百四十一也。左一萬者大三乘方也。初商方積也。右單一者小三乘方也。次商隅積也。大方積既以三乘之故而積陞至萬。小隅雖三乘仍單一也。其相隔已三位。故必有第一廉舊名方法。爲千數。第二廉舊名上廉。爲百數。第三廉舊名下廉。爲十數。以補之。其數始足。其理亦如平方立方也。三乘方以上不可爲圖。諸書有強爲之圖者非也。然其理則有可言者焉。以其相生之序言之。則皆加一算法也。初商次商如十與一。而其冪則如百與一。故于一一之下各加一一。卽成一二一。如十一之自乘也此平方率也。又以十一乘之成一三三一卽立方率也又以十一乘之成一四六四一卽三乘方率。四乘以上準此加之皆加一法也。曰若是則諸乘方皆以十一遞乘而得非十一者何以處之。曰。根非十一。而其理皆如十與一。何則凡增一乘積陞一等。而亦增一廉。廉與廉之積。亦皆如十與一也。

冪音覓。周禮冪人掌供巾冪。說文。覆也。開平方四邊俱等。中函縱橫之積。亦如覆物之巾。有經緯縷文。故謂之冪。亦謂之面。幂同上。省文也。見張參五經文字。算書或小寫作幂

廉率立成

自開平方至開十二乘方

	一廉	二廉	三廉	四廉	五廉	六廉	七廉	八廉	九廉	十廉	十一廉	十二廉
平方	二											
立方	三	三										
三乘方	四	六	四									
四乘方	五	十	十	五								
五乘方	六	十五	二十	十五	六							
六乘方	七	二十一	三十五	三十五	二十一	七						
七乘方	八	二十八	五十六	七十	五十六	二十八	八					
八乘方	九	三十六	八十四	一百二十六	一百二十六	八十四	三十六	九				
九乘方	十	四十五	一百二十	二百一十	二百五十二	二百一十	一百二十	四十五	十			
十乘方	十一	五十五	一百六十五	三百三十	四百六十二	四百六十二	三百三十	一百六十五	五十五	十一		
十一乘方	十二	六十六	二百二十	四百九十五	七百九十二	九百二十四	七百九十二	四百九十五	二百二十	六十六	十二	
十二乘方	十三	七十八	二百八十六	七百一十五	一千二百八十七	一千七百一十六	一千七百一十六	一千二百八十七	七百一十五	二百八十六	七十八	十三

廉率立成附說

凡開方一位除盡者無廉隅也。廉隅皆生于次商。次商之根必小于初商一等。而其小隅之體勢。必與初商之大方同狀。如再乘之隅即小立方。三乘方之隅即小三乘方。此可借初商表而降等求之。不必更立隅法也。廉法則不然。每增一乘則廉增一等。如平方但有廉。立方則有平廉長廉。三乘方則有三種廉。四乘方則有四種廉。其廉之等並與其乘數同增。而廉亦加多。如平方只二廉。立方則平廉長廉廉各三。三乘方則三種廉。共有十四。四乘以上。則更增而多。如圖所列。此廉率所由立也。

問廉既有等。如平方廉爲十。立方廉爲十爲百之類。而今廉率只作單數用。何也。

曰此廉之數也。非廉之積也。廉積有等。則既于其次序分之矣。挨次乘之。其等自見。如第一廉。必小于初商大方一等。第二廉又小一等。其最末之廉。必大于小隅一等。各乘方皆如是。若同一等中應各有若干廉必先知之而後可用故立成中所列皆單數。

問古圖以右爲隅法。其序自左而右。今廉率之序自右而左。何也。曰。既皆作單數用。則左右一也。今依筆算自右而左。便于取用故也。○廉法相生之序。左右同數。如立方平廉三。長廉亦三也。三乘方第一廉四。第三廉亦四也。其近大方有若干廉。則其近小隅亦有若干廉。故左右並同。可以左爲初商大方。右爲小隅。亦可以右爲大方。而左爲小隅。此亦見古圖之妙也。

問舊有方法廉法之目。今概曰廉法何也。曰開方法有方有廉有隅。其初商自乘即方也。次商自乘即隅也。方與隅之間。次商初商相乘而得者皆廉也。舊以立方之平廉有似扁方。故名之方法。而三乘方因之。遂又有上廉下廉之目。故不如一切去之。但以一二三四爲序。較畫一耳。

問平方之廉皆平冪也。立方之平廉長廉皆體積也。不知三乘方以上之廉積亦能與方隅等狀乎曰凡諸乘方之廉積無不與方隅之乘數等也試以三乘方言之其第一廉有四皆初商之再乘積而又以次商根乘之是三乘也其第二廉有六皆初商自乘之平冪也而又以次商之平冪乘之第三廉有四皆初商之根數而又以次商之立積乘之皆三乘也又以四乘方言之其第一廉有五皆初商三乘積也又乘次商根是四乘也其第二廉有十皆初商再乘積也又以乘次商冪亦四乘也其第三廉亦十皆初商冪積也又以乘次商再乘積其第四廉有五皆初商根也又以乘次商之三乘積皆四乘也五乘方以上俱如是觀後算例自明

初商表各以最上點截爲初商實。查表減積而得方根。即初商數也。

方根	平方 一乘	立方 再乘	三乘方	四乘方	五乘方
一	一	一	一	一	一
二	四	八	一六	三二	六四
三	九	二七	八一	二四三	七二九
四	一六	六四	二五六	一〇二四	四〇九六
五	二五	一二五	六二五	三一二五	一五六二五
六	三六	二一六	一二九六	七七七六	四六六五六
七	四九	三四三	二四〇一	一六八〇七	一一七六四九
八	六四	五一二	四〇九六	三二七六八	二六二一四四
九	八一	七二九	六五六一	五九〇四九	五三一四四一

方根	六乘方	七乘方	八乘方
一	一	一	一
二	一二八	二五六	五一二
三	二一八七	六五六一	一九六八三
四	一六三八四	六五五三六	二六二一四四
五	七八一二五	三九〇六二五	一九五三一二五
六	二七九九三六	一六七九六一六	一〇〇七七六九六
七	八二三五四三	五七六四八〇一	四〇三五三六〇七
八	二〇九七一五二	一六七七七二一六	一三四二一七七二八
九	四七八二九六九	四三〇四六七二一	三八七四二〇四八九

方根	九乘方	十乘方
一	一	一
二	一○二四	二○四八
三	五九○四九	一七七一四七
四	一○四八五七六	四一九四三○四
五	九七六五六二五	四八八二八一二五
六	六○四六六一七六	三六二七九七○五六
七	二八二四七五二四九	一九七七三二六七四三
八	一○七三七四一八二四	八五八九九三四五九二
九	三四八六七八四四○一	三一三八一○五九六○九

方根	十一乘方	十二乘方
一	一	一
二	四〇九六	八一九二
三	五三一四四一	一五九四三二三
四	一六七七七二一六	六七一〇八八六四
五	二四四一四〇六二五	一二二〇七〇三一二五
六	二一七六七八二三三六	一三〇六〇六九四〇一六
七	一三八四一二八七二〇一	九六八八九〇一〇四〇七
八	六八七一九四七六七三六	五四九七五五八一三八八八
九	二八二四二九五三六四八一	二五四一八六五八二八三二九

諸乘方進位例

	根一	一〇	一〇〇
平方	積一	一〇〇	一〇〇〇〇
立方	一	一〇〇〇	一〇〇〇〇〇〇
三乘方	一	一〇〇〇〇	一〇〇〇〇〇〇〇〇
四乘方	一	一〇〇〇〇〇	一〇〇〇〇〇〇〇〇〇〇
五乘方	一	一〇〇〇〇〇〇	一〇〇〇〇〇〇〇〇〇〇〇〇
六乘方	一	一〇〇〇〇〇〇〇	一〇〇〇〇〇〇〇〇〇〇〇〇〇〇
七乘方	一	一〇〇〇〇〇〇〇〇	一〇〇〇〇〇〇〇〇〇〇〇〇〇〇〇〇
八乘方	一	一〇〇〇〇〇〇〇〇〇	一〇〇〇〇〇〇〇〇〇〇〇〇〇〇〇〇〇〇
九乘方	一	一〇〇〇〇〇〇〇〇〇〇	一〇〇〇〇〇〇〇〇〇〇〇〇〇〇〇〇〇〇〇〇

十乘方	一	一〇〇〇〇〇〇〇〇〇〇〇	一〇〇〇〇〇〇〇〇〇〇〇〇〇〇〇〇〇〇〇〇〇〇
十一乘方	一	一〇〇〇〇〇〇〇〇〇〇〇〇	一〇〇〇〇〇〇〇〇〇〇〇〇〇〇〇〇〇〇〇〇〇〇〇〇
十二乘方	一	一〇〇〇〇〇〇〇〇〇〇〇〇〇	一〇〇〇〇〇〇〇〇〇〇〇〇〇〇〇〇〇〇〇〇〇〇〇〇〇〇

諸乘方根同而積不同。本易知也。惟根之一者積同爲一。似乎無别矣。然有冪積之一。有體積之一。有三乘以上諸乘方之一。雖曰積同爲一。其實不同也。今以方根之爲單一爲一十。爲一百者爲例如右。

初商又表

方根	一乘方	再乘方	三乘方	四乘方	五乘方	六乘方
一〇	一〇〇	一〇〇〇	一〇〇〇〇	一〇〇〇〇〇	一〇〇〇〇〇〇	一〇〇〇〇〇〇〇
二〇	四〇〇	八〇〇〇	一六〇〇〇〇	三二〇〇〇〇〇	六四〇〇〇〇〇〇	一二八〇〇〇〇〇〇〇
三〇	九〇〇	二七〇〇〇	八一〇〇〇〇	二四三〇〇〇〇〇	七二九〇〇〇〇〇〇	二一八七〇〇〇〇〇〇〇
四〇	一六〇〇	四六〇〇〇	二五六〇〇〇〇	一〇二四〇〇〇〇〇	四〇九六〇〇〇〇〇〇	一六三八四〇〇〇〇〇〇〇
五〇	二五〇〇	一二五〇〇〇	六二五〇〇〇〇	三一二五〇〇〇〇〇	一五六二五〇〇〇〇〇〇	七八一二五〇〇〇〇〇〇〇
六〇	三六〇〇	二一六〇〇〇	一二九六〇〇〇〇	七七七六〇〇〇〇〇	四六六五六〇〇〇〇〇〇	二七九九三六〇〇〇〇〇〇〇
七〇	四九〇〇	三四三〇〇〇	二四〇一〇〇〇〇	一六八〇七〇〇〇〇〇	一一七六四九〇〇〇〇〇〇	八二三五四三〇〇〇〇〇〇〇
八〇	六四〇〇	五一二〇〇〇	四〇九六〇〇〇〇	三二七六八〇〇〇〇〇	二六二一四四〇〇〇〇〇〇	二〇九七一五二〇〇〇〇〇〇〇
九〇	八一〇〇	七二九〇〇〇	六五六一〇〇〇〇	五九〇四九〇〇〇〇〇	五三一四四一〇〇〇〇〇〇	四七八二九六九〇〇〇〇〇〇〇

七乘方	八乘方	九乘方	十乘方
一〇〇〇〇〇〇〇〇	一〇〇〇〇〇〇〇〇〇	一〇〇〇〇〇〇〇〇〇〇	一〇〇〇〇〇〇〇〇〇〇〇
二五六〇〇〇〇〇〇〇〇	五一二〇〇〇〇〇〇〇〇〇	一〇二四〇〇〇〇〇〇〇〇〇〇	二〇四八〇〇〇〇〇〇〇〇〇〇〇
六五六一〇〇〇〇〇〇〇〇	一九六八三〇〇〇〇〇〇〇〇〇	五九〇四九〇〇〇〇〇〇〇〇〇〇	一七七一四七〇〇〇〇〇〇〇〇〇〇〇
六五五三六〇〇〇〇〇〇〇〇	二六二一四四〇〇〇〇〇〇〇〇〇	一〇四八五七六〇〇〇〇〇〇〇〇〇〇	四一九四三〇四〇〇〇〇〇〇〇〇〇〇〇
三九〇六二五〇〇〇〇〇〇〇〇	一九五三一二五〇〇〇〇〇〇〇〇〇	九一六五六二三〇〇〇〇〇〇〇〇〇〇	四八八二八一二五〇〇〇〇〇〇〇〇〇〇〇
一六七九六一六〇〇〇〇〇〇〇〇	一〇〇七七六九六〇〇〇〇〇〇〇〇〇	六〇四六六一七六〇〇〇〇〇〇〇〇〇〇	三六二七九七〇五六〇〇〇〇〇〇〇〇〇〇〇
五七六四八〇一〇〇〇〇〇〇〇〇	四〇三五三六〇七〇〇〇〇〇〇〇〇〇	二八二四七五二四九〇〇〇〇〇〇〇〇〇〇	一九七七三二六七四三〇〇〇〇〇〇〇〇〇〇〇
一六七七七二一六〇〇〇〇〇〇〇〇	一三四二一七七二八〇〇〇〇〇〇〇〇〇	一〇七三七四一八二四〇〇〇〇〇〇〇〇〇〇	八五八九九三四五九二〇〇〇〇〇〇〇〇〇〇〇
四三〇四六七二一〇〇〇〇〇〇〇〇	三八七四二〇四八九〇〇〇〇〇〇〇〇〇	三四八六七八四四〇一〇〇〇〇〇〇〇〇〇〇	三一三八一〇五九六〇九〇〇〇〇〇〇〇〇〇〇〇

方根	十一乘方	十二乘方
一〇	一〇〇〇〇〇〇〇〇〇〇〇〇	一〇〇〇〇〇〇〇〇〇〇〇〇〇
二〇	四〇九六〇〇〇〇〇〇〇〇〇〇〇〇	八一九二〇〇〇〇〇〇〇〇〇〇〇〇〇
三〇	五三一四四一〇〇〇〇〇〇〇〇〇〇〇〇	一五九四三二三〇〇〇〇〇〇〇〇〇〇〇〇〇
四〇	一六七七七二一六〇〇〇〇〇〇〇〇〇〇〇〇	六七一〇八八六四〇〇〇〇〇〇〇〇〇〇〇〇〇
五〇	二四四一四〇六二五〇〇〇〇〇〇〇〇〇〇〇〇	一二二〇七〇三一二五〇〇〇〇〇〇〇〇〇〇〇〇〇
六〇	二一七六七八二三三六〇〇〇〇〇〇〇〇〇〇〇〇	一三〇六〇六九四〇一六〇〇〇〇〇〇〇〇〇〇〇〇〇
七〇	一三八四一二八七二〇一〇〇〇〇〇〇〇〇〇〇〇〇	九六八八九〇一〇四〇七〇〇〇〇〇〇〇〇〇〇〇〇〇
八〇	六八七一九四七六七三六〇〇〇〇〇〇〇〇〇〇〇〇	五四九七五五八一三八八八〇〇〇〇〇〇〇〇〇〇〇〇〇
九〇	二八二四二九五三六四八一〇〇〇〇〇〇〇〇〇〇〇〇	二五四一八六五八二八三三九〇〇〇〇〇〇〇〇〇〇〇〇〇

因有續商。故方根以十數見例。方積以尾〇定位。無次商者去尾〇。用之則方根只爲單數。

方廉隅乘法圖 以三乘方舉例

方積	初商根	初商自乘	初商再乘	初商三乘
第一廉	初商根	初商自乘	初商再乘	次商根
第二廉	初商根	初商自乘	次商自乘	次商根
第三廉	初商根	次商再乘	次商自乘	次商根
隅積	次商三乘	次商再乘	次商自乘	次商根

凡方積皆初商自乘。如三乘方即自乘三次。

凡隅積皆次商自乘。其自乘若干次一如初商。

凡廉積皆初商與次商相乘。但近大方者初商乘之次數多。如第一廉用初商立積。二廉則用初商冪。遞減以至三廉。則只用初商根。近小隅者次商乘之次數多。如第一廉只用次商根。第二廉則用次商冪。三廉則遞加而用次商立積。各乘方皆如是。

開諸乘方大法

諸乘方法惟平方爲用最多因有專法今自平方立方推之三乘以上至于多乘而通爲一法是爲大法（諸乘方大法可以開平方而平方專法不可以開諸乘方）

總法　凡諸乘方皆先列實　次作點分段　次查表以定初商　次求廉隅以定續商

列實之法依筆算作平行兩直線以設積紀于右直線之右皆自上而下至單數止無單數者作○存其位

作點分段之法皆于原積末位單數作一點起（凡減隅積必至單位故分段之法以此爲宗同文算指但言起末位殊混）依各乘方宜以若干位爲一段即隔若干位點之（或作實點、或作虛點○俱可然虛點尤便以減商積時有借上位之點免淩雜也）如平方以每兩位爲一段。則隔一位點之。立方以三位爲一段。則隔兩位點之。乃至十二乘方以十三位爲一段。則隔十二位點之。並同一法。

謹按作點分段。其用有二。一以定開方有若干次也。如有一點。則只開一次。有兩點則開二次。三點則開三次之類。一以定開方所得爲何等數也。如只有一點。則初商即單數。二點則初商是十數。三點則初商是百數之類。是故初商減積。必至于最上點而止也。次商減積。必至于次點而止也。每開一次。必減積一次。而所減之數。必各盡于其作點之位。亦可以驗開方之無誤也。又最上點以上。初商實也。次點以上。次商實也。每商皆以點位截實。此法于初商尤爲扼要。

又按開方分段古人舊法之精錢塘吳信民九章比類山陰周述學歷宗算會悉著其說而同文算指西鏡錄本其意以作點定之施于筆算爲極善也鼎于三十年前見同文算指作點之法驚嘆其奇後讀諸書始知其有所祖述非西人創也

初商之法　皆以最上一點截原積若干位爲初商實　乃査初商表視本乘方下數有與實相同或較小于實者錄之紀于左線之左皆以表數末位對右線上原實最上點紀之是爲初商應減之積　卽于本表旁行査方根紀于左線之右皆對所紀表數首位進一位紀之是爲初商數

以初商應減之積左行所紀與初商實右行最上點所截原實對位相減皆以左減右須依筆算從小數減起如左行減數大右行實數反小而不及減則作點于上一位借十數減之減不盡者爲

餘實以待續商。

凡原實有二點。則初商爲十數而有次商。有三點初商爲百數而有次商及三商以上倣論。如實只一點。則初商即是單數無續商。

次商之法　皆以第二點截餘實爲次商實。

凡初商皆爲方積。次商以後則有廉積隅積。

先求廉率　查廉率立成本乘方廉率有若干等等有若干數。

平列之爲若干行。謂之定率　如平方只一種廉。其定率二。立方並三。若三乘方則有三種廉。曰一廉。曰二廉。曰平廉曰長廉。其定率曰三。三廉。其定率曰四曰六曰四。詳後式　每增一乘。即廉增一等而定率增一行。有廉之等。有廉之數。如平方有二廉。立方有積。共爲一等。立方之三平廉同積爲一等。三長廉同積爲一等。共爲二等。此廉之等也。廉之數也。平方之兩廉同求廉汎積。以各廉定率乘初商應有各數。各依本乘方減小一等用之。廉多者又遞減挨次乘之至根數止。是爲汎積。有初商數即各帶有自乘冪積。二乘立積。乃至三乘以上各積。是爲應有各數也。今求汎積。當依本乘方減小一等用之。如平方只用根數。立方用初商冪積。乃至十二乘方用初商十一乘。此爲減小一等也。至第二廉。則立方用初商根。三乘方用初商自乘。乃至十二乘方用初商十乘。此爲廉多者。二廉以上。又遞減挨次乘之也。遞減至初商根。則爲末後一廉矣。故曰至根數止。

求次商數。以汎積約餘實得之。

求廉定積。以各廉汎積乘次商數。廉多者遞增一等挨次乘之。至本乘方減小一等止。是爲定積。凡第一廉汎積。皆乘次商根而得定積。有第二廉。則以次商自乘積乘之。有三廉。則以次商立方積乘之。是爲遞增一等也。然增不得至本乘方。但增至本乘方減小一等數。即爲末後一廉矣。

求隅積。以次商數查初商表。各依本乘方取之。以次商對橫行根數。以本乘方對直行。縱橫相遇得之。列于廉積之後一行是爲隅積。小隅體勢並同初商大方。如平方則隅即小平方。立方則隅即小立方。三乘方之隅亦爲小三乘方。四乘以上並同。故可借初商表用之。

求廉隅共積　以所得各廉定積及隅積用併法併之即得。

求次商定數。　以所得廉隅共積紀左線之左。又在表數之左。以末位對第二點紀之。爲次商應減之數。與次商實右行第二點所截。對位相減。以左減右。減不盡者。又爲餘實以待三商。遂紀次商數于初商之下爲次商定數。　如廉隅共積大于次商實。不及減則改次商至及減而止乃爲次商定數。

三商以後並同上法。

不論三商四商以至多商。其廉定率不變。但求汎積時。三商則並初商次商兩位商數合而用之。四商則併前三次商數皆取其應有各數。以乘定率而得汎積。亦如上法之用初商。其求定積。則三商即用三商之數。四商即用四商之數。以乘汎積而得定積。亦如上法之用次商。餘法並同次商。

審〇位之法　凡廉泛積大于餘實。或僅相等而無隅。不能商一數。是次商為〇位也。即紀〇位于先商之次而併下一點餘實為續商餘實。

次商單一之法　凡汎積與實僅同而有隅一。是商得一數也。即以汎積為定積。不必更乘次商。惟單一則然。若商得一十一百一千。仍須如法乘之。

開平方 即一乘方

設平方積三千三百四十四萬三千。○八十九。問方根若干。

答曰五千七百八十三。

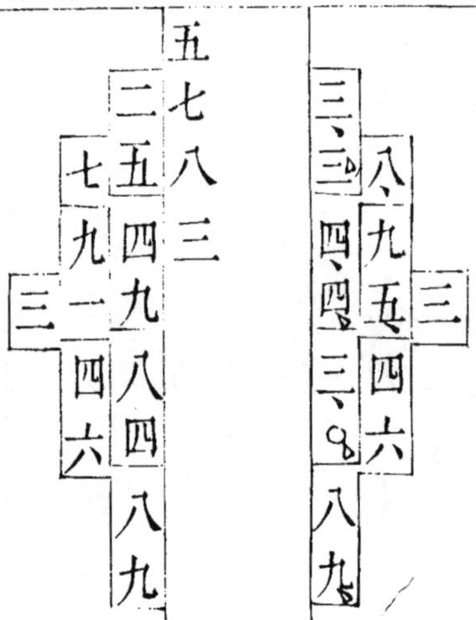

三三　四四　三○　八九
八九　五四　六
三

五七八三
二五　四九　八四　八九
七九　一四　六
三

列實法 先作兩直綫。次以方積三三四四三。○八九列右綫之右。

作點 點法于實末位單數作一點。起逆上每隔一位點之。有四點。宜商四次。初商是千。

初商法曰。用最上一點三三爲初商實。查表有小于實三三者是二五。其方根五。即以五爲初商。對實首上一位書于左綫之右。却以表數二五。對實三三書左綫之左。與原實對減。餘八以待次商。

初商五千

求次商 用第二點上餘實八四四爲次商實。

定率二　以初商根乘　五〇〇〇
得汎積　一〇〇〇〇
又乘次商根　七〇〇
得定積　七〇〇〇〇〇〇

隅　次商自乘　四九〇〇〇〇

廉隅共積　併得　七四九〇〇〇〇

次商法曰。置廉率立成內定率二。乘初商五千。得一萬爲汎積。乃約實作七百。定爲次商。即以汎積乘之。得定積七百萬。再用次商自乘爲隅。其積四十九萬。併定積成七百四十九萬。即廉隅共積也。如式列之。將次商七續書初商五之下。又將共積七四九對實八四四書左綫之左。以減實。餘九五以待三商。求得次商七百。

求三商　用第三點上餘實九五三〇〇〇。爲三商實。

定率二　以初商次商合數乘　五七〇〇
得汎積　一一四〇〇
又乘三商根　八〇
得定積　九一二〇〇〇

隅　三商自乘　六四〇〇

廉隅共積　　併　　得　九一八四〇〇

三商法曰。復置定率二。以乘初商次商合數五千七百。得一萬一千四百爲汎積。乃約實作八十爲三商。即以汎積乘之。得定積九十一萬二千。三商亦自乘爲隅。得積六千四百。以併定積。成九十一萬八千四百爲廉隅共積。俱如式列之。再將三商八十挨書次商七百之下。而以其廉隅積九一八四。對實九五三〇。書于左綫之左。去減實。餘三四六。即改書之以待四商。求得三商八十。

求四商　用第四點上餘實三四六八九爲四商實。

定率	以初商次商三商合數乘	得汎積	又以四商乘根	得定積
二	五七八〇	一一五六〇	三	三四六八〇

隅　　四商自乘　九

廉隅共積　　併　　得　三四六八九

四商法曰。用定率二。乘初商次商三商合數五千七百八十。得一萬一千五百六十爲汎積。乃約實。可商三。定爲四商。即以汎積乘之。得定積三萬四千六百八十。四商三自乘。得九爲隅積。併定積成三萬四千六百八十九。是爲廉隅共積。各如式列訖。再將四商三挨書于三商八十之下。而以其廉隅積三四六八九。對第四點實書左線之左。就以減四商實。恰盡。求得四商單三。

凡開得平方根五千七百八十三。

還原　置方根五千七百八十三自乘。得積三千三百四十四萬三千〇八十九合原積。

開立方 即再乘方

設立方積一千〇〇七萬七千六百九十六尺。問每面方若干。　答曰二百一十六尺。

二八一六
一〇〇七七六九六

二一六
〇八二六一六九六
一八一六

列實作點 自末位單數作一點起。每隔兩位點之。

求初商 用最上一點一〇爲初商實。查初商表有小于一〇者是〇八。其方根二。卽以二定爲初商。對實首上一位。書左綫之右。而以

初商二百尺　〇八對實一〇〇。書左綫之左。對減餘二。

求次商　用第二點上餘實二〇七七爲次商實。

平廉	長廉
定率	
三	三
以乘	
初商平冪四〇〇〇〇	初商根二〇〇
得	泛積
一二〇〇〇〇	六〇〇
又	乘
次商根一〇	次商冪一〇〇
得	定積
一二〇〇〇〇〇	六〇〇〇〇

隅　次商再乘　一〇〇〇

廉隅共積　併得　一二六一〇〇〇

求得次商一十尺。書于初商二百之下。而以其廉隅共積一百二十六萬一千。減次商實。餘八一六。畋書之以待三商。

求三商　用第三點上餘實八一六六九六爲三商實。

平廉	長廉
定率	
三	三
乘	
初次商平冪四四一〇〇	初次商合數二一〇
得	泛積
一三二三〇〇	六三〇
又	乘
三商根六	三商冪三六
得	定積
七九三八〇〇	二二六八〇

隅　　三商再乘　　二一六

廉隅共積　　併得　　八一六六九六

求得三商六尺。續書次商一十之下。而以廉隅共積八十一萬六千六百九十六。減三商實恰盡。

凡開得立方根二百一十六尺。

還原　置方根二百一十六尺自之。得四萬六千六百五十六尺為平冪。又置平冪以方根乘之。得一千〇〇七萬七千六百九十六合原數。

開三乘方

設三乘方積一億三千六百○四萬八千八百九十六。問方根若干。答曰一百○八。

依法列實　作點自末位單數作一點。起逆上每隔三位點之。

求初商　用最上一點截實首位一爲初商實。凡積一者其根亦一。不必查表。竟以一爲初商。其積與實對減恰盡。

○一三六○四八八九六

一○八

○一三六○四八八九六

初商一百。

求次商　用第二點餘實三六○四爲次商實。

	一廉	二廉	三廉
定率	四	六	四
以乘	初商立積一〇〇〇〇〇〇	初商平冪一〇〇〇〇	初商根一〇〇
泛積	四〇〇〇〇〇〇	六〇〇〇〇	四〇〇
又乘	次商根一〇	次商冪一〇〇	次商立積一〇〇〇
定積	四〇〇〇〇〇〇〇	六〇〇〇〇〇〇	四〇〇〇〇〇

隅　次商三乘　一〇〇〇〇

廉隅共積　併得　四六四一〇〇〇〇

求得廉隅共積四千六百四十一萬爲次商一十之積。大于次商實不及減是無次商也。法于初商一百下書〇。

求三商　用第三點合上第二點餘實三六〇四八八九六共八位爲三商實。三商減積至末位第三點，故合八位爲其實。

凡求三商當合初商次商兩數乘定率以求泛積。今次商〇。故只用初商數。

	定率		泛積	又乘	定積
一廉	四	以初商立積一〇〇〇〇〇〇	得泛積四〇〇〇〇〇〇	又乘三商根八	得定積三二〇〇〇〇〇〇
二廉	六	以初商平冪一〇〇〇〇	得泛積六〇〇〇〇〇	又乘三商平冪六四	得定積三八四〇〇〇〇〇
三廉	四	乘初商根一〇〇	得泛積四〇〇	又乘三商立積五一二	得定積二〇四八〇〇

隅　三商自乘三次　四〇九六

廉隅共積　併　得　三六〇四八八九六

求得三商八。續書次商〇之下。而以其廉隅共積三千六百〇四萬八千八百九十六。與餘實相減恰盡。

凡開得三乘方根一百〇八。

開方簡法　置三乘方積一三六〇四八八九六。以平方法開之。得一一六六四。再置一一六六四以平方開之。得方根一百〇八。合問。

還原　置方根一〇八自乘。得一一六六四為平冪。平冪又自乘。得一億三千六百○四萬八千八百九十六合原積。

或以方根一百○八自乘三次。亦同。

開四乘方

設四乘方積一十三億五千○一十二萬五千一百○七。問方根若干。 答曰。六十七。

五七二五
一、三、五、○、一二五一○七

六七
○七七七六二五一○七
五七二五

依法列實 作點自末位單數作一點起。逆上每隔四位點之。

求初商 用最上一點截原實一三五○一為初商實。查表有七七七六小于實。其根六。卽以六為初商。而以其積七七七六對減初商實。餘五七二五。改書之以待次商。

初商六十。

求次商 用第二點上餘實五七二五二五一○七為次商商

實。

	定率	以乘	得汎積	又乘	得定積
一廉	五	初商三乘一二九六〇〇〇〇	六四八〇〇〇〇〇	次商根七	四五三六〇〇〇〇〇
二廉	一〇	初商立積二一六〇〇〇	二一六〇〇〇〇	次商冪四九	一〇五八四〇〇〇〇
三廉	一〇	初商平冪三六〇〇	三六〇〇〇	次商立積三四三	一二三四八〇〇〇
四廉	五	初商根六〇	三〇〇	次商三乘二四〇一	七二〇三〇〇

隅　　次商四乘　　一六八〇七

廉隅共積　　併得　　五七二五二五一〇七

求得次商七。書于初商六十之下。而以廉隅共積五億七千二百五十二萬五千一百〇七減次商實。恰盡。

凡開得四乘方根六十七。

還原　置方根六十七自乘四次得積一十三億五千〇一十二萬五千一百〇七合原數。

開五乘方

設五乘方積一兆七千五百九十六萬二千八百七十八億〇一百萬。問方根若干。　答曰五百一十。

一九七一

一七、五九六二八七八〇一〇〇〇〇〇〇

五一〇

一五六二五二八七八〇一

一九七一

列實數以單位爲根。今原積尾位是百萬。故補六〇列之。作點自末單位〇上作一點起。逆上每隔五位點之。求初商用最上一點截原實五位一七五九六爲初商實。入表得五爲初商。對實首上一位錄左綫右。卽以其積數對實列左綫左。相減餘一九七一。改書之以待次商。初商五百。

求次商用第二點上餘實一九七一二八七八〇一爲次商實。

	一廉	二廉	三廉	四廉	五廉
定率	六	一五	二〇	一五	六
以乘	初商四乘	初商三乘	初商立積	初商平冪	初商根
	三一二五〇〇〇〇〇〇〇〇〇〇	六二五〇〇〇〇〇〇〇〇	一二五〇〇〇〇〇〇	二五〇〇〇〇	五〇〇
得汎積	一八七五〇〇〇〇〇〇〇〇〇〇〇	九三七五〇〇〇〇〇〇〇〇	二五〇〇〇〇〇〇〇〇	三七五〇〇〇〇	三〇〇〇

	一廉	二廉	三廉	四廉	五廉
置泛積	一八七五〇〇〇〇〇〇〇〇〇〇〇	九三七五〇〇〇〇〇〇〇〇	二五〇〇〇〇〇〇〇〇	三七五〇〇〇〇	三〇〇〇
又乘	次商根	次商平冪	次商立積	次商三乘	次商四乘
	一〇	一〇〇	一〇〇〇	一〇〇〇〇	一〇〇〇〇〇
得定積	一八七五〇〇〇〇〇〇〇〇〇〇〇〇	九三七五〇〇〇〇〇〇〇〇〇〇	二五〇〇〇〇〇〇〇〇〇〇〇	三七五〇〇〇〇〇〇〇〇	三〇〇〇〇〇〇〇〇

隅次商五乘　一〇〇〇〇〇〇

廉隅共積　併　得　一九七一二八七八〇一〇〇〇〇〇〇

求得次商一十。書初商五百之下。再將廉隅共積一千九百七十一萬二千八百七十八億〇一百萬去減次商實恰盡。

原實三點。宜有三商。而次商已減實盡。無可商。作〇于次商下。

凡開得五乘方根五百一十。

還原　置方根五百一十〇自乘五次。復得一兆七千五百九十六萬二千八百七十八億〇一百萬合原積。

開六乘方

設六乘方積三百四十三億五千九百七十三萬八千三百六十八。問方根若干。　答曰。三十二。

列實　作點自末位單數作點起。逆上每隔六位點之。

一二四八
三四三五九七三八三六八

三二
二一八七九七三八三六八
一二四八

求初商　用最上點。截原實三四三五為初商實。查表得三為初商。書左綫右。而以其積數二一八七書左綫之左。對減初商實。餘一二四八。改書之以待續商。

初商三十。

求次商　用第二點上餘實一二四八九七三八三六八為次商實。

	一廉	二廉	三廉	四廉	五廉	六廉
定率	七	二一	三五	三五	二一	七
以乘	初商五乘 七二九〇〇〇〇〇	初商四乘 二四三〇〇〇〇〇	初商三乘 八一〇〇〇〇	初商立積 二七〇〇〇	初商平冪 九〇〇	初商根 三〇
得汎積	五一〇三〇〇〇〇〇〇	五一〇三〇〇〇〇〇	二八三五〇〇〇〇	九四五〇〇〇	一八九〇〇	二一〇
又乘	次商根 二	次商平冪 四	次商立積 八	次商三乘 一六	次商四乘 三二	次商五乘 六四
得定積	一〇二〇六〇〇〇〇〇〇	二〇四一二〇〇〇〇〇	二二六八〇〇〇〇〇	一五一二〇〇〇〇	六〇四八〇〇	一三四四〇

隅　次商六乘　一二八

廉隅共積　併　得　一二四八九七三八三六八

求得次商二。書初商三十之下。再以廉隅共積與次商實對減。恰盡。

凡開得六乘方根三十二。

還原　置方根三十二自乘六次。得積三四三五九七三八三六八合原數。

開七乘方

設七乘方積一千一百○○億七千五百三十一萬四千一百七十六。問方根若干。　答曰二十四。

八四四
一、一、○、○、七五三一四一七六。

二四
八四四
二五六七五三一四一七六

初商二十。

列實　作點自末位單數作點起。逆上每隔七位再作一點。

求初商　用最上點截原實一一○○爲初商實。查表得二爲初商。即以二書左線之右。而以其積二五六書左綫之左。對減初商實。餘八四四。改書之以待續商。

求次商　用第二點上餘實八四四七五三一四一七六。爲次商實。

	一廉	二廉	三廉	四廉	五廉	六廉	七廉	隅
定率	八	二八	五六	七〇	五六	二八	八	
以乘	初商六乘一二八〇〇〇〇〇〇〇	初商五乘六四〇〇〇〇〇〇	初商四乘三二〇〇〇〇〇	初商三乘一六〇〇〇〇	初商立積八〇〇〇	初商平冪四〇〇	初商根二〇	
得泛積	一〇二四〇〇〇〇〇〇〇	一七九二〇〇〇〇〇〇	一七九二〇〇〇〇〇	一一二〇〇〇〇〇	四四八〇〇〇	一一二〇〇	一六〇	
又乘	次商根四	次商平冪一六	次商立積六四	次商三乘二五六	次商四乘一〇二四	次商五乘四〇九六	次商六乘一六三八四	次商七乘
得定積	四〇九六〇〇〇〇〇〇〇	二八六七二〇〇〇〇〇〇	一一四六八八〇〇〇〇〇	二八六七二〇〇〇〇〇	四五八七五二〇〇〇	四五八七五二〇〇	二六二一四四〇	六五五三六

廉隅共積　併得　八四四七五三一四一七六

求得次商四。書初商二十之下。再將廉隅共積八四四七五三一四一七六與次商實對減。恰盡。

凡開得七乘方根二十四

還原　置方根二十四自乘七次。復得一一〇〇七五三一四一七六。合原數。

或以根二十四自乘。得五百七十六爲平冪。平冪又自乘。得三十三萬一千七百七十六爲三乘方積。三乘方積又自乘。得一一〇〇七五三一四一七六。亦合原數。

開方簡法　置設積一一〇〇七五三一四一七六。以平方開之。得三三一七七六。又置爲實。以三乘方法開之。得方根二十四。

或置設積一一〇〇七五三一四一七六。用平方法連開三次。亦得方根二十四。

開八乘方

設八乘方積一千六百二十八萬四千一百三十五億九千七百九十一萬〇四百四十九。問方根。　答曰。四十九。

一三六六二六九

一六、二八四、一、三、五九七九一〇四四九、

四九

〇二六二一四四五九七九一〇四四九

一三六六二六九

列實

作點自末位單數作點起。逆上每隔八位點之。

求初商用最上一點截原實一六二八四一三為初商實。查表得八乘方積二六二一四四。其根四。即以四為初商。書左綫右。而以其積數書左綫左。對減初商實。餘一三六六二六九。待次商。

初商四十。

求次商　用第二點上餘實一三六六二六九五九七九一〇四四九爲次商

實

一廉	二廉	三廉	四廉	五廉	六廉	七廉	八廉
定				率			
九	三六	八四	一二六	一二六	八四	三六	九
以				乘			
初商七乘六五五三六〇〇〇〇〇〇〇〇	初商六乘一六三八四〇〇〇〇〇〇〇	初商五乘四〇九六〇〇〇〇〇〇	初商四乘一〇二四〇〇〇〇〇	初商三乘二五六〇〇〇〇	初商立積六四〇〇〇	初商平冪一六〇〇	初商根四〇
得			汎			積	
五八九八二四〇〇〇〇〇〇〇〇	五八九八二四〇〇〇〇〇〇〇	三四四〇六四〇〇〇〇〇〇	一二九〇二四〇〇〇〇〇	三二二五六〇〇〇〇	五三七六〇〇〇	五七六〇〇	三六〇

	一廉	二廉	三廉	四廉	五廉	六廉	七廉	八廉	隅
復置汎積	五八九八二四○ ○○○○○○○	五八九八二四○ ○○○○○○	三四四○六四○ ○○○○○	一二九○二四○ ○○○○	三三二五六○○ ○○	五三七六○○○	五七六○○	三六○	
又以次商乘	次商根 九	次商平冪 八一	次商立積 七二九	次商三乘 六五六一	次商四乘 五九○四九	次商五乘 五三一四四一	次商六乘 四七八二九六九	次商七乘 四三○四六七二一	次商八乘 三八七四二○四八九
得定積	五三○八四一六○○○○○○○○	四七七五七四四○○○○○○○	二五○八二二六五六○○○○○○	八四六五二六四六四○○○○○	一九○四六八四五四四○○○○	二八五七○二六八一六○○○	二七五四九九○二四四○○	一五四九六八一九五六○	

廉隅共積　併　得　一三六六二六九五九七九一○四四九

求得次商九。書初商四十之下。再將廉隅共積對減次商實。恰盡。

凡開得八乘方根四十九。

還原　置方根四十九自乘八次。復得一六二八四一三五九七九九一〇四四九合原積。

開九乘方

設九乘方積八十三兆九千二百九十九萬三千六百五十八億六千八百三十四萬〇二百二十四。問方根若干。

答曰：六十二。

列實

作點自末位單起數作點逆上每隔九位點之。

二三四六三七六〇
八三九二九九三六。五八六八三四〇二二四。

六二
二三四六三七六〇
六〇四六六一七六五八六八三四〇二二四

求初商。如法用最上一點原積八位截爲初商實。查表得九乘方根六。即以六爲初商。而以其積數六〇四六六一七六減初商實。餘二三四六三七六〇。待續商。各如法書之。初商六十。

求次商。用第二點上餘實二三四六三七六〇五八六八三四〇二二四爲次商實。

廉	數	以乘	得積
一廉	一〇	初商八乘一〇〇七七六九六〇〇〇〇〇〇〇〇〇	一〇〇七七六九六〇〇〇〇〇〇〇〇〇〇
二廉	四五	初商七乘一六七九六一六〇〇〇〇〇〇〇〇	七五五八二七二〇〇〇〇〇〇〇〇〇
三廉	一二〇	初商六乘二七九九三六〇〇〇〇〇〇〇	三三五九二三二〇〇〇〇〇〇〇〇
四廉	二一〇	初商五乘四六六五六〇〇〇〇〇〇	九七九七七六〇〇〇〇〇〇〇
五廉	二五二	初商四乘七七七六〇〇〇〇〇	一九五九五五二〇〇〇〇〇
六廉	二一〇	初商三乘一二九六〇〇〇〇	二七二一六〇〇〇〇〇
七廉	一二〇	初商立積二一六〇〇〇	二五九二〇〇〇〇
八廉	四五	初商平冪三六〇〇	一六二〇〇〇
九廉	一〇	初商根六〇	六〇〇

	一廉	二廉	三廉	四廉	五廉	六廉	七廉	八廉	九廉	隅
各置汎積	一○七七六九六○○○○○○○○○○	七五五八二七二○○○○○○○○○	三三五九二三三○○○○○○○○	九七九七七六○○○○○○○	一九五九五五二○○○○○	二七二二六○○○○○	二三五九二○○○○	一六三○○○	六○○	
又以乘	次商 二	次商根 四	次商平冪 八	次商立積 一六	次商三乘 三二	次商四乘 六四	次商五乘 一二八	次商六乘 二五六	次商七乘 五一二	次商八乘 次商九乘
得各定積	三○一五三九二○○○○○○○○○○	三○二三○八八○○○○○○○○○	二六八七三八五六○○○○○○○○	一五六七六四一六○○○○○○○	六三七○五六六四○○○○○	一七四一八二四○○○○○	三三一七七六○○○○	四一四七二○○○	三○七二○○	一○二四

廉隅共積 併得 三三四六三七六○五八六八三四○三四

求得次商二。書于初商六十之下。乃以其廉隅共積二十三兆四千六百三十七萬六千〇五十八億六千八百三十四萬〇二百二十四減次商實。恰盡。

凡開得九乘方根六十二。

又法　置九乘方積八三九二九九三六五八六八三四〇二二四。以平方法開之。得九一六一三三二八三二。爲四乘方積。再以四乘方法開之。得方根六十二。

或置九乘方積。以四乘方開之。得三八四四。再以平方開之。得方根六十二。並同。

還原　以方根六十二自乘九次得原積。

或以方根六十二自乘四次得九一六一三三二八三二爲四乘方積。再以四乘積自乘得原積。亦同。

開十乘方

設十乘方積七千四百三十〇億〇八百三十七萬〇六百八十八。問方根。答曰一十二。

一二		
六 一	六 七。	
四	四	
三	三	
〇	〇	
〇	〇	
八	八	
三	三	
七	七	
〇	〇	
六	六	
八	八	
八	八。	

列實　作點自末位單數作一點，起。逆上每隔十位再作一點。

求初商。用最上點截實首位七爲初商實。查表得十乘方根一。定爲初商。即以其積一減初商實七。餘六。改書之以待次商。

初商一十。

求次商　用第二點上餘實六四三〇〇八三七〇六八八爲次商實。

	一廉	二廉	三廉	四廉	五廉	六廉	七廉	八廉	九廉	十廉
定率	一一	五五	一六五	三三〇	四六二	四六二	三三〇	一六五	五五	一一
以乘	初商九乘	初商八乘	初商七乘	初商六乘	初商五乘	初商四乘	初商三乘	初商立積	初商平冪	根
	一〇〇〇〇〇〇〇〇〇〇	一〇〇〇〇〇〇〇〇〇	一〇〇〇〇〇〇〇〇	一〇〇〇〇〇〇〇	一〇〇〇〇〇〇	一〇〇〇〇〇	一〇〇〇〇	一〇〇〇	一〇〇	一〇
得汎積	一一〇〇〇〇〇〇〇〇〇〇	五五〇〇〇〇〇〇〇〇〇	一六五〇〇〇〇〇〇〇〇	三三〇〇〇〇〇〇〇〇	四六二〇〇〇〇〇〇	四六二〇〇〇〇〇	三三〇〇〇〇〇	一六五〇〇〇	五五〇〇	一一〇

一廉	二廉	三廉	四廉	五廉	六廉	七廉	八廉	九廉	十廉	隅
置各泛積										
一一〇〇〇〇〇〇〇〇〇〇	五五〇〇〇〇〇〇〇〇〇	一六五〇〇〇〇〇〇〇〇	三三〇〇〇〇〇〇〇〇	四六二〇〇〇〇〇〇	四六二〇〇〇〇〇	三三〇〇〇〇〇	一六五〇〇〇	五五〇〇	一一〇	次商十乘
又以乘										
次商根二	次商平羃四	次商立積八	次商三乘一六	次商四乘三二	次商五乘六四	次商六乘一二八	次商七乘二五六	次商八乘五一二	次商九乘一〇二四	
得定積										
二二〇〇〇〇〇〇〇〇〇〇	二二〇〇〇〇〇〇〇〇〇〇	一三二〇〇〇〇〇〇〇〇〇	五二八〇〇〇〇〇〇〇〇	一四七八四〇〇〇〇〇〇	二九五六八〇〇〇〇〇	四二二四〇〇〇〇〇	四二二四〇〇〇〇	二八一六〇〇〇	一一二六四〇	二〇四八

廉隅共積　併得　六四三○○八三七○六八八

求得次商二（書初商一十之下。再將廉隅共積減次商實。恰盡。）

還原　置方根一十二自乘十次。復得七千四百三十○億○八百三十七萬○六百八十八合原積。

又法　置方根一十二自乘得一四四爲平冪平冪自乘得二○七三六爲三乘方積三乘方又自乘得四二九九八一六九六爲七乘方積再以根再乘之立積一七二八乘之得十乘方積。

開十一乘方

設十一乘方積七千三百五十五萬八千二百七十五億一千一百三十八萬六千六百四十一。問方根。答曰。二十一。

列實　作點自末位單數作一點起。每隔十一位點之。

三二五九

七三五五八二七五一一三八六六四一

二一

四〇九六八二七五一一三八六六四一

三二五九

求初商。用最上一點截積四位爲初商實。查表得十一乘方根二爲初商。以其積四〇九六減初商實。餘三二五九以待次商。

初商二十。

求次商。　用第二點上餘實三二五九八二七五一一三八六六四一爲次商實。

廉	定率	以乘	得汎積
一廉	一二	初商乘十　二〇四八〇〇〇〇〇〇〇〇〇〇〇	二四五七六〇〇〇〇〇〇〇〇〇〇〇
二廉	六六	初商乘九　一〇二四〇〇〇〇〇〇〇〇〇〇	六七五八四〇〇〇〇〇〇〇〇〇〇
三廉	二二〇	初商乘八　五一二〇〇〇〇〇〇〇〇〇	一一二六四〇〇〇〇〇〇〇〇〇〇
四廉	四九五	初商乘七　二五六〇〇〇〇〇〇〇〇	一二六七二〇〇〇〇〇〇〇〇〇
五廉	七九二	初商乘六　一二八〇〇〇〇〇〇〇	一〇一三七六〇〇〇〇〇〇〇
六廉	九二四	初商乘五　六四〇〇〇〇〇〇	五九一三六〇〇〇〇〇〇
七廉	七九二	初商乘四　三二〇〇〇〇〇	二五三四四〇〇〇〇〇
八廉	四九五	初商乘三　一六〇〇〇〇	七九二〇〇〇〇〇
九廉	二二〇	初商立積　八〇〇〇	一七六〇〇〇〇
十廉	六六	初商冪　四〇〇	二六四〇〇
十一廉	一二	初商根　二〇	二四〇

因次商是單一，即以所得汎積爲各廉定積，不用更乘次商。

隅　次商單一。雖十一乘。只得本數。　一

廉隅共積　併　得　三二五九八二七五一一三八六六四一

求得次商一。書初商二十之下。其廉隅共積三千二百五十九萬八千二百七十五億一千一百三十八萬六千六百四十一減餘實恰盡。

凡開得十一乘方根二十一。

還原　用方根二十一自乘十一次復得原積。

又法　置方根自乘再乘。得九二六一為立方積。立方積自乘得八五七六六一二一為五乘方積。五乘方積又自乘得十一乘方原積。

開方簡法　置設積三五五八二七五一三八六六四一。以平方法開之。得五乘方積八五七六六一二八。又置為實。以

曆算叢書輯要卷十
五乘方法開之得根二十一。
三

開十二乘方

設十二乘方積一十五兆四千四百七十二萬三千七百七十七億三千九百一十一萬九千四百六十一。問方根若干。

答曰二十一。

七二五五

一、五四、四七二三七七七三九一一九四六一

二一

八一九二二三七七七三九一一九四六一

七二五五

列實　作點自末位單數作點起。逆上隔十二位點之。

求初商　用最上一點截原實一五四四七爲初商實。查表得十二乘積八一九二。其方根二。即以二爲初商。其減數與實對減餘

七二五五。再俟續商。初商二十。

求次商。用第二點上餘實七二五五二三七七七三九一一九四六一爲次商實。

一廉	二廉	三廉	四廉	五廉	六廉	七廉	八廉
定							
一三	七八	二八六	七一五	一二八七	一七一六	一七一六	一二八七
以							
初商十一乘	初商十乘	初商九乘	初商八乘	初商七乘	初商六乘	初商五乘	初商四乘
四〇九六〇〇〇〇〇〇〇〇〇〇〇〇	二〇四八〇〇〇〇〇〇〇〇〇〇〇	一〇二四〇〇〇〇〇〇〇〇〇〇	五一二〇〇〇〇〇〇〇〇〇	二五六〇〇〇〇〇〇〇〇	一二八〇〇〇〇〇〇〇	六四〇〇〇〇〇〇	三二〇〇〇〇〇
得				汎			
五三二四八〇〇〇〇〇〇〇〇〇〇〇〇	一五九七四四〇〇〇〇〇〇〇〇〇〇〇	二九二八六四〇〇〇〇〇〇〇〇〇〇	三六六〇八〇〇〇〇〇〇〇〇〇	三二九四七二〇〇〇〇〇〇〇〇	二一九六四八〇〇〇〇〇〇〇	一〇九八二四〇〇〇〇〇〇	四一一八四〇〇〇〇〇

九廉	十廉	十一廉	十二廉	隅
率				
七一五	二八六	七八	一三	
乘				
初商三乘	初商立積	初商平冪	初商根	次商單一。雖十二乘。只得本數。
一六○○○○	八○○○	四○○	二○	
積				
因次商單一。即以所得次積爲各廉定積。不用更乘次商。				
一一四四○○○○○	二二八八○○○	三一二○○	二六○	一

廉隅共積　併　得　七二五五二三七七七三九一一九四六一

求得次商一。書于初商二十之下。再將廉隅共積七兆二千五百五十二萬三千七百七十七億三千九百一十一萬九千四百六十一。以減餘實恰盡。

凡開得十二乘方根二十一。

還原　置方根二十一。乘十二次。復得原積。

或以方根二十一自乘得四四一。再乘得九二六一。三乘得一九四四八一爲三乘方積○即以三乘方積自乘○得三七八二二八五九三六一再自乘○得七三五五八二七五一一三八六六四一爲十一乘方積○又置爲實○而以方根二十一乘之○得十二乘原積○

又法　以方根自乘再乘○得九二六一爲立方積○就以立方積自乘三次○得七三五五八二七五一一三八六六四一爲十一乘方積○如前再以方根乘之○亦得原積○

又法　以根二十一自乘之平方四四一爲法○自乘四次○得九乘方積一六六七九八八〇九七八二〇一再以根二十一再乘之立方九二六一○乘之得十二乘原積○並同○

論諸乘方簡法

凡開平方二次。即三乘方也。是謂方之方。開平方立方各一次。五乘方也。可名爲立方之平方。亦可名爲平方之立方。開平方三次。七乘方也。或三乘方平方各開一次。亦同。可名爲平方之三乘方。亦可名爲三乘方之平方。開立方二次。八乘方也。可名爲立方之立方。開四乘方平方各一次。九乘方也。可名爲四乘方之平方。開平方二次。立方一次。十一乘方也。或三乘方立方各一次。亦同。可名爲三乘方之立方。亦可名爲立方之三乘方。

按。惟四乘方。六乘方。十乘方。不能借用他法。同文算指謂四乘方開二次爲六乘方。又謂四乘方開三次爲十乘方。非也。

且四乘方平方各一次。已爲九乘方矣。安得有開四乘方二次。而反爲六乘。開四乘方三次。而止爲十乘乎。必不然矣。

演諸乘方遞增通法

平方積自乘爲三乘方。　立方積自乘爲五乘方。　三乘方積自乘爲七乘方。　四乘方積自乘爲九乘方。　五乘方積自乘爲十一乘方。　六乘方積自乘爲十三乘方。　七乘方積自乘爲十五乘方。　八乘方積自乘爲十七乘方。　九乘方積自乘爲十九乘方。　十乘方積自乘爲二十一乘方。　十一乘方積自乘爲二十三乘方。　十二乘方積自乘爲二十五乘方。　十三乘方積自乘爲二十七乘方。　十四乘方積自乘爲二十九乘方。　十五乘方積自乘爲三十一乘方。以上並超兩位。

平方積再自乘爲五乘方。　立方積再乘爲八乘方。　三乘方積再乘爲十一乘方。　四乘方積再乘爲十四乘方。　五乘方積再乘爲十七乘方。　六乘方積再乘爲二十乘方。　七乘方積再乘爲二十三乘方。　八乘方積再乘爲二十六乘方。　九乘方積再乘爲二十九乘方。　十乘方積再乘爲三十二乘方。

以上並超三位。

平方積自乘三次爲七乘方。　立方積自乘三次爲十一乘方。　三乘方積自乘三次爲十五乘方。　四乘方積自乘三次爲十九乘方。　五乘方積自乘三次爲二十三乘方。　六乘方積自乘三次爲二十七乘方。　七乘方積自乘三次爲三十一乘方。以上並超四位。

平方積四乘爲九乘方。　立方積四乘爲十四乘方。　三乘方積四乘爲十九乘方。　四乘方積四乘爲二十四乘方。　五乘方積四乘爲二十九乘方。以上並超五位。

平方積五乘爲十一乘方。　立方積五乘爲十七乘方。　三乘方積五乘爲二十三乘方。　四乘方積五乘爲二十九乘方。以上並超六位。

平方積六乘爲十三乘方。　立方積六乘爲二十乘方。　三乘方積六乘爲二十七乘方。　四乘方積六乘爲三十四乘方。以上並超七位。

平方積七乘爲十五乘方。　立方積七乘爲二十三乘方。　三乘方積七乘爲三十一乘方。以上並超八位。

平方積八乘爲十七乘方。立方積八乘爲二十六乘方。三乘方積八乘爲三十五乘方。以上並超九位。

平方積九乘爲十九乘方。立方積九乘爲二十九乘方。並超十位。

自平方至十二乘方已有初商表。其十三乘以後不及詳列，惟以根之爲二爲三者演之至三十二乘。如左。

	根二	根三
十三乘	一六三八四	四七八二九六九
十四乘	三二七六八	一四三四八九〇七
十五乘	六五五三六	四三〇四六七二一
十六乘	一三一〇七二	一二九一四〇一六三
十七乘	二六二一四四	三八七四二〇四八九

	根二	根三
十八乘	五二四二八八	一一六二二六一四六七
十九乘	一〇四八五七六	三四八六七八四四〇〇
二十	二〇九七一五二	一〇四六〇三五三二〇三
二十一乘	四一九四三〇四	三一三八一〇五九六〇九
二十二乘	八三八八六〇八	九四一四三一七八八二七
二十三乘	一六七七七二一六	二八二四二九五三六四八一
二十四乘	三三五五四四三二	八四七二八八六〇九四四三
二十五乘	六七一〇八八六四	二五四一八六五八二八三二九
二十六乘	一三四二一七七二八	七六二五五九七四八四九八七
二十七乘	二六八四三五四五六	二二八七六七九二四五四九六一

二十八乘　五三六八七○九一二　六八六三○三七七三六四八八三

二十九乘　一○七三七四一八二四　二○五八九一一三二○九四六四九

三十乘　二一四七四八三六四八　六一七六七三三九六二八三九四七

三十一乘　四二九四九六七二九六　一八五三○二○一八八八五一八四一

三十二乘　八五八九九三四五九二　五五五九○六○五六六五五五五二三

附開多乘方求次商捷法

列實作點截實求初商如常法。既得初商減一等自乘爲廉積。如五乘方則用四乘。以本乘方數加一爲廉數。如五乘方廉數則用六。廉數乘廉積爲法。以除餘實爲次商。乃合初商次商數依本乘方數乘之。如五乘方即自乘五次。得積合原數。定所得爲方根。如原積少不及減則改次商。及減而止。

假如三乘方積五百七十六萬四千八百○一。問方根若干。

答曰四十九。

三二〇
五七六四八〇一
四九
二五六

如法于初商表取三乘方積二五六。減原實。定初商爲四十。餘實三二〇四八〇一爲次商實。置初商四自乘再乘得六四〇〇〇爲廉積。本方三乘廉積減一等。故用再乘。又以四爲廉數。廉數比本乘方加一數。故用四。廉數乘廉積得二五六〇〇〇爲法。以除次商實得九爲次商。得數可進一十。因欲存第二廉以下廉隅積數。不得滿除。故只商九數。乃合初商次商共四十九。依法自乘得二四〇一。又自乘得五七六四八〇一。以較原實相同減盡。即定四十九爲三乘方根。

終